600MW 火力发电机组培训教材

热力系统及运行

施 晶 主编

中国电力出版社
CHINA ELECTRIC POWER PRESS

内容提要

2000 年由华东六省一市电机工程（电力）学会组编的《600MW 火力发电机组培训教材》出版以来，深受 600MW 级火力发电机组的生产人员、工人、技术人员和管理干部等上岗培训、在岗培训、转岗培训、技能鉴定和继续教育等的欢迎。2006 年，本套教材全面修订，其内容更贴合了亚临界、超临界、超超临界压力的 600MW 级火力发电机组的运行技术和性能特点，更好地满足各类电力生产人员的培训需要。

本书是《600MW 火力发电机组培训教材》（热力系统及运行）分册，是本套教材新增的一个分册，以使本套教材的内容更全面。本书共 11 章，主要介绍 600MW 机组的锅炉汽水系统、锅炉燃烧系统、补给水系统、抽汽及加热器系统、轴封及真空系统、汽轮机疏水系统、发电机辅助系统、汽轮机油系统、机组辅助系统和机组的启停内容。

本书可作为 600MW 级火力发电机组运行、维护及管理等岗位生产人员、工人、技术人员的上岗培训、在岗培训、转岗培训、技能鉴定等的培训教材，也可供大专院校有关专业师生的参考教材。

图书在版编目(CIP)数据

热力系统及运行/施晶主编. —北京：中国电力出版社，2011.4（2017.7 重印）

600MW 火力发电机组培训教材

ISBN 978-7-5123-1116-9

Ⅰ.①热… Ⅱ.①施… Ⅲ.①火电厂-热力系统-运行-技术培训-教材 Ⅳ.①TM621.4

中国版本图书馆 CIP 数据核字(2010)第 226752 号

中国电力出版社出版、发行

（北京市东城区北京站西街 19 号　100005　http://www.cepp.sgcc.com.cn)

北京传奇佳彩印刷有限公司

各地新华书店经售

*

2011 年 4 月第一版　2017 年 7 月北京第二次印刷

787 毫米×1092 毫米　16 开本　16.25 印张　440 千字

定价 **90.00** 元

前　言

近10多年来，大容量、高参数、高效率的大型发电机组在我国日益普及，由于600MW火力发电机组具有容量大、参数高、能耗低、可靠性高、环境污染小等特点，在我国《1994—2000—2010—2020年电力工业科学技术发展规划》、《电力工业技术政策》及《电力工业装备政策》中都把600MW机组的开发研究和推广应用作为一项重要内容。自1985年以来，全国已有100多台的600MW机组陆续地投入电网运行，他们即将成为我国电力系统的主力机组。为了确保600MW机组的安全、稳定、经济运行，600MW机组岗位运行、技能鉴定和继续教育等培训工作就显着十分重要了。

为适应这一形势发展的需要，使广大生产岗位工人、技术人员和管理干部熟悉、了解和掌握600MW火力发电机组的技术性能和特点，2004年华东地区六省一市电机工程（电力）学会组织启动了《600MW火力发电机组培训教材》（第一版）的修订工作，并历时两年完成了此套图书的编审工作，《600MW火力发电机组培训教材》（第二版）于2006年陆续出版。

本书名为《热力系统及运行》，是作为《600MW火力发电机组培训教材》（第二版）新增的一个分册，以使本套培训教材内容上更为全面。

目前，国内已投运及在建的600MW机组以超临界参数为主，超临界机组的热效率比亚临界机组高2%～3%，这一容量机组也是我国火电建设中大力发展的系列，华能石洞口第二电厂2×600MW超临界机组为中国首次从国外引进的具备当时国际先进水平的600MW超临界火力发电机组，此两台机组自1992年投产运行以来，已安全可靠发电17年。机组的安全运行也为超临界机组的技术引进国产化水平提供了很好的借鉴意义，本书重点以此机组为参照对600MW机组热力系统进行介绍分析，可为大机组运行人员提供借鉴。

本书共十一章，内容包括600MW机组的锅炉汽水系统、锅炉燃烧系统、补给水系统、抽汽及加热器系统、轴封及真空系统、汽轮机疏水系统以及发电机辅助系统、汽轮机油系统、机组辅助系统和机组的启停内容。全书重点讲述600MW超临界机组热力系统工作流程、系统特点及机组各热力系统的运行内容。

本书由石洞口第二电厂施晶主编，在编写过程中还得到了樊哲军、陈志刚、范洪章、宋子凯、王永康、舒庆元等同志的大力支持与帮助，在此表示感谢。同时，大唐国际托克托电厂韩志成审阅了书稿，并提出宝贵的完善意见及有关技术资料，在此表示由衷的谢意。

由于水平有限，加之时间仓促，书中疏漏及不当之处还请广大读者提出批评，以便改进。

编　者

2010年11月

目　录

概　　述

建设火力发电厂的目的是把燃料的化学能转换成电能，并由送变电设施把电能输送到各个用户。从经济角度考虑，还希望用较少的燃料，发出尽可能多的电能。这就要求电厂既要安全、可靠，又要有较高的总效率。因此，选择良好的发电设备，组成科学有序的热力系统，并且培养一支技术过硬的运行队伍，是建设现代化电厂首要任务。

全世界能源供应的日益紧张以及对环境保护要求的日益严格，促使火力发电机组采用更高的参数以获得更佳的效率，同时，新材料的开发成功也为大容量、高参数机组的制造和应用从技术上提供了条件。事实上，自从锅炉、汽轮机成为大规模火力发电的主要动力机械以来，其发电机组一直沿着不断提高蒸汽参数、增大单机功率、改进材料性能和制造工艺、提高自动化水平的方向发展。其经济性、安全性、可靠性、清洁性、灵活性以及自动化程度都在不断地改善。

600MW级燃煤机组是世界多数工业发达国家重点发展的火电厂主力机组，在一些国家火力发电机组标准系列中是一个重要的级别。这一容量等级的机组也是目前我国火电建设中将要大力发展的系列之一。从1992年我国第一台引进的600MW超临界机组在石洞口第二电厂投运开始，先后有沁北电厂的600MW超临界机组、营口电厂的600MW超超临界机组、外高桥电厂的900MW超超临界机组、玉环电厂和邹县电厂的1000MW超超临界机组等相继投产。最近几年600MW及1000MW级的超临界或超超临界机组更是以超常规的速度发展，至2010年5月全国已投入运行的600MW及以上超临界或超超临界机组已接近300台，标志着我国火力发电设备的制造和运行水平都进入了一个新阶段。

第一节　超临界和超超临界的概念

一、水蒸气的热力学特性

物质由液态变为汽态的现象称为汽化，汽化通常有两种方式：蒸发和沸腾。蒸发是液体表面缓慢的汽化现象，它在任何温度下都会发生；沸腾是液体表面和内部同时发生的剧烈汽化现象，它相对于一定的压力，只能在一定的温度下发生，该沸腾温度称为沸点。一般而言，同样条件下，不同液体的沸点是不同的；同种液体，压力越高，沸点越高。沸腾时气体与液体共存，两者温度相同，沸腾过程中，温度始终保持为沸点。

将装有水的容器密闭起来，保持一定温度，显然，水会汽化，随着水的汽化，水面上部空间的水蒸气增多，即蒸汽压力要升高，蒸汽压力升高使蒸汽液化速度加快，而使水汽化速度减慢，到某一时刻，当水汽化速度与水蒸气液化速度相同时，容器内水量和空间水蒸气量不再变化。我们把这时汽、液两相达到平衡时的状态称为饱和状态。这种平衡状态不是静态的平衡，而是一种动态平衡，即汽化、液化过程仍在进行，只是汽化速度与液化速度相同而已。处于饱和状态下的水和水蒸气分别称为饱和水与饱和蒸汽。此时饱和水与饱和蒸汽的压力和温度相同，称为饱和压力与饱和温度。这种蒸汽和水共存的状态称为湿饱和蒸汽。如果对容器进行加热，那么水的汽化会加快，水逐渐减少，水蒸气逐渐增多，直至水全部变为蒸汽，这时的蒸汽称为干饱和蒸汽。

当水温低于饱和温度时，称为过冷水，或未饱和水。如果对干饱和蒸汽继续进行加热，使蒸汽温度进一步升高，这时的蒸汽称为过热蒸汽，其温度超过饱和温度的值，称为过热度。

临界点（相变点）：一个大气压下的水的饱和温度为100℃。随着压力增加，水的饱和温度也随之增加，汽化潜热（从饱和水加热到干饱和蒸汽所需热量）减小，水和汽的密度差也随之减小。当压力提高到221.2bar时，汽化潜热为零，汽和水的密度差也为零，该压力称之为临界压力。水在该压力下加到374.15℃时，即全部汽化，此时的饱和水和饱和蒸汽已不再有区别，该温度称之为临界温度。

二、超临界机组的概念

水作为火力发电机组热力系统的常用工质，具有其自身的物理特性，在压力较低的情况下，当水被加热成为水蒸气的过程中，有一个汽、水共存的汽化阶段。但是在压力提高到临界参数的情况下，水从液态转化成气态（水蒸气）的过程中不再有汽化这一阶段，即水完全汽化在一瞬间完成，在饱和水和饱和蒸汽之间不再有两相区存在。

由于水的临界状态点的参数为22.12MPa、374.15℃，因此将锅炉出口蒸汽的参数高于临界状态点的机组即称为超临界机组，而锅炉出口蒸汽的参数低于临界状态点的机组即称为亚临界机组。目前我国投产的超临界机组锅炉的出口参数大多为25.4 MPa/541℃/569℃（对应的汽轮机进口参数为24.2 MPa/538℃/566℃）。

由于在超临界参数后，水的汽化过程已经不存在，水的汽化过程在高于临界参数与低于临界参数时有很大的区别，所以超临界火力发电机组的结构型式以及运行方式等都有其自身的特点，例如，超临界锅炉必须采用直流锅炉，如采用汽包炉，在超临界参数状态下运行，汽包水位是无法监视的（饱和水和饱和蒸汽之间已不存在两相区别）。

三、超超临界机组的概念

锅炉出口蒸汽参数越高，机组效率越高，但锅炉出口蒸汽参数受金属材料、制造工艺等因素的限制。早在1979年，日本的电源开发公司首次提出"超超临界"蒸汽参数的概念，超超临界机组是相对于常规超临界机组的蒸汽参数而言的，与超临界的概念有明确的物理定义区别。但是进入超临界后参数如何分挡，目前世界上还没有定论，对超临界和超超临界参数的划分还没有统一的标准。不同国家的超超临界机组有不同的参数系列。日本提出超超临界机组为蒸汽压力≥24.2MPa，蒸汽温度≥593℃的机组；而丹麦的标准为蒸汽压力≥27.5MPa；1997年，西门子公司则以采用"600℃材料"的机组来区分。尽管这样，国际上普遍认为，在常规超临界参数的基础上压力和温度再提升一个档次，也就是主蒸汽压力超过24.2MPa，或者主蒸汽温度/再热蒸汽温度超过566℃，都属于超超临界的范畴。目前国际上已经在运行或正在设计建设的超超临界机组压力参数分为25MPa、27MPa和30～31MPa三个级别，温度则为580～620℃。

我国电力百科全书认为主蒸汽压力≥27MPa为超超临界机组。2004年2月，我国国家高新技术研究发展计划（863计划）"大型超超临界火电技术研究"课题确定超超临界机组将是中国火电的发展方向，并确定现阶段超超临界蒸汽参数为：25～28MPa/580～600℃/600℃，机组容量为700～1000MW。有专家认为，这只是我国超超临界机组的起步参数，专家预计，未来10～20年间将开发蒸汽参数更高、达到30～35MPa/650～700℃的二次再热机组，机组效率向50％～55％迈进。目前国内已经建成投产的600MW级及1000MW级超超临界机组汽轮机进口初参数为25～26.25MPa、主蒸汽/高温再热蒸汽温度为600℃/600℃。

四、石洞口第二电厂2×600MW超临界机组概况

华能上海石洞口第二电厂是华能国际电力股份有限公司的直属电厂。电厂一期拥有中国首次从国外引进的具有 80 年代末国际先进水平的两台 600MW 超临界火力发电机组。电厂一期工程由美国萨金伦迪公司（SARGENT AND LUNDY）总体设计，于 1998 年开工建设，1992 年实现双投。

石洞口第二电厂 2×600MW 超临界机组锅炉由美国燃烧公司和瑞士苏尔寿公司（CE-SULZER）合作设计制造，为超临界参数变压运行螺旋管圈直流炉，单炉膛，一次中间再热，四角切圆燃烧方式，平衡通风，Ⅱ型露天布置，固态排渣，全钢架悬吊结构。锅炉设计煤种为东神神木煤，校核煤种为晋北煤。

锅炉设计为带基本负荷并参与调峰。在 35%～100% 负荷范围内以纯直流干态运行，在 35% 负荷以下为湿态运行。

制粉系统采用中速磨煤机直吹式制粉系统，每炉配 6 台磨煤机，煤粉细度按 200 目筛通过率为 75%，磨煤机单台最大容量为 54.9t/h。

机组配置 2×50%BMCR 调速汽动给水泵和一台启动用 40%BMCR 容量的电动调速给水泵。

旁路系统采用高低压串联旁路。高压旁路容量为 4×25%；低压旁路容量为 65%。

石洞口第二电厂 2×600MW 超临界机组汽轮机由瑞士 ABB 公司设计制造，为超临界压力、一次中间再热、单轴、四缸四排汽、反动、凝汽式汽轮机（D54 型），额定蒸汽参数为 242bar/538℃/566℃，额定功率 600MW，最大连续出力 627.7MW，调门全开出力 643.7MW。从汽轮机机头看为顺时针方向旋转。

石洞口第二电厂 2×600MW 超临界机组发电机由瑞士 ABB 公司设计制造，为 50WT23E-128 型三相同步汽轮发电机。发电机额定容量 719.084MVA（氢压 4.6kg/cm^2，氢温 45℃，cosϕ 为 0.9），发电机最大输出功率 747.0MVA（cosϕ 为 0.9 时）。

发电机采用水氢氢冷却方式：定子绕组水内冷，转子绕组和定子主出线氢内冷，铁芯轴向氢冷。

石洞口第二电厂 2×600MW 超临界机组 DCS 系统配置了当时自动化水平较高的仪控设备。主要仪控设备采用加拿大（Bailey）公司的 Network-90 系统，2007、2008 年先后对两台机组的 DCS 系统进行了升级改造，现为瑞士 ABB 公司的 SYMPHONY 控制系统，该系统的覆盖面有锅炉和汽轮机的模拟量控制系统（BCS）、锅炉燃烧管理系统（BMS）、机组辅助设备的顺序控制系统（SCS）、数据采集系统（DAS）、命令管理系统（MCS）、机组自启停系统（UAM）和大连锁保护系统（PRO）。

汽轮机 DEH 控制系统采用瑞士 ABB 公司的 PROCONTROL P 分散控制系统，产品型号为 TURBOTROL5，2007、2008 年 DCS 改造时同步进行了改造。

给水泵汽轮机电液控制系统（MEH）采用瑞士 ABB 公司的 PROCONTROL-P 分散控制系统，产品型号为 TURBOTURN，2007、2008 年 DCS 改造时同步进行了改造。

DCS 系统改造后汽轮机 DEH 及给水泵汽轮机 MEH 进入机组 DCS SYMPHONY 控制系统。

高压旁路控制采用瑞士苏尔寿公司设计制造的有独立液压油和喷水减温调节回路的 AV-6 系统。

低压旁路的控制系统为瑞士 ABB 公司的 PROCONTROL P 分散控制系统。

因机组热力系统复杂，在对各个系统工作流程及逻辑关系等的介绍方面为表述清晰，本书将以石洞口第二电厂 2×600MW 机组（以下简称"本机组"或"该机组"）作为参照进行表述。600MW 级超临界机组的热力系统运行参数大同小异，因此对本机组热力系统及运行的介绍，可为同类机组的运行提供很好的借鉴。

第二节　机组热力系统工作原理

一、工质传热方式及各自特点

锅炉是把燃料的化学能转变为蒸汽热能的一种设备。为了使这种能量的转换更为有效，除了组织好燃料在炉内燃烧外，还要求把所产生的热量通过锅炉受热面传送给水和蒸汽。锅炉的热量传递有传导、对流和辐射三种方式。

（一）热传导

热量从一个物体的高温部分传到低温部分，或两个不同物体紧密接触时热量从高温物体传到低温物体的现象，称为热传导或导热。导热不仅可发生在固体壁面中，同样也可发生在气体和液体中，但气体和液体的导热同时伴有对流，不属于纯导热。

导热可分为两类，稳定导热和不稳定导热。如果在导热过程中，壁面各处的温度不随时间变化而变化，这种导热称为稳定导热，如正常运行时锅炉炉墙的导热，汽轮机汽缸壁中的导热都属于稳定导热。一般来说，正常运行条件下热力设备壁面中的导热都可视为稳定导热。如果导热过程中壁面各处温度随时间变化而变化，这种导热称为不稳定导热。如机组启动时，炉墙各部分温度逐渐升高，汽轮机汽缸壁、转子各部分温度逐渐升高，这些情况中的导热都属于不稳定导热。一般来说，机组启、停或变工况运行时，热力设备壁面中的导热都可视为不稳定导热。

不同物质的导热性能不同，常用导热系数来衡量物质导热性能的好坏，导热系数越大，物质的导热性能就越好。

（二）热电流

流体与流体之间发生相对位移时的热量传递现象称为热对流。自然界中的风就是典型的热对流现象，即热、冷空气间的对流。火电厂换热设备中，流体与壁面直接接触，且存在温差，这种由于温差而使流体与壁面之间发生的热量传送现象称为对流换热，如锅炉受热面管内流体与管内壁或管外烟气与管外壁间都存在着对流换热。

对流换热实质上是流体与壁面、流体与流体的导热及流体与流体间的热对流共同作用下换热方式。因此，对流换热除了受导热规律支配外，还要受流体流动规律的影响，很显然对流换热要比导热复杂得多。

（三）热辐射

当我们打开锅炉看火孔时，会立刻感到脸部灼热，这是由于炉内火焰或高温烟气的热量传到我们脸部的缘故。那么，热量是通过什么方式传到我们身上的呢？显然，这不可能是空气导热的结果，因为空气的导热系数很小，不可能传导这么多的热量，也不可能传导得这么快。是对流吗？也不是，因为锅炉处于负压运行，火焰或高温烟气不会向外冲，只有冷空气由炉外进入炉膛。因此，热量是通过另一种方式传到我们身上的，这种不需要物质直接接触便可进行热量传递的方式就是热辐射。太阳的能量能传到地球也是热辐射的作用。

热辐射的原因是由于热的物体向外发射电磁波的过程。理论和实验都表明，物体只要有一定的温度，就会不停地向外以电磁波的方式发射辐射能。

辐射换热的特点如下：

（1）热辐射不需要介质就可进行热量传递。

（2）只要物体温度大于 0（K）（K 为绝对温标单位，零点规定为分子绝对停止运动时的温度）。物体表面便不停地向外发出辐射能。

（3）辐射换热中伴随有能量的转换。

二、朗肯循环

电厂必须连续生产电能，为此要求热能动力系统连续不断地将热能转变为机械能。如果只依靠工质（在热能向机械能转换过程中起媒介作用的物质称为工质）的膨胀过程将热能转变为机械能，那么工质膨胀到一定程度就失去了做功能力，做功过程也就随之结束。这样是无法完成连续不断地将热能转变为机械能的。因此，必须在工质膨胀做功后经历某些过程，使它恢复到原来状态，以便能再进行膨胀做功过程，这样就能连续不断地转变为机械能。把工质经历一系列状态变化又回到原来状态的全部过程，称为一个热力循环。

蒸汽动力循环是指以水蒸气为工质的动力循环，朗肯循环是火电厂广泛采用的基本动力循环。朗肯循环依次由四个过程组成：定压加热过程、绝热膨胀过程、定压放热过程和绝热压缩过程。它们分别在火电厂中的锅炉、汽轮机、凝汽器和给水泵中完成。朗肯循环装置示意如图1-1所示，其作用和工作原理如下：

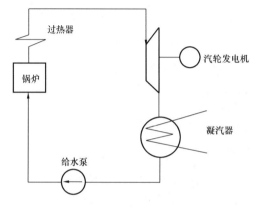

（1）锅炉（带有省煤器、水冷壁和过热器）：给水在锅炉中定压加热为过热蒸汽，即主蒸汽，然后由蒸汽管道输送给汽轮机。

（2）汽轮机：蒸汽在汽轮机中绝热膨胀做功，将部分热能转变为汽轮机转子的机械能，然后将做功后的蒸汽（即乏汽）排入凝汽器。

（3）凝汽器：乏汽在凝汽器中定压放热给冷却水（循环水），并凝结为凝汽器工作压力下的饱和水，即凝结水。凝汽器的工作压力可看成是汽轮机排汽压力。

图1-1 朗肯循环装置示意图

（4）给水泵：凝结水在给水泵中绝热压缩升压后送回锅炉，成为锅炉给水。

这样，工质完成了一次朗肯循环，再周而复始，不断将热能转变为机械能。

朗肯循环在 $p\text{-}V$、$T\text{-}S$ 图上的表示，如图1-2、图1-3所示。

图1-2中 $4\rightarrow5\rightarrow6\rightarrow1$ 过程为给水在锅炉中被定压加热成蒸汽的过程，其中 $4\rightarrow5$ 是水定压预热为饱和水，$5\rightarrow6$ 是饱和水定压汽化成饱和干蒸汽，$6\rightarrow1$ 是干蒸汽定压加热为过热蒸汽，$1\rightarrow2$ 过程为过热蒸汽在汽轮机中绝热膨胀做功的过程，$3\rightarrow4$ 是凝结水在给水泵中被绝热压缩为给水的过程。

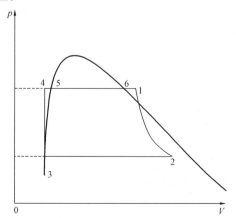

图1-2 朗肯循环在 $p\text{-}V$ 图上的表示

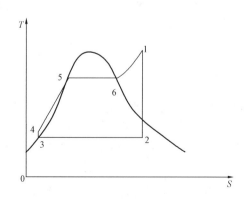

图1-3 朗肯循环在 $T\text{-}S$ 图上的表示

在朗肯循环 T-S 图上，定压线 4→5 与饱和水线十分靠近，可认为与饱和水线重合，此外3→4过程为定熵压缩水时，水温变化很小，可认为压缩前后水温相同，这样 3、4 两点相重合。4→1为水在锅炉中定压加热过程，因此，朗肯循环的 T-S 图通常简化为如图 1-4 所示。

图 1-4 中，3→4（重合）为水在给水泵中被绝热压缩，比容基本不变，温度和焓略有升高，熵不变。4→5 是不饱和水在省煤器中定压加热到饱和水，比容、焓、熵都增加。5→6 是饱和水在水冷壁中定压加热成干蒸汽，温度不变，比容、焓、熵都增加。6→1 是把干蒸汽在锅炉过热器中定压加热成过热蒸汽，温度、比容、焓、熵都增加。1→2 为过热蒸汽在汽轮机中绝热膨胀过程，压力、温度降低，比容增加，焓降低，熵不变。2→3 为排汽（乏汽）在凝汽器中定压放热凝结过程，温度不变，比容、焓、熵减小。

超临界机组在超临界参数状态下在 T-S 图上的循环过程，如图 1-5 所示。

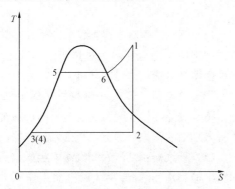

图 1-4 朗肯循环在 T-S 图上的简化图　　　　图 1-5 机组在超临界参数状态下 T-S 图

三、热力基本状态参数

1. 温度

通俗地说，温度就是物质的冷热程度。衡量温度的标尺有两种：摄氏温标和绝对温标（或称热力学温标）。在摄氏温标中，温度用 t 表示，单位为℃，其零点规定为标准大气压下，纯水的冰点，即 0（℃）；将纯水的沸点定为 100（℃）。在绝对温标中温度用 T 表示，单位为 K，其零点规定为分子绝对停止运动时的温度，即 0（K），相当于摄氏温标中的－273（℃）。

两者的关系为：
$$T = t + 273(K)$$

2. 压力

物体单位表面积上所受到的作用力，用符号 p 表示，气体的压力可理解为大量气体分子在做无规则热运动时对容器壁面连续碰撞产生的综合结果，常用单位有 kPa、bar、MPa。

1MPa ＝10bar；

1MPa＝1000kPa；

1bar＝100kPa。

大气压力——大气环境中物体受到的大气的作用力；

绝对压力——工质的真实压力；

表压力——压力表计指示的压力；

真空——真空表指示的值，表示工质真实压力低于大气压力的数值，即

真空＝大气压力－绝对压力

用压力表计或真空表测量压力时，由于压力表和真空表总是处于大气环境中（这些表计指针指零时，实际处于大气压力平衡中）压力表或真空表的读数只表示工质的真实压力与大气压力的

差值，并不代表工质的真实压力，所以

$$绝对压力＝表压力＋大气压力$$

3. 比容

单位质量工质所占的容积称为比容，比容用符号 v 表示，单位为 m^3/kg。对于一定量的工质，比容越大，所占的容积越大。蒸汽在汽轮机中膨胀做功时，比容是不断增大的，汽轮机末级蒸汽的比容比第一级大几百倍。

4. 比热

单位量的气体温度升高或降低 $1℃$ 所吸收或放出的热量，用符号 q 表示，单位为 kJ/kg。

5. 内能

工质内部储存的能量称为内能，用 U 表示，单位为 kJ，对于 $1kg$ 工质具有的内能，用 u 表示，单位为 kJ/kg。内能由两部分组成：①内动能：工质的分子或原子时刻不停地做无规则热运动而具有的能量，内动能取决于工质的温度；②内位能：克服分子间的作用力具有的能量，内位能取决于工质的比容和压力。

6. 焓

焓的定义是：$H＝U＋PV$，其中 U 是物质的内能，PV 是其推动力。工质在流动过程中要进出某个设备时，工质必须推开它前方的流体才能前进，这部分能量为工质压力与容积的乘积。物质的内能加上其推动力，即物质移动时所传输的能量。在热力设备中，工质总是不断地从一处流到另一处，随着工质的移动而转移的能量不等于内能而等于焓，用 H 表示，单位为 kJ；对于 $1kg$ 工质，焓用 h 表示，单位为 kJ/kg。电厂热力设备中工质都是流动的，因此衡量工质具有的能量是焓，而不是内能。在 1 个标准大气压下，温度为 $0℃$ 的气体其焓值为 0。

7. 熵

熵没有直接的定义。熵用符号 S 表示，单位为 kJ/K，对于 $1kg$ 工质，用 s 表示，单位为 $kJ/(kg·K)$。熵的变化量等于加热量与加热绝对温度的比值。对于可逆过程，熵的变化量表明工质有无吸放热。如经历某个可逆过程后，工质熵增大，表示工质吸热；工质熵减少，表示工质放热；工质熵不变，表示工质绝热。

第三节　机组的热力系统

一、热力系统组成

发电厂的任务是将燃料中的热能转变为电能，这种转化是根据已定的热力循环通过一系列设备来完成的。将全厂热力设备按照热力循环的顺序，由汽、水管道及附件连接成的有机整体称为发电厂的热力系统。火电厂的热力系统有母管制和单元制两种，在母管制系统中，可有多台锅炉和多台汽轮机，每台锅炉产生的蒸汽均送入主蒸汽母管，汽轮机则从主蒸汽母管取得蒸汽，锅炉与汽轮机之间没有一一对应的关系，系统错综复杂。为了简化热力系统，节约投资，提高机组的热效率，现代大容量高参数机组都是采用一机一炉的单元制热力系统，锅炉、汽轮机、发电机纵向串联成一个整体，尤其对中间再热机组，只能采用单元制运行方式。本书以南方某 600MW 超临界机组的热力系统为基础，详细叙述火力发电厂各热力系统的构成、作用及其运行。

热力系统中包括工质流过并在其中发生状态变化的各种设备，除锅炉和汽轮发电机外，还有凝汽设备、给水回热加热器、除氧器、补充水处理设备、减温减压设备，以及各种水泵等。整个热力系统可以看作一部庞大而复杂的机器，任何部分发生故障或事故，都会影响整个发电厂的安全和经济运行。当然，为了维持发电厂热力系统的安全经济运行，还需一些辅助系统提供支持和保障，包括冷却水系统、压缩空气系统、汽轮机油系统、发电机密封油系统、发电机氢气系统、发电机定冷水系统，等等。

火力发电厂在选定了锅炉和汽轮机后，就应根据锅炉、汽轮机制造厂提供的本体汽水系统来拟定机组的热力系统及相应的辅助系统。火力发电厂热力系统及辅助系统主要包括：

（1）锅炉汽水系统。主要由主蒸汽、再热汽及旁路系统，锅炉启动系统，锅炉减温水系统，锅炉吹灰系统组成。

（2）锅炉燃烧系统。主要由制粉系统、风烟系统及燃油系统组成。

（3）机组补给水系统。主要由凝结水及补水系统、给水系统组成。

（4）机组抽汽及加热器系统。

（5）机组轴封系统。

（6）汽轮机疏水系统。

（7）发电机辅助系统。主要由氢气系统、发电机密封油系统及定冷水系统组成。

（8）汽轮机油系统。主要由汽轮机润滑油及净油系统、汽轮机液压油（EH）系统组成。

（9）机组辅助系统。主要由工业水系统、循环水系统、闭冷水系统、辅汽系统、仪用及杂用气系统组成。

二、机组的运行

机组的运行状态决定着整个电厂的安全性和经济性。单元制机组是炉-机-电串联构成的一个不可分割的整体，其中任何一个环节运行状态发生变化都将引起其他环节运行状态的改变。600MW 机组全部采用单元制集中控制，自动化程度高。其运行控制的基本任务是能快速地满足外界负荷的要求，同时保证机组的稳定经济运行。负荷控制的目标就是控制锅炉和汽轮发电机的各自出力相互适应，而相互适应的标志是主汽压的稳定程度。根据单元机组不同的运行工况，在机组负荷控制方式上有锅炉跟随汽轮机方式、汽轮机跟随锅炉方式和机炉协调控制方式。从机组的变负荷的参数调节特性上，可分为定压运行、滑压运行等运行方式。单元制机组的锅炉、汽轮机和发电机的运行调节既密切相关，又各有所侧重，锅炉侧重于运行调整控制，主要包括燃烧调整和蒸汽温度、压力、流量及品质的控制；汽轮机侧重于运行监视，主要包括各部位温度、压力、振动及转速、轴向位移、差胀、应力等参数；发电机的运行则着重于单元机组与外界电网的联系，主要包括有功、无功、电压、电流、频率等。

当机组遇到异常工况或机组运行工况大幅度变化时，应视实际情况及时解除有关的自动调节，进行手动调整并使机组各项运行参数尽快稳定。在调整燃料量、风量、给水量以及锅炉主汽温、再热汽温时，应注意调整幅度，不要过调，以防止煤水比失调。还应协调好机组的各个状态参数，避免运行参数大范围波动而造成机组异常或事故扩大。

由于单元制机组采取集中控制，因此对运行人员的素质和能力提出了更高的要求，机组值班人员也由过去的单一专业发展成集锅炉、汽轮机、发电机，甚至包括热工自动、电力系统与自动、继电保护等相关专业于一身的全能型机组值班员。机组在正常运行时，目前国内火电厂普遍采用一名机组值班员监盘操作；在机组启动、停机和异常工况处理时，则需要一名备用机组值班员或助理值班员协助共同完成机组的操作调整任务；另外，整台机组的正常运行还需配备 1～2名机组巡操员完成就地运行设备的巡检、操作。

机组的外围系统，像煤、灰渣、水处理、脱硫、脱硝、脱碳等一些相对独立的辅助系统，则自成系统，相对于整台机组来说则是"分散式集中控制"。对于机组外围系统的运行管理，目前国内电厂有多种运行管理模式：既有电厂完全自己运行管理；也有运行人员外包，电厂参与管理；还有外围系统运行管理完全外包。关于机组的外围系统这里不作介绍。

1. 什么是临界点？超临界与超超临界的含义？
2. 传热方式有哪几种？各自有何特点？
3. 朗肯循环在 T-S 图上如何表示？各线段表示什么热力过程？参数如何变化？
4. 画出机组在超临界参数状态下在 T-S 图上的循环过程。
5. 炉膛水冷壁传热分哪几类？各有什么特点？
6. 超临界锅炉的特点是什么？

第二章

锅 炉 汽 水 系 统

第一节　主蒸汽、再热汽及旁路系统

石洞口第二电厂 2×600MW 机组超临界压力直流锅炉是由 CE-SULZER 合作设计的，锅炉为一次中间再热直流锅炉，单炉膛，平衡通风，露天布置，锅炉后部为Ⅱ型双流程布置。

锅炉的汽水流程以内置式汽水分离器为界设计成双流程，从冷灰斗进口一直到折焰角前的中间混合集箱为螺旋管圈，再连接至炉膛上部垂直上升的水冷壁（一次垂直上升），后引入汽水分离器，从汽水分离器出来的蒸汽引至后部流程的炉顶及后包覆系统，再进入前屏、后屏过热器及高温过热器。

一、一次、二次汽系统流程

1. 一次汽系统流程

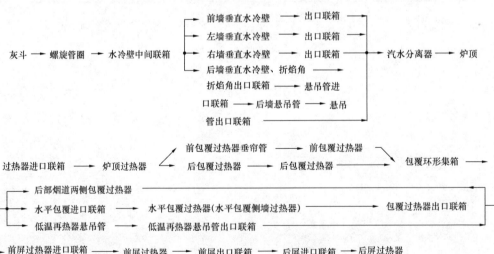

给水 → 省煤器进口联箱 → 省煤器 → 省煤器出口联箱 → 省煤器下降管 → 水冷壁进口环形集箱 → 冷

灰斗 → 螺旋管圈 → 水冷壁中间联箱 → 前墙垂直水冷壁 → 出口联箱
左墙垂直水冷壁 → 出口联箱
右墙垂直水冷壁 → 出口联箱 → 汽水分离器 → 炉顶
后墙垂直水冷壁、折焰角
折焰角出口联箱 → 悬吊管进
口联箱 → 后墙悬吊管 → 悬吊
管出口联箱

过热器进口联箱 → 炉顶过热器 → 前包覆过热器垂帘管 → 前包覆过热器
后包覆过热器 → 后包覆过热器 → 包覆环形集箱

后部烟道两侧包覆过热器
水平包覆进口联箱 → 水平包覆过热器(水平包覆侧墙过热器) → 包覆过热器出口联箱
低温再热器悬吊管 → 低温再热器悬吊管出口联箱

→ 前屏过热器进口联箱 → 前屏过热器 → 前屏出口联箱 → 后屏进口联箱 → 后屏过热器
→ 后屏出口联箱 → 对流过热器进口联箱 → 对流过热器 → 对流过热器出口联箱
→ 注蒸汽管 → 汽轮机高压缸

2. 二次汽系统流程

低温再热器进口联箱→低温再热器→低温再热器出口联箱→高温再热器进口联箱→高温再热器→高温再热器出口联箱→汽轮机中压缸

其锅炉受热面整体布置，如图 2-1 所示。

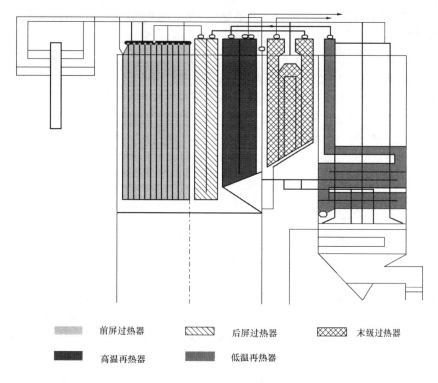

| ▨ 前屏过热器 | ▨ 后屏过热器 | ▨ 末级过热器 |
| ■ 高温再热器 | ▬ 低温再热器 | |

图 2-1　锅炉受热面布置示意图

二、过热器

过热器的作用是将蒸汽从饱和或微过热状态加热到额定的过热汽温。在锅炉负荷及工况变动时，过热器应保证过热汽温波动处于允许范围之内。

从蒸汽性质上来说，汽水分离器出口到末级过热器都是过热器。过热器分前屏过热器、后屏过热器、末级过热器和包覆过热器。其中，前屏过热器属于辐射过热器。后屏过热器为对流、辐射混合布置型（半辐射半对流过热器），总的汽温特性属于辐射对流特性。末级过热器悬吊在水平烟道后侧，采用逆流布置，以增加传热温差，属于对流过热器。辐射过热器汽温特性为随负荷增加汽温下降，对流过热器汽温特性为随负荷增加汽温上升。在前屏过热器与后屏过热器之间的连接管上装有一级喷水减温，在后屏过热器与末级过热器之间的连接管上装有二级喷水减温，用于调节锅炉出口主蒸汽温度。包覆过热器包括炉顶包覆、水平烟道两侧及底部包覆、尾部烟道包覆管。其中尾部烟道包覆从炉顶到低温再热器为止，省煤器以下周壁为普通结构炉壁。

主蒸汽系统从前屏过热器开始，沿烟道流向流程呈左右分布的双回路布置。后屏过热器与末级过热器之间在连接上有一次交叉，从而有效地改善了位于烟道中心及烟道两侧的受热面由于受热不均而造成的温度偏差。另外，从锅炉末级过热器出口到汽轮机高压缸进口这一段管路采用"2—1—2"接法，即锅炉出口和汽轮机入口均为双管布置，而中间部分采用单管布置，使两侧蒸汽能够很好地混合，有效地减小了锅炉两侧的热偏差。

锅炉启动过程中过热器的保护：在锅炉启动过程中，尽管烟气温度不高，过热器管壁却有可能超温。这是因为锅炉点火初期由于产生的蒸汽量很小，过热器管内蒸汽流通量小，立式过热器管内还有可能存有积水（疏水），在积水排除前，过热器处于干烧状态。这时就必须限制过热器入口的烟气温度。控制烟气温度的办法是限制燃料量和调整炉膛火焰中心的位置。随着蒸汽压力的升高，过热器内蒸汽流通量增大，使管壁逐渐得到良好的冷却。这时用限制过热器出口汽温的办法来保护过热器。过热器出口汽温的高低主要与燃料量以及火焰中心位置和过剩空气系数有关。

三、再热器

采用中间再热可提高机组的经济性。如果不采用蒸汽中间再热，那么要保证蒸汽膨胀到最后、湿度在汽轮机末级叶片允许的限度以内，就需要同时提高蒸汽的初温度。但是提高蒸汽的初温度受到锅炉过热器、汽轮机高压部件和主蒸汽管道等钢材强度的限制。所以如要降低终湿度，就必须采用中间再热。由此可见，采用了中间再热，实际上为进一步提高蒸汽初压力的可能性创造了条件，而不必担心蒸汽的终湿度会超出允许限度。蒸汽离开高压缸后，回到锅炉再热器中再次吸热而后进入汽轮机中，低压缸继续膨胀做功。同时也作为增加工质焓降和提高循环效率的一种手段。因此采用中间再热能提高机组的热经济性。

此超临界机组锅炉采用一次中间再热，再热蒸汽的额定蒸汽量约为过热蒸汽的89％左右，再热蒸汽的压力约为主蒸汽的18％。

锅炉再热器由低温再热器和高温再热器两部分组成，低温再热器布置在尾部烟道入口，采用逆流布置，以增强传热效果。低温再热器由进、出口联箱及管子构成，在进口联箱入口管道上装有事故喷水阀。高温再热器由一个进口联箱、两个出口联箱和管子组成，布置在炉膛出口处折焰角上方，由于高温再热器出口汽温高，为了减少蒸汽压降，因此采用顺流布置。

在锅炉启、停期间及MFT（主燃料跳闸）发生时，采用高压旁路及减温减压设备保护再热器，保证有蒸汽流过再热器对管子进行冷却。冷段再热蒸汽管路采用"2—1—2"布置，即在高压缸做功后的蒸汽，分2根管道，经2个高排逆止门，然后并为1根，一直通到锅炉低温再热器入口，在入口处分为2根，与高压旁路出口蒸汽管道合并后进入锅炉低温再热器。在锅炉低温再热器入口处设置了2×28.5％MCR（最大连续出力）流量的两个安全门，在锅炉高温再热器出口处设置了2×21.5％MCR流量的两个安全门。在机组发生FCB（快速返回）或低压旁路故障时，再热器安全门就会动作，以释放再热系统蒸汽压力。因为该机组低压旁路的容量不是100％，而是65％，所以在锅炉满负荷情况下发生汽轮机脱扣时，要靠再热安全门排放一部分蒸汽，以保护再热器不超压。高温再热蒸汽管采用"2—2"布置。因为在低温再热器与高温再热器之间，锅炉左、右侧管道已经经过一次交叉加热，锅炉制造商保证再热器出口两侧的汽温在汽轮机中压缸入口不会产生很大的偏差。

在低温再热汽系统与高压旁路接口前，接出2根小管分成4根作为高压旁路阀后的管子加热用，正常运行时高压旁路关闭，有一小部分蒸汽去加热高压旁路减温阀后管道以防高旁动作时，管道受到热冲击。冷段再热蒸汽进再热器前还抽出2根管子作为加热再热器安全门的用汽。

在2根高温再热汽管上各接出一根管道，再合并成一根管道，去低压旁路，在低压旁路出口处接出2根管子，再回到再热蒸汽，作为加热用，使低压旁路始终处于热备用状态。

在冷段再热蒸汽进低温再热器入口两侧管道上还设有2个再热器减温器，由给水泵抽头提供减温水，用于再热汽温调节。

高压缸排汽逆止门是再热汽系中比较重要的2个阀门，是防止高压旁路阀动作时，蒸汽倒流回高压缸而设置的。为了使其动作可靠迅速，高排逆止门设计成由气动活塞缸强制关闭；而气动活塞缸是由气控电磁阀控制，电磁阀常带电，通电充气，失电泄气，充气开，失气关，能够有效地防止蒸汽返回高压缸。

高压缸排汽逆止门开关控制逻辑，如图2-2所示。

1. 冷段再热蒸汽的用途

1) 供轴封蒸汽系统，作为轴封系统的汽源之一；

2) 供辅汽系统，作为辅汽系统的汽源之一；

3）供高压加热器，作回热抽汽；

4）供 BFPT（给水泵汽轮机），作高压汽源；

5）与相邻机组冷段再热蒸汽连接；

6）作除氧器加热汽源；

7）作为锅炉吹灰蒸汽；

8）去磨煤机作灭火蒸汽。

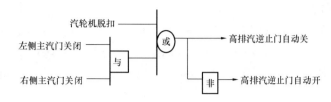

图 2-2　高压缸排汽逆止门开关逻辑图

2. 再热器安全门运行及校验

锅炉从进水开始至停炉去压完毕，各安全门必须投入运行，锅炉运行时应定期检查安全门，排汽管及消音器应完整、牢固，安全门无泄漏，安全门液压油系统工作正常，无泄油现象。

再热器安全门的起、回座压力，如表 2-1 所示。

表 2-1　　　　　　　　　　　　再热器安全门的起、回座压力　　　　　　　　　　　　bar

名　　称	起座压力值	回座压力值
再热器进口安全门	58	50～51
再热器出口安全门	58	50～51

遇下列情况之一时，应进行安全门校验。

（1）安全门检修后。

（2）安全门在汽压超过起座压力仍不动作时，应先查明原因，必要时可进行安全门放汽试验或校验。

（3）锅炉检修后，应进行一次安全门校验。

3. 再热器安全门实际动作试验

（1）再热器安全门实际动作试验应具备的条件为：

1）试验前汽轮机必须已经脱扣，锅炉运行稳定，并为带旁路方式运行。

2）锅炉负荷约在 30%～35%MCR，保持两台磨煤机运行，总煤量在 70t/h 左右。

3）高压旁路在"AUTO（自动）"，压力控制在 80bar，主汽温度 480℃ 左右，锅炉再热器出口蒸汽温度在 480℃ 左右，再热器进口汽温在 290℃ 左右。

4）低压旁路在"AUTO"，压力控制在 17bar。

5）给水流量控制在 645t/h，电动给水泵投入运行。

6）风量控制投自动，控制风量在 30%～35% 左右。

（2）再热器安全门实际动作试验注意事项有：

1）再热器安全门实际动作试验须经厂部有关领导批准，试验时应有检修专业人员到场，运行技术负责人参加，试验现场与集控室应保持通信联系正常，试验操作由运行值长统一指挥、发令。

2）试验前应会同检修人员全面检查并确认安全门及其排汽管、消音装置完整。试验时应保持锅炉燃烧稳定，各运行参数正常，并加强对再热蒸汽压及高压旁路的监视，当压力达到起座定值而安全门未能起座时，应迅速降低汽压至正常压力。

3）试验中，机组如发生异常或事故情况时，应立即停止试验工作，若安全门起座后无法回座时，应按相关运行规程的规定进行异常或事故处理。

4）试验结束后，应检查安全门无泄漏，并做好详细记录。

（3）再热器安全门实际动作试验步骤如下：

1）在 BTG 盘上按"再热安全阀"按钮，现场确认安全阀动作均正常（保持开启状态约 1～

2min)。

2）将低压旁路切至手动。

3）逐渐缓慢关小低压旁路阀开度，使再热器出口压力逐渐升高，并同时观察高压旁路阀逐渐关小。

4）试验时应密切监视再热器出口的蒸汽温度和再热器管的金属温度在允许范围内，并注意高压旁路的压力和高压旁路的阀位。

5）当再热器进口压力达到 58（1±2%）bar 时，检查确认再热器进出口安全门动作。记录已动作的再热器安全阀和对应的再热器安全阀动作值。

6）逐渐开大低压旁路开度，当再热器进出口压力达到 51（1±2%）bar 时，检查确认再热器进出口安全门关闭，并做好数值记录。

7）若发现有个别安全阀未动作，则关闭已动作并回座的再热器安全阀的进、出油阀门，重新缓慢关小低压旁路阀升压，对未动作的安全阀进行校验。直至 4 只安全阀均校验完毕后，再开启已回座的再热器安全阀的进、出油阀门。

8）再热器安全门实际动作试验结束后，逐渐将再热器压力降低至 17bar，并将低压旁路投入自动。

9）对停炉时校验不合格的再热器安全门，由检修消缺后在机组启动时再校验。

四、主蒸汽、再热蒸汽温度的控制

据有关资料：主蒸汽温度每下降 5℃，发电煤耗增加 0.5g/kWh，再热蒸汽温度每下降 5℃，发电煤耗增加 0.3g/kWh。因此，主蒸汽、再热蒸汽温度的控制对电厂经济性尤为重要。

超临界机组锅炉正常运行时，主蒸汽温度应控制在 541±5℃ 以内，再热蒸汽温度应控制在 569±5℃，两侧偏差应小于 10℃。同时锅炉各段工质温度、壁温不超过规定值。主蒸汽温度的调整是通过调节燃料量与给水量的比例（煤水比），控制中间点温度为基本调节，并以减温水作为辅助调节来完成的，中间点温度是分离器压力的函数，中间点温度应保持微过热，当中间点温度过热度较小时，应适当调整煤水比例，以控制主蒸汽温度正常。

机组正常运行时，过热蒸汽一、二级减温水投自动控制，在自动失灵或自动无法调整时，值班员进行手动调整。过热蒸汽一级减温水用以控制屏式过热器出口汽温，二级减温水是对过热蒸汽温度的最后调整。机组正常运行时，二级减温水应保持一定的调节余量，以保证机组在发生故障的情况下有充足的调节手段。减温水量也不宜过大，以保证水冷壁运行工况正常，在汽温调节过程中，控制减温水两侧流量偏差不大于 5t/h。通过减温水调整汽温，有一定的迟滞时间，调节时减温水不可猛增、猛减，应根据减温器后温度的变化情况来确定减温水量的大小。机组低负荷运行时，减温水的调节尤须谨慎，为防止过热器水塞，减温后温度应确保蒸汽过热度 20℃ 以上。在机组减负荷或停机过程中，应注意锅炉出口汽温变化，及时关闭减温水阀。

再热蒸汽温度的调节以燃烧器摆角调整为主，如果燃烧器摆角不能满足调温要求时，可以采用再热事故减温水来辅助调节，投用再热蒸汽事故减温水时，应防止低温再热器内积水，减温后再热蒸汽温度的过热度也应大于 20℃，再热蒸汽减温水正常运行时投自动控制，在自动失灵或自动无法调整时需进行手动控制。

再热蒸汽喷水减温控制是不经济的。因为减温水喷入再热蒸汽后，增加了汽轮机中、低压缸蒸汽量，亦即增加了中、低压缸的出力，在机组负荷不变的情况下，则势必要限制汽轮机高压缸的出力，即减少高压缸的蒸汽量，这样，就等于以部分低压蒸汽循环去替代高压蒸汽循环，因而必然导致整个机组经济性的降低。因此，再热蒸汽温度调节应尽量少用减温水，再热减温水往往被称作再热事故减温水。据有关资料表明：再热减温水每增加 10t/h，煤耗将增加约 1.91g/kWh。

本机组由于设计原因燃烧器与炉本体之间间隙较小，加上燃烧器处结焦原因，导致燃烧器摆角摆动时燃烧器销子经常断裂，现在 2 台锅炉燃烧器摆角已全部焊死无法摆动；另外一个原因，大容量锅炉采用燃烧器摆角来调整再热汽温时，延时很大且调整效果不大。所以，机组 2 台锅炉再热蒸汽温度调整主要靠再热蒸汽喷水减温来控制。

近几年我国投运的大容量锅炉大多采用锅炉尾部烟道出口烟气挡板来调节再热蒸汽温度。采用烟气挡板调节汽温的原理，就是通过增加或减少布置于尾部烟道的再热器烟气通流量来实现。

本机组高、低温再热器都属于对流式再热器，再热汽温的高低在很大程度上取决于烟气的流量和流速，为此在事故情况下，如果再热减温水调整门开足，再热汽温仍降不下来，那么可以采用减少送风量，以减少烟气通流量，从而实现降低再热汽温的目的。但在实际操作过程中要注意调整幅度，以防过剩氧量过小，使锅炉燃烧不稳。

机组正常运行时，影响主蒸汽、再热汽温的因素很多。负荷的高低、加减负荷速率、锅炉送风量、一次风压、磨煤机运行方式（组合）、磨煤机出口温度、锅炉受热面积灰结焦情况、煤水比、煤种的改变、辅机突发故障等情况，都会对主蒸汽、再热汽温产生影响。

本机组锅炉前屏过热器属辐射式过热器，后屏过热器属半辐射半对流式过热器，末级过热器属对流式过热器，高低温再热器则属对流式再热器。不同的烟气传热方式，其蒸汽和管壁温度变化也表现各异。当锅炉负荷增加时，辐射式过热器中工质的流量和锅炉的燃料量按比例增大，炉膛出口烟温也随燃料量的增加而增加，但炉内火焰温度升高却不多，即炉内辐射热并不按比例增加。这样，当负荷增加时，燃料产生的总热量是按比例增加的，但辐射式过热器所吸收的热量并没有按比例增加（增加较少），使较多的热量随烟气离开炉膛被对流受热面所吸收。当燃料增加时，烟气量也会同步增加，使对流受热面上的烟气流速增加，促使烟气侧的烟气对流放热系数增大；同时，随炉内燃料的增加，炉膛出口烟温升高，使进入对流受热面的烟气温度也升高。所以，在加负荷过程中，再热汽温上升幅度和速度要比主蒸汽温大。同样，在减负荷过程中，再热汽温下降幅度和速度要比主蒸汽温大。

高位磨运行（F、E、D、C、B）时炉膛火焰中心较高，主蒸汽、再热蒸汽温度较高；反之，低位磨运行（A、B、C、D、E）时火焰中心较低，主蒸汽、再热蒸汽温度较低。

煤种改变对主汽温、再热汽温的影响：灰熔点低引起锅炉水冷壁结焦，水冷壁的吸热量减少，烟气温度升高，过热器、再热器吸热量增加，引起主蒸汽、再热蒸汽温度上升；燃煤中水分增多时，着火点后移，使火焰中心抬高，同样也会使主蒸汽、再热蒸汽温度升高；燃煤中挥发分含量低、煤粉细度粗都会使着火点后移，从而使主蒸汽、再热蒸汽温度升高。

锅炉受热面积灰、结焦对锅炉过热汽、再热蒸汽温度影响很大。水冷壁结灰、结焦会引起水冷壁吸热减少，锅炉蒸发量减小；以及过热器、再热器部分吸热增加，汽温上升。过热器、再热器部分积灰、结焦，积灰、结焦部分烟气通流量减小，而非积灰、结焦部分烟气通流量增大，前者温度下降，后者温度上升，可能会引起管壁超温。所以，锅炉正常运行时要定期吹灰，保持锅炉受热面清洁，从而确保锅炉的安全经济运行。

在发生机组主要辅机故障跳闸产生 RUNBACK（快速降负荷）或机组甩负荷产生 FCB（快速返回）时，会引起短时间煤水比失调。煤水比失调直接反映在中间点温度变化上，最终导致主蒸汽温度变化。

五、旁路系统

旁路系统是机组热力系统的一个组成部分。旁路系统的功能是，当锅炉和汽轮机的运行工况不相匹配时，即锅炉产生的蒸汽量大于汽轮机所需的蒸汽量时，多余部分的蒸汽可以不进入汽轮机而通过旁路系统减温减压后直接引入凝汽器；此外，旁路系统还承担着将锅炉的主蒸汽减温减压后直接引入再热器的任务，以保护再热器的安全。旁路系统的这些功能在机组启动、降负荷或甩负荷时是十分重要的。

一般来说，再热机组的旁路系统有以下三个方面的作用：

(1) 保护锅炉再热器。

目前国内外的再热机组都采用烟气对流式再热器。机组正常运行时，汽轮机高压缸排汽进入再热器，再热器可以得到充分冷却。但在机组启动过程中，汽轮机冲转前或在机组甩负荷时，高压缸无排汽或排汽量较少时，再热器因无蒸汽流过或流量较小，就会有超温烧坏的危险。设置旁路系统，使蒸汽通过旁路流入再热器，达到冷却再热器的目的。

(2) 改善启动条件，加快启动速度，延长机组寿命。

机组启动时，在汽轮机冲转、升速或开始带负荷时锅炉产生的蒸汽量要比汽轮机需要的蒸汽量大，此时旁路系统可作为启动排汽用。这样，锅炉可以独立地建立汽轮机所需求蒸汽的汽温和汽压，保证二者良好的综合启动；尤其在机组热态启动时，利用旁路系统，能很快地提高新蒸汽和再热蒸汽的温度，从而缩短了机组的启动时间，也延长了汽轮机的使用寿命。

在机组快速降负荷时，要求汽轮机迅速关小调门，而同时锅炉相应地只可能是缓慢地降负荷，即锅炉跟不上快速降负荷的要求，此时旁路系统起着减压的作用。这种情况下，旁路系统的存在使锅炉能独立于汽轮机而继续运行。降负荷幅度越大、越迅速，越显示其优越性。对于甩负荷事故情况，旁路系统能使锅炉保持在允许的蒸发量下运行，把多余的蒸汽引往凝汽器，让运行人员有时间判断甩负荷的原因，并决定锅炉负荷是应进一步下降还是保持稳定运行，以便汽轮发电机组在消除故障后很快重新并网、升负荷，从而减少停机时间和锅炉的启停次数。

(3) 回收工质和热量，降低噪声污染。

机组在启停过程中，锅炉的蒸发量大于汽轮机的汽耗量；另外在汽轮机负荷突降或甩负荷时，锅炉有大量的多余蒸汽需要排出。多余的蒸汽若直接排入大气，不仅损失了工质和热量，而且对环境产生了很大的噪声污染。设置旁路系统就可以达到回收工质和热量，同时也降低噪声污染的目的。

由高压旁路和低压旁路组成的旁路系统，简称二级旁路系统。从锅炉出口来的新蒸汽绕过汽轮机高压缸进入锅炉再热器的，称为高压旁路（一级旁路）；再热后的蒸汽绕过汽轮机中、低压缸直接进入凝汽器的，称为低压旁路（二级旁路）。

（一）高压旁路

高压旁路系统和再热器安全阀简化原理图如图 2-3 所示。

1. 高压旁路系统功能

机组采用 100%BMCR 高压旁路系统，由 $4 \times 25\%$ BMCR 旁路阀组成，有独立的控制系统。高压旁路具有调节、溢流和安全阀三种功能。

高压旁路系统功能主要有以下四点：

(1) 机组启停过程中参与启停控制，可改善启动性能，加快启停过程。

(2) 能够适应机组冷态、温态或热态启动；适应机组定压和滑压运行要求，防止超压。

(3) 启动工况或汽轮机跳闸时保护再热器。

(4) 汽轮机事故时，锅炉可以热备用，实现停机不停炉。

另外，在机组启动过程中协调锅炉产汽量与汽轮机用汽量的平衡，并使再热器有一定蒸汽流量通过冷却。能自动控制锅炉出口压力逐渐升高至启动压力（80bar），并能控制锅炉出口压力恒定在启动压力直至高压旁路关闭。

在高压旁路关闭后，当高压旁路压力控制值超限时，高压旁路会正常开启。

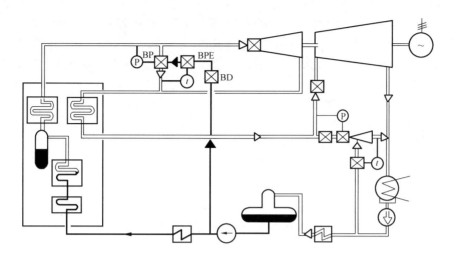

图 2-3 带有安全功能的高压旁路系统和再热器安全阀简化原理图

BP—带有安全功能的高压旁路减压阀；BD—喷水隔离阀；BPE—喷水减温阀

当机组在运行时汽压非正常升高，或汽轮机脱扣、发电机跳闸时，高压旁路起过热器出口安全阀的作用而快速开启，避免锅炉受热面的超压危险。

高压旁路冷态启动曲线如图 2-4 所示。

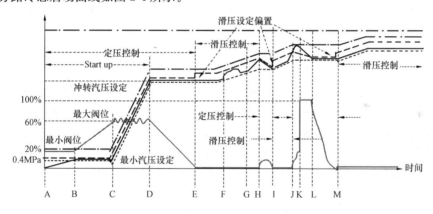

图 2-4 高压旁路冷态启动曲线图

阀位开度————；汽压设定值 p_{set} --------；汽压实际值 p ————；

安全汽压整定值 p_M —·—·—；限速汽压设定值 p_S ------

A：锅炉点火、产生蒸汽。

A→B：最小阀位控制。

B：达到最小汽压设定值 0.4MPa。

B→C：最小压力控制。

C：达到最大阀位 60%。

C→D：最大阀位控制，若超过最大阀位，汽压设定值就自动增加。

D：达到汽轮机冲转汽压设定值 8MPa。

D→E：汽轮机冲转、并网，高压旁路关小阀位。

E：高压旁路关闭，进入滑压控制，汽压设定值 p_{set} 为在限速汽压设定值 p_S 的基础上再增加一个偏置 Δp_B。

E→F：汽压实际值 p 的变化率等于限速汽压设定值 p_S 的变化率，汽压设定值 p_{set} 始终比汽压实际值 p 大一个偏置 Δp_B，确保高压旁路不会开启。

F→G：汽压实际值 p 的变化率大于限速汽压设定值 p_S 的变化率，汽压设定值 p_{set} 与汽压实际值 p 的差值逐渐减小，但差值大于 0，高压旁路关闭。

G→H：汽压实际值 p 的变化率大于限速汽压设定值 p_S 的变化率，汽压设定值 p_{set} 与汽压实际值 p 的差值逐渐减小，至差值等于 0。

H：汽压实际值 p 大于汽压设定值 p_{set}，高压旁路开启（溢流）。

H→I：限速汽压设定值 p_S 保持高压旁路开启瞬间时的值不变，偏置 Δp_B 开始减至 0。

I：高压旁路关闭，进入滑压控制，汽压设定值 p_{set} 为在 Δp_B 的基础上再增加一个偏置 Δp_B。

J：汽压实际值 p 大于汽压设定值 p_{set}，高压旁路开启。

K：汽压实际值 p 大于安全汽压整定值 p_M，高压旁路全开。

L：汽压实际值 p 小于安全汽压整定值 p_M，高压旁路逐步关闭。

M：高压旁路关闭，进入滑压控制，汽压设定值 p_{set} 为在限速汽压设定值 p_S 的基础上再增加一个偏置 Δp_B。

2. 高压旁路控制方式

高压旁路控制方式主要有"启动"方式、"定压"方式和"滑压"方式三种。高压旁路控制回路中有一最小压力设定值 4bar、最大压力设定值 242bar 和汽轮机冲转压力值 80bar，此三值为控制系统内部设定。最小阀位、最大阀位、高压旁路阀后温度可由值班员设定，分别为 20%、60%、300℃。最小阀位起到限制阀位关小的作用。最大阀位不限制阀位开度，当阀位设定值大于最大阀位（60%）时，压力设定值会自动增大。在"启动方式"投用期间，压力设定值不会下降（有压力限制器限制）。当压力设定值增大到汽轮机冲转压力值 80bar 时，"启动方式"自动退出。"定压方式"自动投用，值班员可手动设定压力设定值。随着机组负荷的上升，高压旁路逐渐关小，当高压旁路全关时，高压旁路转入"滑压方式"，压力设定值就跟踪实际压力值，但起作用的控制值是压力设定值再加上 7bar 的偏置，以保障机组在正常运行时不会开。当出现非正常运行工况，实际压力值大于设定值但还未发生快开时，高压旁路开启，运行方式转为"定压方式"，高压旁路起到溢流作用。当高压旁路打开后，偏置将逐渐积分至 0，压力设定值转为高压旁路打开瞬间的实际压力值。

限速汽压设定值：高压旁路全关时运行方式自动转入"滑压方式"，压力设定值就跟踪实际压力值，当汽轮机进口实际压力增加或减小时，压力设定值不是马上增加或减小的，而是通过高压旁路压力调节回路的压力定值发生器（RIB），产生一个变化梯度受限制的压力设定值。

当机组正常运行中，若锅炉出口压力大于 279bar 时，高压旁路即快速打开至 100%，另外当机组正常运行中升压率大于 13bar/min，高压旁路也能快速打开至 100%，起安全阀的作用。

高压旁路液压油泵的运行：当液压系统油压高至 16.0MPa 时，油泵自动停止。当液压系统油压低至 11.0MPa 时，油泵自动启动。

采用了带安全功能的高压旁路系统。这种系统的运行优点主要在于以下两方面：

（1）不再需要常规的安全阀，释放蒸汽管道和消音装置。

（2）没有对环境的噪声污染，没有将软化水排到大气中去的浪费。

高压旁路安全系统是由三个相同的独立回路组成，按照失电跳闸和三取二原理动作。即如果有 2 个压力开关同时动作，则所有并联的旁路阀门将同时打开。

机组 3 只压力开关动作点整定在 279bar，3 只压力开关用来监视主蒸汽管道中的蒸汽压力，每只压力开关控制各旁路阀门上 3 个安全装置（SBE）中的一个。当 SBE 失电动作时，将执行机构上的压力油和回油接通，并闭锁到执行机构的液压流体，使正常控制同时失效，阀门则由蒸汽力快速顶开。

在控制室高压旁路操作盘上和 DCS 控制系统操作台上都设有高压旁路紧急跳闸按钮，运行人员可以在紧急情况下按下按钮，使高压旁路快速打开。

3. 高压旁路的运行

在锅炉准备点火时，设定高压旁路最小阀位开度 20%，最大阀位开度 60%，设定高压旁路减温后温度为 300℃。将高压旁路阀（BP1～BP4）及高压旁路减温水控制阀（BPE1～BPE4）投"AUTO"，确认高压旁路控制方式应在"启动"方式。

机组正常运行中，高压旁路应保持热备用，高压旁路的控制装置应投入自动。

在高压旁路调节过程中，应注意保持与低压旁路的匹配，尽量使高压旁路与低压旁路的流量相接近。

停机时高压旁路自动打开方法有以下两种：

方法一：当机组负荷降至 35% 额定负荷（210MW）左右，主蒸汽压力降至略高于启动压力（8MPa）时，把 4 个高压旁路都切至手动，然后略开启一个或几个高压旁路，再将高压旁路投入自动，就可将高压旁路方式切换至定压方式，将压力设定在 80bar，随着机组负荷下降，汽轮机高压调门关小，高压旁路压力偏差值加大，高压旁路自动打开。检查确认高压旁路减温水阀调整门自动开启。

方法二：当机组负荷降至 35% 额定负荷（210MW）左右，主蒸汽压力降至略高于启动压力（8MPa）时，投用高压旁路压力控制，机组运行方式投功率控制方式，机组目标负荷降至零，负荷变化率设定为 5～10MW/min，随着机组负荷下降，汽轮机高压调门关小，高压旁路压力偏差值加大，高压旁路自动打开。检查确认高压旁路及减温水调整门自动开启。

（二）低压旁路

低压旁路系统简化原理图如图 2-5 所示。

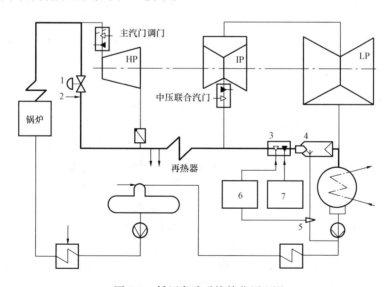

图 2-5 低压旁路系统简化原理图

1—高压旁路调节阀；2—高压旁路喷水调节阀；3—低压旁路联合（调节与截止）汽阀；

4—低压旁路排汽装置（SDD）；5—低压旁路喷水调节阀；6—减温减压控制装置；

7—低压旁路截止阀保护装置

低压旁路将再热器出口热端的蒸汽绕过汽轮机中、低压缸而直接进入凝汽器。同时在机组启动、低负荷运行和汽轮机甩负荷时，低压旁路还担负有保证和控制再热器压力的作用。

由于旁路系统的运行，在机组启动和事故情况下锅炉和汽轮机的运行可以不相牵连地进行，同时低压旁路也为单独运转中、低压缸创造了必要的条件。在汽轮机冲转和暖机过程中，通过改变高、中压调门的开度比改变高、中压缸进汽量，因此可加速汽轮机的暖机和冲转过程。

在锅炉低负荷运行时，通过低压旁路控制而保证了再热器中的最低压力，因而也保证了以冷再抽汽为汽源的若干其他辅助系统的运行。

低压旁路冷态启动曲线如图 2-6 所示。

A：锅炉点火、产生蒸汽。

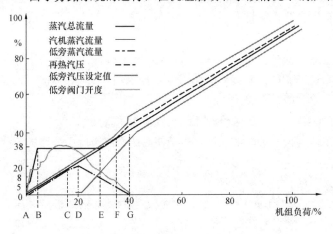

图 2-6 低压旁路冷态启动曲线图

A→B：最小阀位（20％）控制。约 5％（2.13bar）时，开始最小阀位控制，在约 8％时低压旁路开至 20％。

B：达到最小再热汽压 16.5bar。

B→E：最小再热汽压控制。

C：汽轮机冲转。

D：汽轮机并网。

E→G：按"自然滑压"控制。

F：当低压旁路阀位小于 10％时，汽压设定值再增加一点，以确保在中调门全开时，低压旁路可全关。

G：低压旁路关闭，汽压设定值再增加 2％，以保证在升负荷升压过程中，不会因再热器的压力扰动而打开低压旁路阀门。

再热器压力通过低压旁路调节阀调节。

在锅炉点火（A）后，当达到约 4％的再热器额定压力时，低压旁路将自动设定到最小开度位置的设定点（20％），从而保证在过程初期即有足够的流量流经再热器，避免锅炉启动时再热器局部过热的危险。在约 8％再热器额定压力时，达到低压旁路的最小开度位置。随着蒸汽量的不断增加，由于低压旁路调节阀保持在最小开度位置，再热器压力值将以滑压方式升高，直到再热器压力达到再热器最低压力值（B），再热器冷段的最低压力值约为 16bar。

当达到再热器最低压力值后，再热器压力调节器控制此压力值直到再热器流量达到滑压线起始点（E）。从此位置起，低压旁路按照"自然"滑压线调节再热器压力。

在汽轮机升速和加载时，低压旁路控制阀平衡汽轮机通流的蒸汽流量。因此，再热器压力不取决于低压旁路流量或中压缸蒸汽流量，而是按两个蒸汽流量之和调节（再热器流量）。

随着进入中压缸蒸汽流量的增多，低压旁路流量就相应减少，所以低压旁路阀开度减小。当低压旁路阀开度减小到 10％以下时，再热器压力设定点微量地升高到"自然"设定点之上（F→G）。这个量度确保中压汽门全开时再热器压力设定点略高于实际压力值，促使低压旁路一定在 G 点关闭。

低压旁路关闭后，中压缸接受从再热器来的全部蒸汽流量。当低压旁路关闭而中压调门全开时，再热器压力按照"自然"滑压线（G）运行。低压旁路关闭时，再热器压力设定点（G）加以约2%的偏置，此偏置确保了低压旁路调节阀在再热器压力允许变化的范围内保持关闭。

当汽轮机甩部分或全部负荷时，低压旁路调节阀将接到一个来自低压旁路控制器的开脉冲，使低压旁路开启，将多余的再热蒸汽通过低压旁路进入凝汽器。

为了符合设备的安全要求，需限制低压旁路的蒸汽流量，限制是通过再热器压力调节器输出信号高限来实现的。限制条件有：凝汽器压力太高；低压旁路的汽—水流量太大；低压旁路减温水流量不足。

1. 凝汽器压力限制

当凝汽器压力达0.55bar时，凝汽器压力限制器开始关小全开的低压旁路阀，在0.7bar时为全关。

2. 蒸汽流量限制

蒸汽流量限制器保护低压旁路排汽装置和凝汽器，防止其过负荷。最大流量取决于再热汽的压力。

3. 减温水流量限制

如果减温水流量与蒸汽流量不匹配，则喷水流量就起限制蒸汽流量的作用。

在保护—脱扣动作前，这三种限制器起限制蒸汽流量的作用。限制器构成保护脱扣的冗余功能，同样的在手动控制方式时起作用。

低压旁路投用条件如下：

1）汽轮机液压油泵1台运行，油压≥40bar；

2）凝汽器背压<70kPa；

3）凝泵运行正常，凝结水压力≥16bar。

以上条件具备，在CRT上复置低压旁路，复置后就地确认低压旁路主汽阀A/B开启，BTG盘报警窗"低压旁路阀开启"灯亮。将低压旁路控制方式切"自动"。

低压旁路运行时，当凝汽器背压大于0.7bar，或凝汽器喉部温度高于90℃，或低压旁路减温水（凝结水）压力低于16bar，低压旁路自动脱扣，确认A、B两侧的低压旁路隔绝门和低压旁路控制阀关闭。

低压旁路运行时，当某一侧低压旁路对应的减温减压器压力高于14.7bar，或某一侧低压旁路控制阀开启而对应减温水阀关闭时，则确认对应的低压旁路隔绝阀和低压旁路控制阀关闭。

六、系统巡检内容

锅炉正常运行中，应对锅炉一、二次汽系统及高低压旁路系统的所有设备和管道系统进行定期的巡回检查，检查的重点为承压部件受热面"听漏"，检查汽水管道及阀门是否有泄漏现象，转动机械的轴承润滑是否良好及是否有异声。当发现不正常情况，应查明原因并及时处理，对暂不能消除的缺陷，应立即回报值长或通知检修人员处理，同时加强监视，采取必要的措施，防止缺陷扩大发生事故。

七、系统故障处理

1. 高压旁路误开

（1）现象。

1）"高压旁路开启"光字牌报警；

2）"高压旁路后温度高"报警；

3）机组负荷下降。

（2）处理。

1）确认机组自动投入功率控制方式；

2）提高机组负荷目标值至最大值 600MW，投入汽轮机"GO"方式；注意给水泵 A/B 运行工况正常及给水流量正常；

3）注意主、再热蒸汽温度不超限，必要时将汽温、给水切手动控制；

4）注意高压旁路缓缓关闭，当高压旁路关闭后，重新投入协调控制方式；

5）检查机组各系统运行是否正常；

6）通知检修查找原因，及时消除故障。

2. 再热器安全门故障

（1）现象。

1）机组负荷剧降；

2）再热器压力剧降，再热汽温突升；

3）控制室能听到安全门动作放汽声。

（2）处理。

1）尽量控制再热汽温度不超限，如果当时负荷较高，应适当减燃料和负荷；

2）因向空排汽，汽水损失大，所以应注意及时补水；

3）密切监视汽轮机轴向位移、差胀等重要参数的变化；

4）通知检修人员查明原因并及时处理；

5）恢复时要注意逐个进行，要先关闭再热器进口安全门，后关闭出口安全门；

6）及时调整汽温，防止汽温超限；

7）若长时间不能使再热器安全门关闭，应按故障停机处理。

3. 主蒸汽温度高

（1）现象。

1）锅炉侧"主蒸汽温度高"光字牌报警；

2）若遇受热面泄漏或爆破，则爆破点前各段工质温度下降，爆破点后各段温度升高。

（2）处理。

1）自动装置不正常时，应立即将其切至手动，手动调节使之恢复正常；

2）设法增加减温水量；

3）适当减少燃料量或增加给水流量，及时调整风量及炉膛燃烧，适当降低炉膛火焰中心高度，对炉膛水冷壁进行吹灰；

4）可手动设置中间点温度负偏置，范围为 $0 \sim -2$℃；

5）若汽温高系受热面泄漏、爆破或烟道内可燃物再燃烧引起，除按汽温过高处理外，还应分别按相应规定进行处理；

6）经采取上述措施后，如果主蒸汽温度继续升高到 560℃，汽轮机侧发出报警，此时可适当降低机组负荷运行。

7）当主蒸汽温度达到 566℃（三取二），将发生 MFT（主燃料跳闸），否则手动 MFT。

4. 再热蒸汽温度高

（1）现象。

1）"再热蒸汽温度高"光字牌报警；

2）再热系统各点管壁温度上升、报警；

3）若遇受热面泄漏或爆破，则爆破点前各点温度下降，爆破点后各点温度上升；

4）若安全门起座，则有排汽响声；

5）中压联合汽门或高压排汽逆止门单侧故障造成流量偏差时，流量减少侧再热汽温升高。

（2）处理。

1）再热减温水或燃烧器摆角自动调节不正常时，应立即将其切至手动，手动调节使之恢复正常。

2）若是二次风量过大，则应适当减少送风量以及时调整炉膛燃烧；对水冷壁进行吹灰，必要时可适当降低主蒸汽温度。

3）若再热器受热面泄漏、爆破或再热器处发生可燃物再燃烧，造成再热汽温升高时，除迅速采取降温措施外，还应分别按相应规定进行处理。

4）经采取上述降温措施后，若再热蒸汽温度继续升高至580℃，此时可适当降低锅炉负荷，若再热蒸汽温度继续上升至594℃时，MFT动作，否则手动MFT。

5. 煤质变差，煤水比失调，主蒸汽温度大幅下降

（1）现象。

1）机组总煤量异常偏大；

2）中间点温度下降；各段烟温、汽温低于正常值；

3）各级减温水接近关闭。

（2）处理。

1）及时发现机组运行工况的异常；

2）主蒸汽减温水由自动切手动控制，关闭一、二级减温水调整门；

3）燃烧器摆角控制到最大值；

4）用BTU（煤量热值修正）对煤量进行手动修正；

5）对过热器、再热器进行全面吹灰；

6）适当手动增加过剩氧量设定值，以增加风量；

7）负荷不能维持时，适当降低负荷；

8）汽温不能维持时，给水切手动控制；

9）加强燃烧，必要时投入一层轻油枪助燃；

10）检查汽轮机热应力在允许范围内；

11）机组工况稳定后，对机组运行情况进行全面检查；

12）联系燃料运行人员，改变加仓煤种。

第二节　锅炉启动系统

一、概述

直流锅炉靠给水泵的压力，使锅炉中的水、汽水混合物和蒸汽一次通过全部受热面。超临界直流锅炉在启动前必须由锅炉给水泵建立一定的启动流量和启动压力，强迫工质流经受热面。由于直流锅炉没有汽包作为汽水分离的分界点，水在锅炉管中加热、蒸发和过热后直接向汽轮机供汽。因此，直流锅炉必须设置一套特有的启动系统，以保证锅炉启、停过程中或低负荷运行过程中水冷壁的安全和正常供汽。

1. 启动压力

直流锅炉的启动压力指锅炉启动前在水冷壁系统中建立的初始压力，它的选取与下列因素有关：

（1）受热面的水动力特性。随着压力的提高，能改善或避免水动力不稳定，减轻或消除管间脉动。

（2）汽水膨胀现象。启动压力越高，汽水比体积差越小，汽水膨胀越小，由此可以缩小启动分离器的容量。

（3）给水泵的电耗。启动压力越高，启动过程中给水泵的电耗越大。

为了水动力稳定，避免脉动，希望启动压力高，但从减少给水泵电耗方面考虑，启动压力又不宜过高。例如锅炉采用了螺旋管圈水冷壁，启动压力对水动力影响很小。锅炉启动系统采用了足够排放容量的 AA 阀、AN 阀、ANB 阀（简称 3A 阀），可满足汽水膨胀时的最大排放量。

2. 启动流量

直流锅炉的启动流量直接影响锅炉启动的安全性和经济性。启动流量越大，工质流经受热面的质量流速越大，对受热面的冷却及改善水动力特性有利，但机组启动时的工质损失及热量损失也相应增加，同时启动系统的设计容量也要加大。但流量过小，受热面冷却和水动力稳定就得不到保证，因此，选用启动流量的原则是在保证受热面得到可靠冷却和工质流动稳定的条件下，尽可能选择得小一些。

3. 汽水膨胀现象

直流锅炉的启动过程中工质加热、蒸发和过热三个区段是逐步形成的。启动初期，分离器前的受热面都起加热水的作用，水温逐渐升高，而工质相态没有发生变化，锅炉出来的是加热水，其体积流量基本等于给水流量。随着燃料量的增加，炉膛温度提高，换热增强，当水冷壁内某点工质温度达到饱和温度时，开始产生蒸汽，但在从开始蒸发点到水冷壁出口的受热面中的工质仍然是水。由于蒸汽体积比水大很多，引起局部压力升高，将这一段水冷壁管中的水向出口处挤压，使出口工质流量大大超过给水流量，这种现象称为工质的汽水膨胀现象。

4. 启动过程中的相变过程

变压运行直流锅炉在启动过程中，锅炉压力经历了从低压、高压、超高压、亚临界，再到超临界的过程，工质经历了从水、汽水混合物、饱和蒸汽到过热蒸汽的过程。从启动开始到临界点，工质经过加热、蒸发和过热三个阶段；机组进入超临界范围内运行，工质只经过加热和过热两个阶段，呈单相流体变化。

5. 启停速度

直流锅炉没有汽包，壁厚部件少，因此，锅炉启停过程中部件受热、冷却容易达到均匀，升温和冷却速度可加快，可大大缩短锅炉启停时间。

二、锅炉启动系统流程

石洞口第二电厂 600MW 机组锅炉启动系统是采用带扩容器式的炉水回收启动系统，在锅炉负荷小于 35%BMCR 时湿态运行，机组在启、停过程中能回收汽水分离器疏水和热量至除氧器和凝汽器，其锅炉启动系统流程如下：

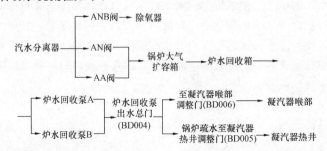

锅炉启动系统由汽水分离器、AA 阀、AN 阀、ANB 阀、除氧器、大气扩容箱、炉水回收箱、炉水回收泵 A 和 B、炉水回收泵出口总门 BD004、锅炉疏水至凝汽器热井隔绝门 BD005、锅炉疏水至凝汽器喉部隔绝门 BD006、凝汽器等组成。机组启、停过程中分离器水位由 ANB、AN、AA 阀顺序控制。随着锅炉热负荷增加，分离器水位降低，ANB、AN、AA 阀逐渐关闭，锅炉转为干态（纯直流）运行时，ANB、AN、AA 阀全关。

直流锅炉的汽水膨胀是一个较复杂的问题。该厂锅炉冷态启动时的汽水膨胀一般出现在投第二层重油之后，这时的分离器压力约 5～7bar，锅炉水温达到饱和温度时出现膨胀。通过锅炉启动系统 ANB、AN、AA 阀的自动控制，分离器的汽水膨胀能很平稳地渡过，分离器水位变化很小。

三、启动系统功能及 3A 阀功能

1. 启动系统功能

(1) 在锅炉启动清洗过程中，将不合格的炉水（汽水分离器出口水含铁量＞200μg/L）通过锅炉启动系统排放至炉水坑。

(2) 炉水水质合格后（汽水分离器出口水含铁量＜200μg/L），通过锅炉启动系统对炉水进行回收。

(3) 在机组事故情况下，确保分离器不会满水而导致过热器进水。

2. ANB 阀的功能

(1) 回收工质和热量。在冷态启动工况下，只要水质合格和满足 ANB 阀的开启条件，可以通过 ANB 阀使分离器疏水进入除氧器水箱回收部分工质和热量。

(2) 保持汽水分离器最低水位。

3. AN 阀的功能

(1) 在冷态和温态启动时，辅助 ANB、AA 阀排放汽水分离器的疏水。

(2) 当 AA 阀关闭后，由 ANB 阀和 AN 阀共同负担排除汽水分离器疏水，并控制汽水分离器水位。

4. AA 阀的功能

(1) 锅炉启动水质不合格时及启动过程中，锅炉发生汽水膨胀现象时使进入汽水分离器的大量疏水排至大气扩容箱。

(2) 在锅炉启动时，使汽水分离器水位不超过最高水位，以防汽水分离器满水而导致水冲击过热器，危及过热器甚至汽轮机的安全。

3A 阀的主要性能参数如表 2-2 所示。

表 2-2 3A 阀的主要性能参数

性 能 参 数	ANB 阀	AN 阀	AA 阀
工作介质	饱和水	饱和水	饱和水
设计压力（bar）	299	299	299
设计温度（℃）	375	375	375
最大流量（t/h）	470	212	2230

四、分离器的水位控制

汽水分离器的水位控制是通过 3A 阀来实现的，如图 2-7 所示。水位信号取自汽水分离器两套水位计的液位信号。

汽水分离器在湿态运行时，ANB 阀一般能自动维持水位，当汽水分离器水位高于 ANB 阀调

节范围（如锅炉汽水膨胀，给水量过大）时，AN 阀、AA 阀将参与调节，以维持汽水分离器水位。当汽水分离器水位降低时 AA 阀先行关闭，然后 AN 阀关闭，最后由 ANB 阀维持汽水分离器的水位，直至汽水分离器干态 ANB 阀关闭，锅炉转为纯直流运行。

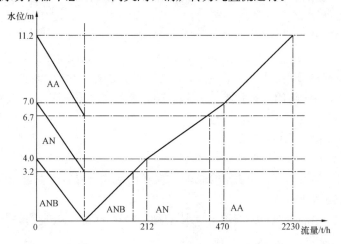

图 2-7　分离器水位与 3A 阀开度、流量关系

从图 2-7 中可以看出，ANB、AN、AA 阀开关有先后次序，并且还有重叠度。当分离器有水时 ANB 阀先行打开，至 4.0m 时全开。分离器水位至 3.2m 时 AN 阀开始开启，至 7.0m 时全开。AA 阀在分离器水位为 6.7m 时开始开启，至 11.2m 时全开。此锅炉的最大给水流量为 1900t/h，3A 阀的额定通流量相加要远大于给水量，所以，足够把进入分离器的给水通过锅炉启动系统安全排放，从而保证给水不会进入过热器。

当分离器水位下降至 11.2m 时，AA 阀开始关小，至 6.7m 时全关；当分离器水位下降至 7.0m 时，AN 阀开始关小，至 3.2m 时全关；当分离器水位下降至 4.0m 时，ANB 阀开始关小，至分离器干态时全关。

五、3A 阀开关有关逻辑控制

（1）ANB 隔绝阀开允许逻辑，如图 2-8 所示。

（2）ANB 隔绝门自动关闭逻辑，如图 2-9 所示。

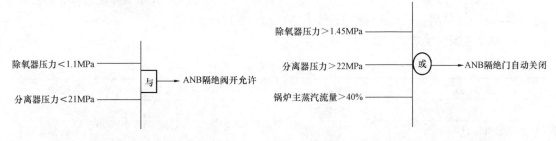

图 2-8　ANB 隔绝阀开允许逻辑图　　　　图 2-9　ANB 隔绝门自动关闭逻辑图

（3）AN 隔绝阀自动关闭逻辑，如图 2-10 所示。

分离器压力<21MPa，AN 隔绝阀开允许。

（4）AA 隔绝门自动关闭逻辑，如图 2-11 所示。

分离器压力<21MPa，AA 隔绝阀开允许。

（5）ANB、AN、AA 调整门开、关控制逻辑分别如图 2-12、图 2-13、图 2-14 所示。

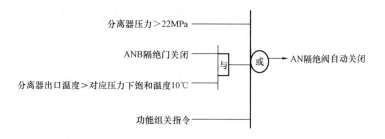

图 2-10 AN 隔绝阀自动关闭逻辑图

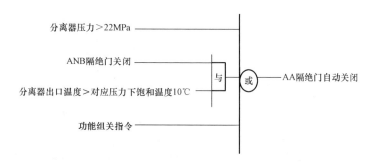

图 2-11 AA 隔绝门自动关闭逻辑图

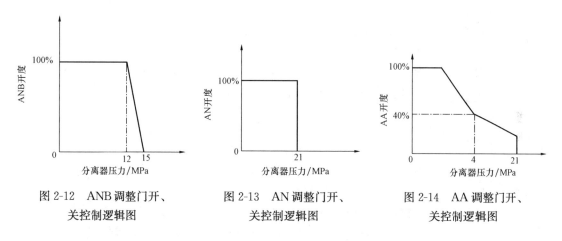

图 2-12 ANB 调整门开、
关控制逻辑图

图 2-13 AN 调整门开、
关控制逻辑图

图 2-14 AA 调整门开、
关控制逻辑图

六、省煤器、水冷壁及汽水分离器

(一) 省煤器

省煤器结构如图 2-15 所示。

省煤器由许多并列蛇形管组成，省煤器的蛇形管为光管，单级，垂直于前墙，逆流布置，位于锅炉尾部烟道低温再热器与空预器之间，省煤器水平布置以利于停炉时疏水疏尽。本机组省煤器总水容积为 56m³。整个省煤器管组分成两段，由 495 根管子组成，每 3 根管子为一片，共 165 片，以方便检修。省煤器进出口各设有一个联箱，进口联箱是单侧进水，出口联箱是双侧出水，省煤器出口管直接与水冷壁环形联箱相连，进出口联箱都布置在烟道内，这样可以避免由于蛇形管穿过炉墙可能造成的漏风。

机组省煤器是非沸腾式省煤器，在锅炉各种运行工况下，制造商保证省煤器出口有一定的欠热，以使省煤器出口炉水不会发生汽化。

省煤器的作用是利用烟气余热加热给水。机组满负荷时，省煤器入口给水温度为 284℃，省

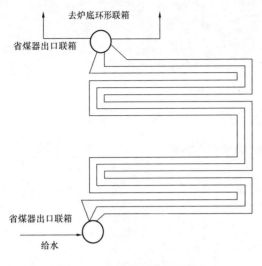

省煤器出口联箱

去炉底环形联箱

省煤器出口联箱

给水

图 2-15　省煤器结构示意图

煤器出口炉水温度为 314℃。

（二）水冷壁

本机组锅炉的水冷壁型式为螺旋管圈加垂直管屏，水冷壁的总水容积为 68m³。螺旋管圈从冷灰斗开始至标高 47.88m 处结束，螺旋管升角为 13.9498 度，总共 1.74 圈。在标高 47.88m 处实现由螺旋管圈向垂直管屏的过渡，垂直管屏至标高 62.125m 处结束。

由省煤器出口来的炉水从锅炉两侧引入水冷壁进口环形集箱，经由螺旋管圈进入水冷壁中间联箱，螺旋管圈由 316 根平行管组成，以螺旋的形式盘旋上升。螺旋管圈通过水冷壁中间联箱转换成垂直管屏，其中，前墙水冷壁和两侧墙水冷壁由 928 根垂直管引向位于顶棚上面的水冷壁出口联箱，后墙水冷壁上部垂直的 336 根平行管形成折焰角，然后形成悬吊管束进入悬吊管出口联箱。水冷壁内的炉水最后由前墙水冷壁、两侧墙水冷出口联箱和悬吊管出口联箱端部通过 4 根连接管引入汽水分离器。

1. 螺旋管圈的主要优点

（1）能根据需要获得足够的质量流速，保证水冷壁的安全运行。

（2）管间吸热偏差小，因而热偏差小。

螺旋管圈在上升过程中，管子绕过炉膛整个周界，既经过热负荷大的区域，又经过热负荷小的区域，因此吸热偏差很小。据有关资料，当螺旋管圈数在 1.5～2.0 圈时，其热偏差不会超过 ±0.5%。

（3）抗燃烧干扰能力强。假如切圆燃烧火球发生偏斜，前墙吸热增加 15%，后墙吸热减少 10%，左侧墙吸热减少 5%，右墙吸热不变，管间吸热偏差不会超过 ±1%，出口管间温度偏差在 15℃ 之内。如换成垂直管圈，上述情况的结果是出口管间的热偏差在 ±15% 之间，出口管间的温差将达到 160℃，这种情况是不能接受的。

（4）可以不设置水冷壁进口的分配节流圈。为了减小热偏差，垂直管屏都人为地设置节流圈，这样一方面增加了水冷壁的阻力；另一方面，在锅炉负荷变化时也会部分失去作用。

（5）适应锅炉变压运行要求。管间热偏差小，解决了汽水分配不均的问题，在低负荷时能维持足够的质量流速。因此，它能毫无困难地实现变压运行。

2. 螺旋管圈的缺点

（1）螺旋管圈的承重能力差，需要附加的炉室悬吊系统。

（2）螺旋管圈制造成本高，结构复杂，制造困难。

（3）螺旋管圈工地安装难度大。（大量的弯头对口焊接，特别在燃烧器区。）

（4）螺旋管圈的流动阻力损失较大，增加了给水泵的功耗。

（三）汽水分离器

本机组锅炉汽水分离器的主要性能参数为：

分离器高度：13.1m；

分离器内径：850mm；

分离器水容积：13.6m³；

设计压力：296.4bar；

设计温度：450℃。

汽水分离器是直流锅炉启动系统中的一个重要部分，汽水分离器的主要功能是保证锅炉启动时各受热面得到充分冷却且安全可靠运行。与汽包炉不同，直流炉的蒸发点是移动的，各受热面之间无明显的固定界限，在启动过程中，沿着流程工质不断发生状态变化。为了回收工质和热量以及满足机组的启动要求等，直流锅炉都有其独特的启动系统，分离器则是启动系统中的主要部件。

汽水分离器有内置式和外置式两种。外置式分离器只是在锅炉启、停阶段使用，锅炉正常运行转干态后，将分离器从系统中切除。停炉时分离器再投入运行。而内置式分离器无需切除、投入，在锅炉正常运行时，只是锅炉管路系统蒸汽通道的一部分。本机组汽水分离器为内置式，在锅炉正常运行转干态后，无需将分离器从系统中切除，所以运行操作比较方便。

汽水分离器的作用如下：

（1）组成循环回路，建立启动流量。

（2）实现汽、水分离，使分离出的水和热量得以回收，并提供过热器、再热器的暖管及汽机冲转带负荷的汽源。

（3）在启动时能起到固定蒸发点的作用，使汽温、给水量、燃料量的调节成为互不干扰的独立部分。

（4）提供启动和运行工况下某些参数的自动控制和调节信号的信号源。

汽水分离器结构如图 2-16 所示。

分离器上部分两层，设有水平切向布置的蒸汽引出管道，由连接管道将蒸汽引向炉顶过热器进口集箱。在稍下部亦分两层设有 4 根呈 5°下倾角的切向引入管。

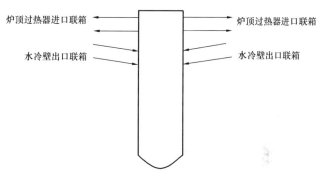

图 2-16　汽水分离器结构示意图

由水冷壁出口集箱来的汽水混合物或微过热蒸汽，通过下部 4 根呈 5°下倾角的切向引入管进入分离器。由于切向速度作用，汽水混合物旋转流动，离心力把较大的水滴抛向分离器内壁面并顺流而下，而蒸汽垂直上升，通过上部 4 根蒸汽管道进入炉顶过热器。为了防止蒸汽带水，在分离器筒体内蒸汽引出管下方装有阻水盘，使在旋转气流中部分被旋转汽流卷吸向上的水滴粒子，在上升过程中遇到阻水盘，水滴粒子受阻而下沉，从而完成汽、水分离。

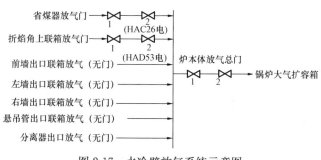

图 2-17　水冷壁放气系统示意图

七、锅炉疏、放水及放气系统

此系统的作用是：

在锅炉启动过程中，放尽系统中的空气和疏水，确保机组启动过程中设备的安全。以下以本机组为例，介绍锅炉疏、放水及放气系统流程。

（1）水冷壁放气系统，如图 2-17所示。

（2）水冷壁放水系统，如图 2-18 所示。

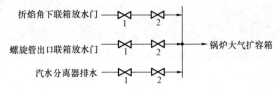

图 2-18　水冷壁放水系统示意图

（3）过热器放气系统，如图 2-19 所示。

（4）再热器放气系统，如图 2-20 所示。

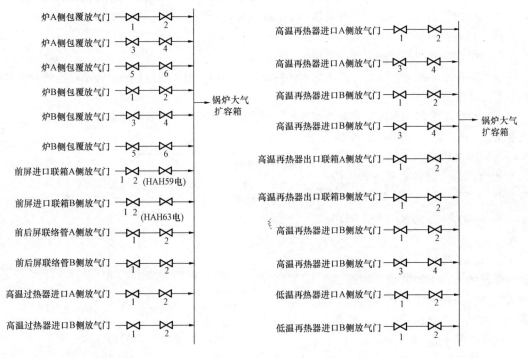

图 2-19　过热器放气系统示意图　　　　图 2-20　再热器放气系统示意图

（5）锅炉疏水系统，如图 2-21 所示。

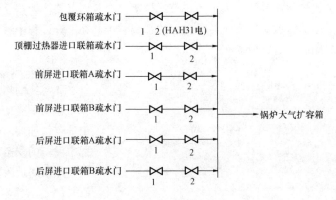

图 2-21　锅炉疏水系统示意图

（6）锅炉放水系统，如图 2-22 所示。

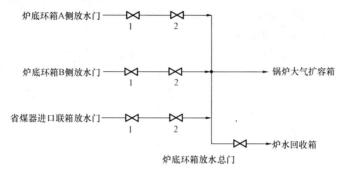

图 2-22　锅炉放水系统示意图

八、炉水回收泵出水总门及锅炉疏水至凝汽器调整门（BD004、BD005、BD006）开关条件

（1）炉水回收泵出水总门（BD004 电动门）开关逻辑，如图 2-23 所示。

（2）锅炉疏水至凝汽器调整门（BD005、BD006）开启逻辑，如图 2-24 所示。

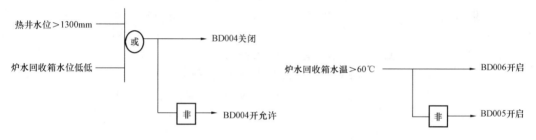

图 2-23　炉水回收泵出水总　　　　图 2-24　锅炉疏水至凝汽器调整门
门 BD004 开关逻辑图　　　　　　　　（BD005、BD006）开启逻辑图

锅炉疏水至凝汽器热井调整门（BD005 基地式气控门）

锅炉疏水至凝汽器喉部调整门（BD006 基地式气控门）

九、启动系统运行控制

1. 机组启动阶段

（1）锅炉进水炉前系统应先进行清洗，在除氧器出口水质含铁量<200μg/L 时可开始向锅炉进水。

（2）确认包覆环形集箱疏水阀（HAH31）、前屏进口联箱空气门（HAH59/HAH63A/B）、折焰角上联箱空气门（HAD53）和省煤器空气门（HAC26）及炉本体空气总门（1/2）均已开启。

（3）手动开启分离器水位控制隔离阀 AA、AN。

（4）启动电动给水泵向锅炉进水，控制给水量在 200～250t/h 左右。

（5）待分离器有水位出现时逐渐加大给水量至 645t/h（省煤器入口流量），控制分离器水位在 6.2～7.2m 左右，将分离器水位自动控制投入。

（6）关闭省煤器空气门（HAC26）和折焰角空气门（HAD53）。

（7）锅炉进行循环清洗，当汽水分离器出口水质含铁量>200μg/L 时应排放；含铁量<200μg/L 时进行回收，开启炉水回收泵出水总门（BD004）并闭锁，同时解锁炉水回收泵 A、B，观察其自启动正常，建立机组循环清洗。

（8）当循环清洗进行到省煤器入口水质含铁量<50μg/L，分离器出口含铁量<100μg/L 时，

锅炉清洗完成，锅炉方可点火。

（9）当汽水分离器压力、温度大于除氧器压力和给水箱温度时，开启隔离阀 ANB 进行热量回收，确认分离器水位控制自动运行正常。

（10）当汽水分离汽压达到 0.5MPa 时，关闭包覆环形集箱疏水阀（HAH31）和前屏进口联箱空气门（HAH59/HAH63）及炉本体空气总门（1/2）。

（11）当 AN、AA 调门关闭后，或分离器水位接近于零时，将炉水回收泵出水总门（BD004）关闭并闭锁；将炉水回收泵 A、B 停并闭锁。

（12）负荷增至 40%BMCR（锅炉最大连续蒸发量），当分离器疏水流量、水位为零时，3A 阀均关闭，锅炉由湿态运行转入纯直流干态运行。

（13）当负荷增至 300MW 时，将 ANB 隔离阀拉电。

2. 机组停机阶段

（1）当负荷减到 300MW 时，ANB 隔离阀送电。

（2）当负荷减至 210MW 时，分离器开始带水，此时应加强对给水流量的监视和调整，开启 ANB、AN、AA 阀隔绝门，确认分离器水位控制在自动方式。

（3）如果是短时停机消缺，应开启炉水回收泵出水总门（BD004）并闭锁，同时解锁炉水回收泵 A、B，进行炉水回收。

（4）如果是机组大小修停机，则不必进行炉水回收。

（5）如需热炉放水、余热烘干保养（分离器压力在 10bar、200℃左右时进行），则按锅炉放水系统，如图 2-23 所示开启有关阀门，另外需开启锅炉本体放空气总门（1、2）。

十、系统故障处理

1. 汽水分离器温度变送器故障，导致中间点汽温升高

（1）现象。

1）中间点汽温上升、过热蒸汽温度下降；

2）机组负荷先上升，后下降。

（2）处理。

1）及时发现机组工况发生异常；

2）分析、检查某个汽水分离器温度变送器是否故障，并在 XS 画面上将其切除；

3）必要时将主蒸汽温度、给水切手动控制，调整正常后再投自动；

4）通知检修人员，查找原因，及时消除故障。

2. 锅炉水冷壁泄漏

（1）现象。

1）炉膛泄漏仪报警；

2）给水流量不正常升高；

3）中间点温度升高；

4）炉膛负压升高，引风机电流增大；

5）机组补水量不正常增大。

（2）处理。

1）根据机组运行工况及现象，及时分析判断水冷壁是否发生泄漏；

2）派操作员就地检查泄漏情况；

3）注意锅炉各点参数及给水量变化情况，必要时主汽温、给水切手动控制；

4）如泄漏量不大，可维持机组运行，则由值长汇报调度，并申请停炉处理；

5）如泄漏量较大，则由值长汇报调度后，开始紧急减负荷，按故障停炉处理；

6）如泄漏量很大，机组已无法维持运行时，值长汇报调度后，发出事故停炉命令，值班员手动 MFT；

7）手动 MFT 后，值班员检查锅炉、汽轮机发电机侧连锁保护动作正常；

8）维持锅炉送、引风机运行，保持炉膛负压正常。

第三节　锅炉减温水系统

此 600MW 机组锅炉减温水系统包括以下几个部分：过热汽一、二级减温水；再热汽减温水；高压旁路减温水；低压旁路减温水。

一、过热汽一、二级减温水流程

过热汽一、二级减温水流程如下：

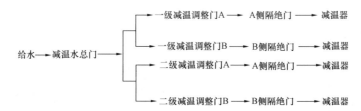

过热汽一、二级减温水来自给水系统，从锅炉给水总门（FW006）后，给水调整门（FW004）之前接出，由过热汽减温水总门（FW009）控制。减温水总门（FW009）出口分两路分别去一、二级减温水调整门，一、二级减温水都有 A/B 两侧。减温水调整门为电动门，锅炉正常运行时自动控制，值班员也可手动控制，减温水调整门后分别有手动隔绝门，当减温水调整门发生故障时可用于隔绝检修。过热器一级喷水减温器设在前屏过热器出口与后屏过热器进口的连接管上，分 A/B 两侧两个减温器。一级减温水由 A/B 两个减温水调整门（LAE31、LAE32）分别控制锅炉 A/B 两侧两个减温器。过热器二级喷水减温器设在后屏过热器出口与末级过热器进口的连接管上，分 A/B 两侧两个减温器。二级减温水由 A/B 两个减温水调整门（LAE41、LAE42）分别控制锅炉 A/B 两侧两个减温器。

过热汽减温水总门（FW009）为带电磁阀的气控阀，通电充气，失电泄气，充气开启，失气关闭。在自动控制方式时，当锅炉过热汽减温水 4 个调整门中任一个开度大于 2％时，过热汽减温水总门（FW009）自动开启；当锅炉过热汽减温水 4 个调整门开度都小于 2％时，过热汽减温水总门（FW009）自动关闭。另外，过热汽减温水总门（FW009）在没有锅炉跳闸信号时可以手动开启或关闭。当锅炉发生 MFT 时过热汽减温水总门（FW009）自动关闭。

锅炉出口过热汽的汽温调节先由设定的煤、水比进行粗调，一、二级喷水减温进行细调。在 BMCR 工况下，一级减温幅度为 11℃，相应焓降为 51kJ/kg；二级减温幅度也为 11℃，相应焓降为 43kJ/kg。

二、再热汽减温水流程

再热汽减温水流程如下：

再热汽减温水也来自给水系统，由2台汽动给水泵和1台电动给水泵的中间抽头引出，经再热器减温水总门（FW010）去锅炉A/B两侧再热汽减温水调整门A/B（LAF41、LAF42），再热汽减温调整门为电动门，锅炉正常运行时自动控制，值班员也可手动控制，再热汽减温调整门后分别有手动隔绝门，当再热减温调整门发生故障时可用于隔绝检修。再热汽汽减温水总门（FW010）为带电磁阀的气控阀，通电充气，失电泄气，充气开启，失气关闭。再热汽减温水总门（FW010）在自动控制方式时，当再热汽减温水调门A/B（LAF41、LAF42）任一个开度大于2％时，再热减温水总门（FW010）开启；反之，当再热汽减温水调门A/B（LAF41、LAF42）开度都小于2％时，再热减温水总门（FW010）自动关闭。另外，再热汽减温水总门（FW010）在没有锅炉跳闸信号时可以手动开启或关闭。再热减温器设在低温再热器入口，不在低温再热器与高温再热器之间。当锅炉发生MFT时再热减温水总门（FW010）自动关闭。

再热汽温度控制是以摆动燃烧器角度为主要调温手段，喷水减温只作为再热汽温度控制的辅助调温手段，以及事故情况下的再热汽温度紧急备用调节手段。再热汽喷水控制汽温是不经济的。

三、高压旁路减温水流程

高压旁路减温水流程如下：

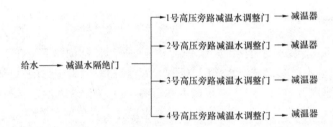

高压旁路减温水取自给水泵的出口、高压加热器进口三通阀之前。高压旁路减温水总门（FW002）分4路分别去一、二、三、四高压旁路的4个减温水调整门BPE1、BPE2、BPE3、BPE4。高压旁路减温水总门及调整门由DCS控制。当高压旁路阀BP1、BP2、BP3、BP4任一阀后温度大于300℃，其对应的减温水调整门开启，任一高压旁路减温水调整门开度大于2％，则高压旁路减温水总门（FW002）开启。反之，当高压旁路阀BP1、BP2、BP3、BP4任一阀后温度小于300℃，其对应的减温水调门关闭，当4个高压旁路减温水调门开度均小于2％时，则减温水总门关闭。

这里要注意的是，在机组准备启动前一定要将高压旁路减温水温度设定值调整至300℃，否则，给水泵一启动就有可能使冷水进入高压旁路及再热器。

四、低压旁路减温水流程

低压旁路减温水流程如下：

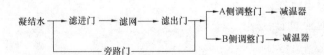

低压旁路减温水取自凝结水泵出口母管、化学精除盐之前，经滤网分两路分别进入低压旁路减温水调整门及其减温器。低压旁路减温水调整门由DCS控制，当低压旁路调整门开启时，其

对应的减温水调整门开启；反之，当低压旁路调整门关闭时，其对应的减温水调整门关闭。另外，在低压旁路调整门打开时，如其对应的减温水调整门不开，则该低压旁路脱扣（低压旁路隔绝门关闭）。

五、系统运行控制及注意事项

锅炉正常运行时，主蒸汽温度应控制在 541±5℃ 以内，再热蒸汽温度应控制在 569±5℃，两侧偏差小于 10℃。

机组正常运行时，过热蒸汽一、二级减温水投自动，在自动失灵或无法调整时，值班员及时切手动调整。机组在事故情况下，如果主蒸汽温度高，减温水调整门开足还难以控制时，可将给水切手动控制，通过手动改变煤水比来调整主汽温，这一操作要注意幅度不要太大，以免主蒸汽温度大幅波动，另外也要注意分离器带水。

一级减温水用以控制屏式过热器的壁温，防止超限，并辅助调节主蒸汽温度的稳定；二级减温水是对蒸汽温度的最后调整。

机组正常运行时，二级减温水应保持有一定的调节余地，但减温水量不宜过大，以保证水冷壁运行工况正常，在汽温调节过程中，控制减温水两侧偏差不大于 5t/h。

再热蒸汽减温水在机组正常时也投自动方式，在自动失灵或无法调整时值班员切手动控制。

调节再热汽减温水控制汽温会有一定的延时，调整减温水时不可猛增、猛减，应根据减温器后温度的变化情况来确定减温水量的大小，判断锅炉出口汽温的变化。

在机组低负荷运行时，减温水的调节尤须谨慎，为防止水塞，减温后再热蒸汽温度应确保过热度为 20℃ 以上，投用再热器事故减温水时，应防止低温再热器内积水，减温后温度的过热度亦应大于 20℃，在机组减负荷过程中或机组停机过程中，应及时关闭事故减温水。

机组正常运行时，高、低压旁路应保持热备用，高、低压旁路的减温水均应投入自动方式。

低压旁路运行时，当凝汽器背压大于 0.7bar，或凝汽器喉部温度≥90℃，或低压旁路喷水（凝结水）压力≤16bar，低压旁路自动脱扣，确认 A、B 两侧的低压旁路隔绝门和低压旁路控制阀关闭。

低压旁路运行时，当某一侧低压旁路对应的减温减压器后压力高于 14.7bar；或某一侧低压旁路控制阀开启而对应喷水阀没开，则确认对应的低压旁路隔绝阀和低压旁路控制阀关闭，低压旁路脱扣。

六、系统故障处理

加负荷过程中过热器末级减温水调门（A）卡死。

1. 现象

（1）末级减温水调门（A）指令增加，反馈不变。

（2）末级过热汽出口汽温异常升高。

2. 处理

（1）及时发现机组工况发生异常。

（2）将过热器末级减温水调门 A/B 切手动，并手动开大。

（3）当发现过热器末级减温水调门（A）拒动时，立即停止机组加负荷。

（4）手动控制一级减温水调门以降低屏式过热器出口汽温，从而控制末级过热汽出口汽温。

（5）派操作员到现场手动开大过热器末级减温水调门 A。

（6）如果通过上述措施后仍无法控制主汽温度，应适当降负荷运行。

（7）通知检修，查找原因并及时消除故障。

第四节 锅 炉 吹 灰 系 统

一、概述

锅炉燃用的煤都含有一定的灰分。一般煤的灰分在7%～30%，有的劣质煤灰分高达40%以上，因此，煤在炉膛燃烬后必然遗留下大量的灰分。对于火电厂煤粉炉，约有90%的灰分随烟气带至锅炉尾部受热面，约10%的灰分落入炉膛下面的冷灰斗（这部分又称为渣）。锅炉运行时不允许灰渣在炉内任何部位堆积过多，否则会引起事故。此外，为了环保要求，也不允许任意向外界排放灰渣。因此，机组正常运行时锅炉的吹灰、除尘和除灰设备的正常运行关系到锅炉的安全及环境的保护。这里主介绍锅炉的吹灰系统。

燃煤锅炉在运行一段时间后，受热面上总会积灰或结焦，影响锅炉的安全经济运行，因此必须及时清除。在炉膛火焰中心高温区域，灰熔点较低的粉煤灰一般为软化状态或液态，锅炉在额定负荷时炉膛火焰中心温度大约在1370℃。随着烟气的流动，溶化状态的灰温度逐渐降低，当接触到锅炉受热面时如果灰粒仍保持软化状态，则可能黏结在受热面上形成结焦，由于焦块的导热性差，因此焦块的外表温度升高，又因焦块表面的粗糙度较大，以致软化或熔化状态的灰更容易黏附，因而在焦块的外表面很容易又黏上一层软化灰粒，如此发展下去，使焦块不断扩大，结焦越来越厚。当焦块的温度达到熔化温度时，熔化的焦块会流到邻近的受热面上而扩大了结焦范围。因此，结焦的过程是一个自动加剧的过程。吹灰系统的作用就是清除锅炉各受热面上的结焦和积灰，维持受热面的清洁，以保证锅炉连续、安全、经济运行。

水冷壁上结焦和积灰，不但使炉膛受热面吸热量减少，影响锅炉蒸发量；另外，炉膛受热面吸热量减少，必然使锅炉后部的过热器、再热器吸热量增加，引起过热器和再热器管壁温度升高，影响其工作安全；也会使锅炉出口过热汽温和再热汽温升高，给一、二次汽温控制带来困难；另外，当水冷壁管屏因结焦和积灰而使各并列管吸热严重不均时，还有可能造成水冷壁管爆管的后果。

过热器、再热器积灰、结焦的部位，其烟气通流量减小，而非积灰、结焦部分的烟气通流量增大，积灰、结焦部位的温度下降，非积灰、结焦部位的温度上升，因此增加了受热面的热偏差；过热器、再热器部分积灰、结焦还会增加管束的通风阻力，使送、引风机电耗增加，严重时还会影响锅炉出力；另外过热器、再热器部分积灰、结焦，使锅炉排烟温度和排烟损失增加，影响锅炉效率。

此外，空气预热器积灰会影响传热效果，造成一、二次风汽温度降低，以致炉内温度降低，影响燃烧；并使锅炉排烟温度和排烟损失增大，甚至影响引风机叶片的寿命，还会增大通风阻力，增加送、引风机电耗。

为此，应在锅炉有关部位，根据受热面的不同工作情况及其积灰或结焦的可能程度，装设适量的、工作性能良好的吹灰器；同时拟定好合理的吹灰制度，并认真执行，以确保锅炉安全、经济、运行。

显然，在一台锅炉上需要布置很多台吹灰器，并与管道阀门构成一个或几个吹灰系统，相互配合，共同完成整台锅炉的吹灰功能。一个吹灰系统一般由吹灰介质源、介质压力控制设备、阀门、管道和吹灰器等组成。吹灰介质可用压缩空气、饱和蒸汽或过热蒸汽等。本机组空气预热器吹灰采用辅助蒸汽和冷再热蒸汽作为吹灰介质，而锅炉本体吹灰采用过热蒸汽和冷再热蒸汽作为吹灰介质。

二、吹灰系统流程

锅炉吹灰系统一般由蒸汽减压站、管道系统、吹灰器本体和程序控制设备组成。

1. 空气预热器吹灰系统

空气预热器吹灰系统流程如下：

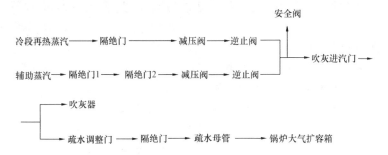

空气预热器吹灰蒸汽由两路汽源供给，其一路来自冷段再热蒸汽出口，另一路来自辅助蒸汽，因辅汽压力不能满足空气预热器吹灰要求，故该路汽源无法使用，现在一、二号机组空气预热器吹灰辅汽进汽门都在关闭状态。所以，空气预热器吹灰蒸汽系统汽源由冷段再热器出口蒸汽供给，冷段再热器蒸汽经空气预热器吹灰减压阀减压后为24bar，作为空气预热器吹灰器的汽源，减压阀由仪用气控制。在空气预热器吹灰器供汽母管上设有一个安全阀，其作用是当蒸汽压力超过设定值时起泄压作用。在吹灰器后有一个吹灰器疏水调整门，当空气预热器吹灰程序启动时空气预热器吹灰减压阀的电磁阀打开，仪用气压将空气预热器吹灰减压阀打开，同时空气预热器疏水调整门自动开启，空气预热器吹灰系统开始疏水暖管。当疏水调整门后疏水温度大于215℃（A 侧）、295℃（B 侧）时，空气预热器吹灰系统暖管结束，疏水调整门自动关闭，空气预热器吹灰器启动吹灰。另外，空气预热器吹灰也可手动进行暖管，暖管结束后手动启动空气预热器吹灰器。空气预热器吹灰蒸汽参数如表 2-3 所示。

表 2-3　　　　　　　　　　空气预热器吹灰蒸汽参数表

工　况	减压前				减压后	
参数	冷段再热器出口蒸汽			辅汽	空气预热器吹灰蒸汽	
负荷（%）	40	70	100	（已不用）	40	70
压力（bar）	18.6	31	44.8	11	24	24
温度（℃）	459	478	474	248	463	473

2. 炉本体吹灰系统

炉本体吹灰系统流程如下：

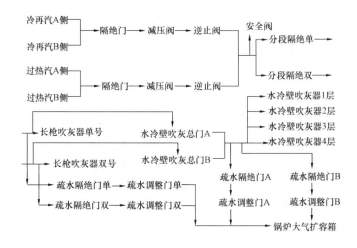

锅炉本体吹灰蒸汽系统由双汽源供汽，其中一路由后屏过热器出口联箱引出，另一路由冷段再热蒸汽来。当锅炉负荷≤60％额定负荷时，冷段再热蒸汽汽压已不能满足锅炉本体吹灰要求，所以，使用过热蒸汽吹灰；当锅炉负荷＞60％额定负荷时，使用冷段再热蒸汽吹灰，两路汽源自动切换。

过热蒸汽经吹灰减压阀减压后为31bar，冷段再热蒸汽经吹灰减压阀减压后也为31bar，两路汽源在锅炉不同负荷时段作为锅炉本体吹灰器汽源，如表2-4所示。两路汽源的减压阀分别由仪用气控制，在两只减压阀后有一只弹簧式安全门，其作用是当蒸汽压力超过设定值时起泄压作用。整个炉本体吹灰蒸汽系统设有4个气控疏水阀，其中水冷壁吹灰器2个，烟道吹灰器2个。当炉本体吹灰某一程序启动时，过热蒸汽或冷段再热蒸汽吹灰减压阀的电磁阀打开，仪用气压将过热蒸汽或冷段再热蒸汽吹灰减压阀打开，同时对应的疏水调整门自动开启，炉本体吹灰系统开始疏水暖管。当疏水调整门后疏水温度大于设定值时，如表2-5所示。疏水暖管结束，疏水调整门自动关闭，对应的吹灰器启动吹灰。另外，炉本体吹灰系统也可手动暖管，手动单独启动某一吹灰器。

表 2-4 锅炉本体吹灰蒸汽参数表

工 况	减 压 前					减 压 后		
汽 源	后屏出口蒸汽				冷段蒸汽	炉本体吹灰蒸汽		
负荷（％）	40	70	100	设计	100	40	70	100
压力（bar）	157	248	257	282	45.5	31	31	31
温度（℃）	468	454	490	505	300	267.8	283.3	390.5

表 2-5 吹灰蒸汽系统疏水调整门温度开关设定值

参 数	IR 吹灰器		IK 吹灰器		IKAH 吹灰器	
疏水阀	A 侧	B 侧	A 侧	B 侧	A 侧	B 侧
关温度（℃）	190	185	185	195	215	295
开温度（℃）	180	175	175	185	200	285

三、吹灰器

吹灰器是一种用于清除受热面的结焦和积灰的清扫装置，它的作用是维持锅炉受热面的清洁，保证锅炉的安全、经济运行。

按结构特征不同，吹灰器可分为短伸缩式、长伸缩式、回转固定式和往复式吹灰器等几种。本机组每台锅炉共装有166台吹灰器，其中在炉膛四周水冷壁处装有104台IR-3D型短伸缩式炉膛吹灰器（简称短枪），四层布置，每层各26台，用于炉膛水冷壁吹灰。在炉膛上部及烟道中的对流过热器、再热器及省煤器管束处装有60台IK-545B型长伸缩式吹灰器（简称长枪），两侧对称布置，每侧各为30台，用于过热器、再热器及水平烟道吹灰。此外，在空气预热器烟气侧转子入口处，每台空气预热器各装有1台IK-AH-500型伸缩式吹灰器，用于吹扫转子上的积灰。至于吹灰器驱动方式，现代大型锅炉上所用的吹灰器基本上都是电动式。

吹灰器虽然种类很多，但工作原理基本相同，即都是利用吹灰介质在吹灰器喷嘴出口处所形成的高速射流，冲刷锅炉受热面上的积灰和结焦。当射流的冲击力大于灰粒与灰粒之间、或灰粒与管壁之间的黏着力时，灰粒便脱落，其中多数颗粒被烟气带走，少量的大颗粒或焦块沉落至冷灰斗里，由干排渣钢带排出。

（一）IK-545B 型长伸缩吹灰器的结构和工作原理

1. 长伸缩吹灰器的结构

IK-545B 型长伸缩吹灰器主要用于清除位于炉膛上部及烟道内的过热器、再热器以及省煤器等的积灰，以提高这些受热面的传热能力，它主要由钢梁、跑车、长枪管、提升阀、驱动电动机等组成。

钢梁实际上是一个顶篷，它既可以对吹灰器各部件提供支承，而且还可以起到防尘、防雨等保护作用，此外钢梁还作为跑车的轨道。

跑车是驱动吹灰器进出锅炉的装置，它通过驱动与其连在一起的长枪管穿过壁盒进出锅炉，壁盒起防止锅炉烟气泄漏的作用，吹灰蒸汽通过一个不锈钢供给管供给长枪管，两者之间装设了填料密封，以防跑车在运行中吹灰蒸汽泄漏，跑车装置沿支架上的滚轮移动，滚轮既起导向作用，又起支撑长枪管等吹灰器部件质量的作用。

长枪管是一个带双喷嘴的长管，它一端与跑车相连接，另一端通过支架支撑，长枪管随跑车的进退作顺时针和逆时针旋转运动，实现进退功能。长枪管喷嘴为 180°反向布置，它通过焊接与长枪管连在一起。

提升阀是吹灰器中一个重要部件，该阀为机械启闭，它位于吹灰器后端部，通过吹灰器跑车的行程自动控制阀的开关，当长枪管达到吹灰位置时，机械机构使提升阀自动开启；当吹灰器退回到不吹灰位置时，机械机构又使提升阀自动关闭。

2. 长枪吹灰器工作原理及吹灰过程

该吹灰器的工作原理是利用高压高温蒸汽通过提升阀经旋转的长枪管再经喷嘴喷射到锅炉受热面上，清除受热面的积灰和结焦。每只喷嘴的运动轨迹是一条螺旋线。本吹灰器采用双喷嘴，双喷嘴与单喷嘴相比，其喷射密度大，同一个行程，其对受热面的清扫次数多一次，因此可以有效的清扫受热面的积灰和结焦，提高了吹灰效果。

长枪吹灰器为电动吹灰器，可近控、远控和程控。长枪吹灰器启动，电流接通，电动机驱动跑车沿钢梁上两侧的导轨带着长枪管一起前进，当喷嘴进入锅炉时，跑车上的机械机构打开提升阀，开始循环吹扫，同时跑车继续带着长枪管旋转前进，直至达到吹灰行程顶端，此时，跑车电动机将反转，同时带着长枪管做后退运动，直至喷嘴接近锅炉内壁时，机械机构自动关闭提升阀，而跑车则继续做后退运动直至退足位置，此时限位开关接通，驱动电动机停转，于是完成了一个吹灰循环。

（二）IR-3D 型炉膛吹灰器的结构和工作原理

1. 炉膛吹灰器的结构

炉膛水冷壁吹灰器是一种带单旋转喷嘴的短行程回转式吹灰器，用于清扫锅炉水冷壁上的积灰，它主要由带锁定装置和供给管的鹅颈管、驱动单元、前部支架、主齿轮盒、导向杆以及螺旋管及法兰等组成。

鹅颈管是水冷壁吹灰器的基本单元，它既起吹灰器支架作用，又起吹灰介质连接通道的作用，供给管与鹅颈管采用螺栓连接，而锁定装置通过销子与鹅颈管相连，锁定装置下部通过销子与提升阀相连，其形状如一个弧型钩子，正常运行时，其头部与螺旋管表面有一定间隙，提升阀通过弹簧紧力处于关闭状态，当吹灰器进入炉膛后，锁定装置的头部被抬高，通过下部销子带动提升阀杆一起向上移动并打开提升阀，当吹灰器退出炉膛后，锁定装置通过弹簧力向下移动并关闭提升阀。IR-3D 型炉膛吹灰器的提升阀座与鹅颈管浇铸成一体，其动作原理与 IK-545B 型吹灰器基本相同。

2. 炉膛吹灰器的原理及吹灰过程

炉膛吹灰器为电动吹灰器，可近控、远控和程控。当电动机通电后，由电动机驱动蜗杆蜗轮，再由蜗轮带动螺旋管和偏心法兰运动，由于螺旋螺距为 5 英寸，而其行程约 10.5 英寸，所以它必须使驱动齿轮旋转 2 圈才能带动螺旋管做进或退运动，偏心法兰槽沿着导向杆运动是为了防止螺旋管和偏心法兰转动。

当螺旋管达到其行程端点时，偏心法兰槽脱开导向杆并转过弹簧压爪。螺旋管、偏心法兰以及喷嘴将顺时针旋转进入吹灰循环，偏心法兰脱开锁定器，打开提升阀，完成吹灰转数后，控制回路将电动机反转，并驱动齿轮按逆时针方向转动，直至偏心法兰槽啮合弹簧压爪，压爪限制了螺旋管进一步转动，而使螺旋管和偏心法兰沿导向杆退回到起始位置。

当螺旋管达到起始位置时，偏心法兰的槽口再脱开导向杆，使螺旋管做进一步逆时针旋转，直至和限位开关接触，吹灰器停转。

（三）IK-AH-500 型空气预热器吹灰器的结构和工作原理

1. 空气预热器吹灰器的结构

空气预热器吹灰器是一种以蒸汽为清扫介质的可移动多喷嘴吹灰器，主要用于空气预热器的吹灰，它主要由钢梁、跑车、长枪管、提升阀、驱动单元等组成。

与长枪吹灰器一样，其钢梁除作为跑车轨道外，还承受吹灰器的重量，同时，钢梁的顶篷还起防尘、防雨作用。

薄膜控制的提升阀是该吹灰器与长枪吹灰器的主要区别，该阀布置在吹灰器外端部，动作由仪用气控制，通过控制盘操作电磁阀自动控制阀的开关。

2. 空气预热器吹灰器的工作原理及吹灰过程

空气预热器吹灰器为电动吹灰器，可近控、远控和程控。当吹灰器启动后，电动机驱动跑车和长枪管向前移动，同时电磁阀充电，仪用气驱动提升阀开启使吹灰蒸汽被引入喷嘴，空气预热器吹灰器共有 6 只喷嘴。长枪管在向前移动中对空气预热器进行吹灰，当长枪管达到完全伸足位置时，跑车上的位置脱扣装置使前限位开关动作，电动机反转，电磁阀失电，关闭提升阀，切断吹灰蒸汽，并将此信号传送到控制盘，以便于启动下一个清扫顺序。通过前后限位开关反复动作，实现对空气预热器的吹扫，吹扫时间结束即中断吹扫。当长枪管退回到它的起始位置时，脱扣装置使后限位开关动作，切断电动机电源。

随着锅炉容量的增大，吹灰器的数量也不断增加，对于火电厂大型煤粉锅炉，通常装有 100 多台各种型式的吹灰器，控制方式也由原来的单台独立控制转向程序控制或 DCS 控制，这不但减轻了运行人员的工作负担，而且也提高了吹灰器的吹灰效果和减少了蒸汽消耗，从而改善了锅炉运行的安全性和经济性。吹灰器的程控又分为全程控和部分程控。全程控即所有的吹灰器及其相关阀门都按顺序全部投入程控，程控系统一旦启动，各吹灰器和控制阀均自动投入工作，这是一种大系统程控。部分程控即按需要将部分吹灰器及其相关的控制阀投入程控，是一种小系统程控。有些高度自动化的机组，其吹灰系统作为一个子系统与机组的 DCS 控制系统相连接，实现吹灰系统的 DCS 控制，可按时、按规定或根据需要自动投入吹灰系统，无需运行人员发出指令。

（四）锅炉吹灰器的布置

机组锅炉吹灰器的布置如图 2-25 所示。

水冷壁吹灰器（IR）共 104 台，分 4 层，分别布置于炉膛标高 18.83m、36.9m、39.5m 及 42.4m，每层各布置 26 台。其中前后墙每排各 7 台，两侧墙每排各 6 台。在 45.42m 标高，前后墙都留有将来安装吹灰器的预留孔 7 只，两侧墙各留有 6 只预留孔。

长伸缩式吹灰器（IK）共 60 台，在吹灰器操作 CRT 画面上编号中 1~12 号、61~66 号、79~84 号为预留孔。程序 SQ4(13~24 共 12 台)位于前屏和后屏之间每侧布置了 1 台，位于后屏与高温再热器之间，每侧布置了 5 台，程序 SQ5(25~44 共 20 台)位于高温再热器与高温过热器

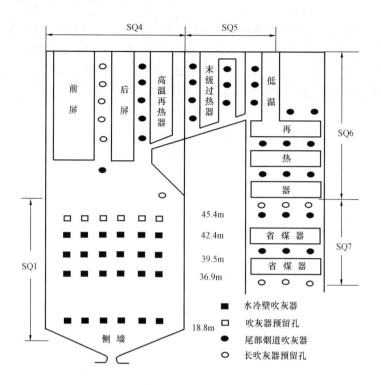

图 2-25 锅炉吹灰器的布置示意图

之间每侧布置了 4 台，位于高温过热器中间每侧布置了 3 台，高温过热器与低温再热器之间每侧布置了 3 台，程序 SQ6(45～60 共 16 台)低温再热器上部每侧布置了 2 台，低温再热器内分两层每侧布置了 2×3 台；程序 SQ7(67～78 共 12 台)省煤器进口每侧布置了 3 台，省煤器中间每侧布置了 3 台。IK 型吹灰器编号为单数的是 B 侧吹灰器；编号为双数的是 A 侧吹灰器。

在锅炉后部烟井后墙空气预热器上方布置了空气预热器吹灰器 IKAH1～2。

四、吹灰程序设定

吹灰程序设定如表 2-6 所示。

表 2-6   吹灰程序设定表

SEQ1：	IR1～104	同时启动只数为 2
SEQ2：(4＋5＋6＋7)	IK13～60、67～78	同时调动只数为 2
SEQ3：	IKAH1～2	同时启动只数为 2
SEQ4：	IK13～24	同时启动只数为 1
SEQ5：	IK25～44	同时启动只数为 2
SEQ6：	IK45～60	同时启动只数为 2
SEQ7：	IK67～78	同时启动只数为 2
SEQ14：	经济吹灰(选取 IR 型中 48 根)	同时启动只数为 2

五、吹灰系统的连锁保护

(1) 吹灰压力低：当吹灰程序启动，暖管完成后，从吹灰蒸汽母管送来的压力信号低于设定值时，系统有报警，任何在工作的吹灰器自动退出，吹灰程序暂停运行，直到吹灰蒸汽压力恢复正常，程序才继续进行。

(2) 吹灰器运行超时：吹灰器超过正常吹灰时间时，则吹灰程序自动停止并报警，直到运行人员按下报警确认按钮，程序才继续进行。

（3）吹灰器过流：吹灰器工作电流超出额定电流，电流继电器动作，发出报警，吹灰器自动返回，吹灰程序暂停运行，直到运行人员按下报警确认按钮，程序才继续进行。

（4）吹灰器过载：如果吹灰器过流，则电流继电器动作，试图退出吹灰器，以保护吹灰器枪管；但是过流持续存在，那么热继电器动作，发出过载报警，程序中止运行，驱动回路电源切断，电动机停止运转，保护电动机。吹灰器过载报警发出，必须派操作员就地手动退出该吹灰器，将该吹灰器所对应的热继电器复位。过载报警消失后，程序将从断点继续进行。

（5）故障报警：当锅炉出现 MFT 事故时，吹灰器自动退出运行。当两侧吹灰器都退回到位后，吹灰程序自动停止。

六、吹灰器的启、停及运行

石洞口第二电厂 2×600MW 超临界机组，其 1 号机组为程控运行方式，2 号机组为 DCS 控制方式，以下分别介绍其吹灰器的启停及运行。

（一）吹灰器的运行方式

（1）吹灰器的正常运行方式是根据锅炉烟气流程，按以下顺序进行，即：

1）空气预热器；

2）水冷壁；

3）对流受热面；

4）空气预热器。

（2）对于对流受热面，除按以上顺序进行吹灰外，还可以通过局部编程，对某些对流受热面进行吹灰，本机组目前已编好的程序包括：SEQ4、SEQ5、SEQ6 和 SEQ7。

（二）吹灰系统启动前检查

（1）检查吹灰器的检修工作已结束，工作票终结，或有试转单。

（2）检查吹灰系统进汽门开启，吹灰蒸汽压力正常，压力调节阀完好，控制方式在自动。

（3）检查水冷壁、烟道吹灰蒸汽系统及空气预热器吹灰蒸汽系统各疏水温度设定在规定值内，疏水调整门的隔绝门开启。

（4）检查所有吹灰器均在退足位置。

（5）检查吹灰系统及吹灰器各压力表完整，压力表一次门开启。

（6）检查并确认所有吹灰器的动力电源及控制电源已送电。

（7）检查所有吹灰程序符合规定要求。

（三）1 号机组吹灰器的启停及运行

吹灰系统设有远方单台手动运行、远方程序运行和就地单台手动运行三种运行方式。

1. 就地单台手动运行（此运行方式主要是供检修人员使用）

（1）点击 就地 按钮，此按钮显示为红色时，系统进入就地运行状态，然后点击 手动 按钮，该按钮状态变为红色时，在就地就能单台启动吹灰器运行。

（2）吹灰器的运行状态同时在画面中进行显示。

2. 远方单台手动运行

（1）点击 远方 按钮，当按钮状态变为红色时，系统进入远方运行状态，然后点击 手动 按钮，该按钮状态变为红色时，在操作员站上就能单台启动吹灰器运行。

（2）点击想要运行的 吹灰器按钮 后，画面中将弹出相应的吹灰器小画面，在该小画面上有 4 个按钮，分别是 启动 按钮，退回 按钮，跳步 按钮和 跳步复位 按钮，按下启动按钮并待该按钮的状态变为红色后释放,吹灰器就被启动,在相应类型的吹灰器监控画面上可监视到吹灰器的运行状态,如前进状态和后退状态等。

(3) 吹灰器跳步和跳步复位操作。

1) 当由于各种原因不能运行该台吹灰器时,可对吹灰器实施跳步操作。

2) 按下相应的吹灰器按钮,画面中将弹出相应的吹灰器小画面,按下 跳步 按钮,待按钮状态变为红色后,表明该吹灰器已经被禁用,可关闭小画面。

3) 在监控画面中可看到被跳步的吹灰器的位置上出现 1 个红色三角禁用标志。

4) 当需解除跳步状态时,按下相应的吹灰器按钮,画面中将弹出相应的吹灰器小画面,按下 跳步复位 按钮后,待 跳步 按钮变为灰色后,表明该吹灰器已经被解除跳步状态。

5) 在监控画面中可看到被跳步复位的吹灰器的位置上的红色三角禁用标志被取消。

3. 吹灰器程序运行

(1) 程序运行条件:①系统处于远方状态;②系统处于自动状态。

(2) 按下 远方 按钮,待该按钮的状态变为红色时,系统处于远方状态。

(3) 按下 自动 按钮,待该按钮的状态变为红色时,系统处于自动运行状态。

(4) 按下 程序运行 按钮后,画面中将弹出"程序运行选择"画面。

(5) 在该画面中,共有 13 个程序选择按钮,即 13 个不同的运行程序可供操作人员选择,以满足运行的要求。按下相应的"程序选择"按钮,待该按钮的状态变为红色后,可对运行程序进行选择,按下相应的"运行程序"按钮,待该按钮的状态变为红色后,表明该运行程序已被选中,可同时选择多个运行程序,这些程序将被串联运行。

(6) 程序被选择后,按下 程序启动 按钮并待该按钮的状态变为红色后,表示吹灰器运行程序已开始启动,同时关闭该小画面。

(7) 在监控画面中,监视吹灰器程序的运行状态。

(8) 程序运行后,在监控画面中可以看到吹灰器的状态被依次变红,表示吹灰器已被运行。吹灰器在运行过程中,如出现报警(运行超时、吹灰器过流、启动失败等故障)后,在报警栏内会出现记录,如果吹灰器能正常回到原始位置后,程序会继续运行,一旦出现吹灰器不能回到原始位置,则为了保护锅炉及吹灰器的安全,程序会中断运行,等待操作人员对故障进行确认后并按下 报警复位 按钮后,程序会从中断处继续往下运行。

(9) 程序在运行过程中,操作人员可以人为地中断吹灰器运行或停止程序运行。

1) 当需要中断程序运行时,在程序选择的画面中,按下 程序中断 按钮后,该按钮的状态变为红色时,程序就被中断运行。当需继续运行该程序时,只需再次按下程序启动按钮后,程序就会从断点处继续运行。

2) 当需要停止程序运行时,在程序选择的画面中,按下 程序停止 按钮后,运行中的程序就会被终止运行。

4. 吹灰器运行程序的自由编制

(1) 在程序选择小画面中,S12 程序是系统中设置的自由编制的程序,操作人员可以根据运行的实际情况,自由编制吹灰器运行程序。

(2) 在程序选择小画面中,按下 S12 自由编制 按钮后,画面将进入程序编制画面。

（3）在该画面的中部是吹灰器的布置图，最下部是编制所用的按钮，画面的上部是编制显示区域，用于显示程序的编制情况。

（4）在编制新的程序前，需对原有的程序进行清除，按下 程序清除 按钮后，编制显示区域内的吹灰器号将被清除。

（5）按下 程序编制开始 按钮，待该按钮的状态变为红色后，就可进行程序的编制。

（6）自由编制的程序运行可分成"对吹"和"单吹"两种运行方式，当设置成对吹时，程序编制时，可仅对左侧的长吹灰器和左前侧的炉膛吹灰器进行编制。程序运行时将按照对称或对角的方式启动2台吹灰器。

（7）按下相应的吹灰器按钮，该按钮的状态变为粉红色后，同时在显示区域内将显示该吹灰器的号，表示该吹灰器被编入到程序中。依次类推，根据实际要求进行编制直至结束。

（8）程序编制结束后，按下 程序编制结束 按钮，同时 程序编制开始 按钮的状态变成灰色时，可关闭程序编制画面。

5. 参数设定

（1）在监控主画面中，按下 运行条件 按钮后，画面将进入运行条件画面。

1）在运行条件画面中，有程序运行条件、手动运行条件、参数设定三个画面供切换。

2）运行条件画面主要是供检修人员分析吹灰器运行情况用。

（2）在进入参数设定，可设定以下参数：

1）锅炉吹灰管路时间；

2）空气预热器吹灰管路时间；

3）空气预热器吹灰器运行时间间隔；

4）炉膛吹灰器运行电流（报警电流）；

5）长吹灰器运行电流（报警电流）；

6）空气预热器吹灰器运行电流（报警电流）；

7）长吹灰器前进比例。

（3）点击时间设定区域，将弹出滑动输入对话框，拉动滑动标记可根据显示的值确定所需的设定值。

（4）点击电流设定区域，将弹出斜坡输入对话框，按动增加和减少按钮，根据显示的值确定所需的设定。

6. 空气预热器吹灰器和吹灰器管路系统运行

（1）手动运行。手动运行可分远方手动运行和就地手动运行。按下 远方 按钮，使其的状态显示变为红色，然后按下 手动 按钮，待其状态变为红色后，就可进行吹灰器的远方操作，点击相应的吹灰器按钮，就会弹出手动启动的小画面，按下小画面中相应按钮后，就可进行所需要的操作，如启动、跳步、退回和跳步恢复等操作。

（2）程序运行。

1）本系统对空气预热器吹灰器设置了程序运行和定时启动运行。

2）操作人员可根据锅炉的运行工况，对吹灰器实施定时启动。定时的时间间隔可在参数设置画面中设置。

7. 管路阀门操作

（1）点击进入空气预热器及管路画面，就可对吹灰器管路的运行阀门进行操作。

（2）阀门操作分为手动远方操作和自动操作两种方式。

（3）在自动操作状态下，仅能监视阀门的运行状态，当阀门被打开后，该阀门的状态变为红色。当阀门处于关闭状态时，其状态显示为绿色。

（4）在手动操作方式下，在操作员站上能对阀门进行手动操作。点击需要操作的阀门，在画面上会弹出1个小画面，在该小画面上能对阀门进行开闭操作。按下 远方 按钮，使其的状态变为红色，然后按下 手动 按钮，当其状态变为红色后，就可进行手动操作。

8. 报警分析

（1）在监控画面的左侧，按下 报警分析 按钮后，画面就被切换到报警分析画面中。

（2）系统对吹灰器运行过程中设有以下各种报警：

1）吹灰器启动失败；

2）吹灰器运行超时；

3）炉膛吹灰器电动机过载；

4）吹灰器接地故障。

（3）在报警分析画面中，记录了发生吹灰器故障的时间、报警内容等。操作人员可以根据报警记录来分析吹灰器的故障原因等。

（4）在报警分析画面的下部，设有 确认所选报警 和 确认所有报警 等按钮，画面的中央是所有报警记录。在画面的最下部是实时报警栏。

（5）如要确认某一报警，将光标移至该报警条目处，按下 确认所选报警 按钮后，则在该报警条目前被打上一个勾，如果此时报警条件已消失，则该报警将被消除。

（6）如果要消除所有报警，则按下 确认所有报警 按钮后，此时报警条件已消除的报警将被全部消除。

9. 电流趋势

（1）系统设有吹灰器电流的实时趋势和历史趋势。按下监控画面左侧的数据趋势按钮，画面将进入趋势图画面。进入这些画面后，操作人员能够分析吹灰器的运行电流工况，进行吹灰器的故障分析等。

（2）共有9个电流趋势图，分别是：

1）左侧炉膛吹灰器电动机电流；

2）右侧炉膛吹灰器电动机电流；

3）前侧炉膛吹灰器电动机电流；

4）后侧炉膛吹灰器电动机电流；

5）左侧高温段长吹灰器电动机电流；

6）右侧高温段长吹灰器电动机电流；

7）左侧低温段长吹灰器电动机电流；

8）右侧低温段长吹灰器电动机电流；

9）空气预热器吹灰器电动机电流。

（四）2号机组吹灰器的启停及运行

（1）吹灰控制主画面。吹灰控制主画面如图2-26所示。说明如下：

1）"SELECT SEQ TO START"，程序选择；

2）"SELECT SEQ TO STOP"，程序停止；

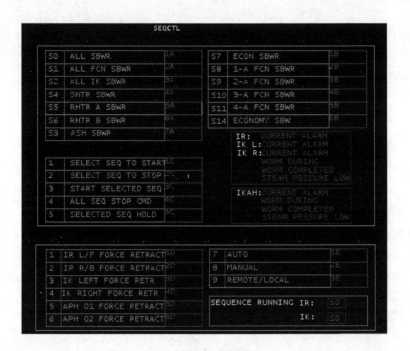

图 2-26　吹灰控制主画面

3）"START SELECTED SEQ"，程序运行；

4）"ALL SEQ STOP CMD"，停止所有正在运行程序；

5）"SELECTED SEQ HOLD"，程序暂停。

（2）其中"IR L/R FORCE RETRACT"，……"APH 02 FORCERE TRACT"均为吹灰器强制退出操作键。

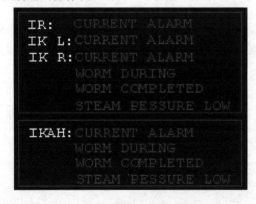

图 2-27　吹灰报警显示图

（3）如图 2-27 所示，主要显示吹灰器是否有报警（如超时、过电流等）、暖管状态以及蒸汽压力低报警。

（五）吹灰程序操作说明

（1）吹灰程序启动。

1）用 3E（操作盘上对应的选择键，下同）将吹灰控制切"REMOTE"；

2）用 1E 将吹灰控制切"AUTO"；

3）用 1C 将"SELECT SEQ TO START"SEL；

4）以吹灰程序 1 为例，用 2A 选择程序 1，此处可以选择多个程序，如再用 7A 选择吹灰程序 3；

5）用 3C 启动所选择程序；程序启动后，首先自动暖管，这时可翻看 DRNCTL 画面，如暖管结束，"WORM COMPLETED"会变亮，目前暖管时间为 5min。

6）暖管结束后（暖管时间到，且蒸汽压力大于定值），则程序开始自动运行；若程序运行中出现蒸汽压力低报警，则程序自动停止。

（2）吹灰程序停止。

1）用1C将"SELECT SEQ TO START"RESET；

2）用2C将"SELECT SEQ TO STOP"SEL；

3）以吹灰程序1为例，用2A选择程序1，则程序1停止。

（3）吹灰程序全部停止。

用4C将"ALL SEQ STOP CMD"SEL，即可停止所有运行程序。

（4）吹灰程序全部暂停。

用5C将"SELECTED SEQ HOLD"SEL，即暂停全部运行程序。

（六）吹灰系统画面

吹灰系统主要面，如图2-28、图2-29、图2-30、图2-31所示。

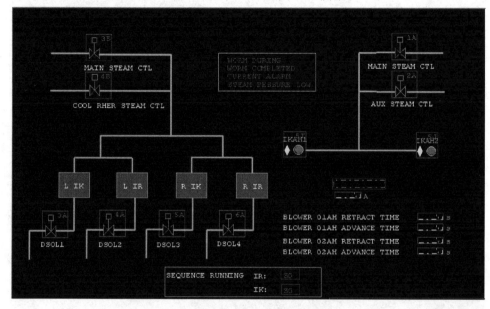

图 2-28　吹灰系统画面

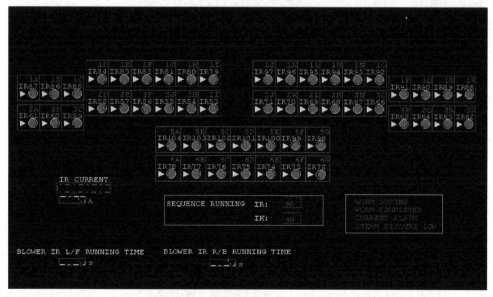

图 2-29　短枪吹灰器画面1（IR53-IR104）

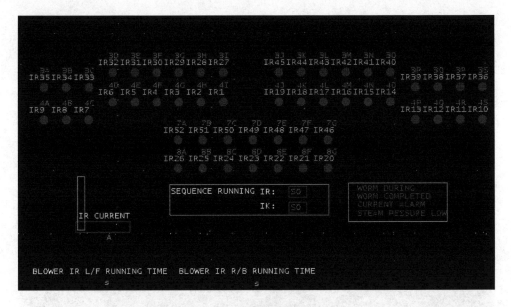

图 2-30　短枪吹灰器画面 2（IR1-IR52）

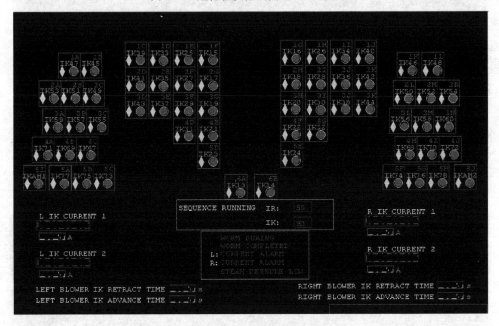

图 2-31　长枪吹灰器画面

（七）吹灰器运行注意事项

（1）锅炉进行吹灰工作时，必须在锅炉负荷大于 50％以上进行（不包括空气预热器）。

（2）运行人员吹灰规定如下：

1）IR 短枪吹灰器每天早中班高负荷时对水冷壁吹灰一次。特殊情况下可适当增加一次，但第二次应尽量使用 SEQ14 经济吹灰程序，并且做好交班记录说明原因。

2）每天夜班或低负荷时可根据锅炉实际运行情况对水冷壁进行吹灰或不吹灰，若进行吹灰，应尽量使用 SEQ14 经济吹灰程序。

3）IK 长枪吹灰器每日历单日中班对烟道受热面进行全程吹灰一次，省煤器区域日历双日中班可增加一次吹灰。夏季若遇连续高负荷，运行部热机专工可发令将长枪全程吹灰临时调整至夜班执行。

4）当夏季锅炉正常运行中排烟温度升至 155℃时，IK 长枪吹灰器每日历的双日中班对烟道受热面增加全程吹灰一次。

5）IKAH 空气预热器吹灰器每班吹灰两次。

6）机组正常运行时，吹灰系统疏水应投自动，禁止无故放手动。

7）机组值班员要严密监视吹灰系统的运行状况，发现有异常报警应及时检查处理。若遇吹灰枪卡涩，要及时通知检修，并记录通知的时间；同时机组巡操员应及时设法就地将其退出。

8）在 IR 或 IK 吹灰器全程吹灰时，机组值班员在程序进行一半时要暂停程序，应及时检查前半部分吹灰器是否有异常，确认正常后再继续程序。

9）若锅炉结焦严重或有其他特殊情况，机组值班员可酌情适当增加吹灰次数。

10）所有的吹灰操作，机组值班员必须做好交班记录。

11）吹灰时，机组值班员应告知灰控人员，并根据炉底干排渣系统运行情况，逐层进行吹灰。

（3）吹灰时应保持炉膛负压控制投入自动，以保持炉膛负压稳定。

（4）锅炉在低负荷运行时，严禁对炉膛水冷壁及尾部烟道进行吹灰，以避免影响燃烧稳定。

（5）锅炉在吹灰时，机组值班员应密切监视锅炉各段受热面的工质温度变化，及时调整减温水及燃烧器摆角，保持主蒸汽及再热蒸汽温度的稳定。

（6）在吹灰过程中，若发现有报警，机组值班员应及时进行复置，并检查处理。

（7）吹灰器控制键盘操作时的注意事项：

1）运行值班人员不得任意编辑吹灰程序（增加或删除）。

2）运行值班人员在遇到个别吹灰器因故需退到旁路时，应详细交接班备查。

3）运行值班人员不得任意改变吹灰时间设定。

4）运行值班人员在启动某个吹灰程序进行吹灰前，必须确认所需吹灰的吹灰器与启动的吹灰程序相符。

（8）吹灰进行期间，不得打开看火孔看火，以免烫伤。

（9）吹灰执行结束后，机组值班员应检查确认炉膛泄漏报警装置无异常，另应及时通知机组巡操员至现场，巡检吹灰设备有无异常。若发现异常现象，值长应立即组织运行人员分析、处理，并通知检修人员迅速到场检查、处理，同时做好交班记录。

（八）系统故障处理

锅炉结焦的处理。

（1）现象。

1）水冷壁结焦，对应结焦部位金属温度下降，排烟温度上升。

2）对流受热面结焦时，将使烟气阻力升，将引风机电流、入口负压增大。

3）锅炉受热面局部结焦时，将使热偏差增大，局部管壁过热。

（2）处理。

1）进行燃烧调整，使火焰中心位置符合要求，视结焦情况，增加结焦部位处的蒸汽吹灰，防止结成大焦块。

2）当燃烧室内结有不易清除的大块焦渣，且有脱落、损坏水冷壁的可能时，应做好事故预想。

3）当炉内结焦严重，发生螺旋管出口热偏差增大或过热器、再热器减温水明显增大已无法维持机组正常运行时，应汇报主管生产厂长，申请停炉处理。

思 考 题

1. 锅炉一次汽和二次汽流程？
2. 超临界锅炉过热器和再热器布置有哪些特点？
3. 超临界锅炉二级旁路系统是指什么？旁路的作用及特点？
4. 高压旁路有哪几种运行方式？
5. 机组冷态启动时高压旁路如何投用？
6. 高压旁路投用过程中注意事项？
7. 低压旁路有哪些限制？
8. 画出高压旁路的冷态启动曲线并注明各点含义？
9. 影响主蒸汽温度的主要因素有哪些？
10. 为什么说采用再热汽喷水减温是不经济的？
11. 锅炉主蒸汽温度高的原因、现象及处理？
12. 什么是直流锅炉的启动流量和启动压力？
13. 锅炉启动系统有哪些主要设备？系统流程？
14. 锅炉启动系统的作用是什么？
15. 分离器满水有何危害？
16. 分离器水位控制是如何实现的？AN、ANB、AA 阀之间有何关系？
17. 汽水分离器作用及结构、特点？
18. 省煤器的作用及结构特点是什么？
19. 螺旋管圈的优缺点是什么？
20. 如何进行锅炉放水？
21. 机组冷态启动时 3A 阀如何控制？
22. 机组减温水主要有哪几种？各起什么作用？
23. 机组减温水水源分别取自何处？
24. 过热减温水运行中注意事项有哪些？
25. 高压旁路减温水运行中注意事项有哪些？
26. 叙述吹灰系统主要流程，它们包括哪些主要设备？
27. 吹灰油系统主要作用是什么？
28. 吹灰系统主要巡检项目有哪些？
29. 锅炉结焦和积灰对其运行有何影响？
30. 机组运行时吹灰注意事项有哪些？
31. 锅炉结焦的原因、现象有哪些？如何处理？

锅 炉 燃 烧 系 统

第一节 锅 炉 制 粉 系 统

一、概述

制粉系统是指煤炭从原煤斗开始，直到被磨制成细度合格的煤粉后，又被输送到锅炉燃烧器的所有设施。

制粉系统的作用主要为：

（1）将煤碳从原煤斗按一定的速度输入磨煤机；

（2）向磨煤机提供一定温度和流量的一次风，使煤炭在经历磨制过程的同时完成干燥过程；

（3）使煤炭在经历磨制过程的同时，通过分离器进行粒度分级，合格细粉通过分离器，不合格细粉返回磨煤机重磨；

（4）通过分离器的合格煤粉随同一次风，以一定的温度和风煤比、一定的速度被均匀地分配到各个投运的燃烧器。

从原煤斗中下来的原煤经过一个电动的闸板门后进入给煤机。在给煤机内随着皮带的转动。煤从原煤斗落煤管的一端送至另一端，并在给煤机皮带上进行称重。煤从给煤机出来后经过位于磨煤机中心的落煤管落入磨煤机进行碾磨。在碾磨的过程中，煤粉被从磨煤机下部进入的一次风进行加温和干燥。碾磨后的煤粉在一次风的携带下上升至位于磨煤机顶部的分离器，并在分离器中进行分离，细度合格的煤粉被一次风带出磨煤机，以一定的风煤比及速度和温度经过燃烧器进入炉膛进行燃烧。细度不合格的煤粉返回磨煤机重新进行碾磨。

锅炉制粉系统可分为直吹式和储仓式两类。直吹式制粉系统就是原煤经磨煤机磨成煤粉后直接吹入炉膛进行燃烧；中间储仓式制粉系统是将原煤磨成煤粉后储存在煤粉仓中，然后根据锅炉负荷的需要，由给粉机送入炉膛进行燃烧。

不同的制粉系统配置不同类型的磨煤机，直吹式制粉系统一般选用中速磨或高速磨，中间储仓式制粉系统大多选用低速滚筒型铜球磨煤机。

制粉系统及其磨煤机的型式，根据燃料的特性予以选定。

直吹式和中间储仓式制粉系统各有特点：

直吹式制粉系统的特点是系统简单，布置紧凑，节省钢材，投资较少，运行电耗也较低。但直吹式制粉系统对锅炉实际运行操作控制要求较高，如制粉系统中出现故障就直接威胁到锅炉的正常运行，另外锅炉负荷变化时，燃煤量的调节只能在给煤机上进行，因此调节延滞性较大。

中间储仓式制粉系统可靠性较高，系统中出现故障不会立即影响锅炉的正常运行，磨煤机的工作与锅炉运行不相互牵制，因此磨煤机可经常保持在最大或最经济出力条件下工作，锅炉负荷变化时，调节给粉机的给粉量，延滞性就比较小。中间储仓式制粉系统的缺点是系统复杂，投资、运行费用都较高，电耗也较高。

直吹式制粉系统中，磨煤机磨制的煤粉全部送入炉膛内燃烧，因此在任何时候，制粉系统的制粉量均等于锅炉的燃料消耗量。这说明制粉系统的工作情况直接影响锅炉的运行工况，要求制粉系统的制粉量能随时适应锅炉负荷的变化而变化。

在制粉系统中，通常使用热风对进入磨煤机的原煤进行干燥，并将磨煤机磨制好的煤粉输送出去。根据风机的位置不同，直吹式制粉系统又分为负压和正压两种系统。风机装在磨煤机之后，整个系统处在负压下工作，称为负压直吹式制粉系统；反之，风机装在磨煤机之前，整个系统处在正压下工作，称为正压直吹式制粉系统。负压系统的最大优点是磨煤机处于负压下工作，不会向外冒粉，工作环境比较干净。但负压系统中由于燃烧所需全部煤粉都通过风机，因而风机叶片容易磨损，降低了风机的效率及可靠性，增加了通风电耗。此外，系统因处于负压而漏风较大，干燥能力差，它适用煤种水分较低的燃煤（＜12％）。在正压系统中，由于风机置于磨煤机之前，没有煤粉通过，不存在风机叶片的磨损问题，这就克服了负压系统的缺点。但是，在正压系统中，由于磨煤机和煤粉管道都处在正压下工作，如果密封问题解决不好，系统将会向外冒粉，造成环境污染，因此，必须在系统中加装密封风机。在正压系统中，一次风机可布置在空气预热器前，也可布置在空气预热器后。布置在空气预热器之后的一次风机为热一次风机，由于介质温度高且洁净度低，风机效率和可靠性都较低。布置在空气预热器之前的一次风机称为冷一次风机，由于进入冷一次风机的空气介质较为洁净且温度低，因此减少了风机磨损，提高了风机效率。

二、制粉系统流程

本机组锅炉采用中速磨煤机冷一次风机正压直吹式制粉系统，它由原煤仓、煤闸门、给煤机、磨煤机、煤粉管道、一次风机和密封风机等组成，其制粉系统流程如下：

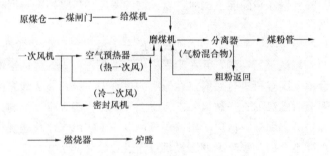

1. 煤的流程

原煤斗中的煤经煤闸门进入给煤机，根据锅炉负荷需求，给煤机以一定的速率将煤供给磨煤机，磨煤机的给煤量是通过调节给煤机的转速来实现的。

2. 一次风流程

一次风的作用是向磨煤机提供适当的热风，去干燥研磨过程中的燃煤，并将磨制好的煤粉送到煤粉燃烧器。制粉系统配备两台一次风机，空气经一次风机升压后在一次风机出口分成两路，一路为冷一次风；另一路去空气预热器，经空气预热器加热后成为热一次风。冷、热一次风在磨煤机进口处按一定比例混合，以磨煤机出口温度控制进入磨煤机的一次风温。进入磨煤机的一次风温可以由冷、热一次风管道上的风门挡板来调节。

3. 风粉混合物流程

磨煤机磨制出的煤粉经磨煤机上部的煤粉分离器分离，合格的煤粉由一次风携带，经磨煤机出口煤粉管向锅炉四角燃烧器输送一次风粉混合物；不合格的煤粉返回磨煤机重新研磨。

4. 密封风

密封风的作用是向磨煤机磨辊、磨煤机轴承、磨煤机出粉管阀门以及给煤机等提供密封空气。制粉系统配备两台密封风机，一台运行，一台备用。从冷一次风管引出一路冷风，经滤网后送往密封风机，再经密封风机升压后用作磨煤机磨辊、轴承的密封风。而磨煤机出粉管阀门和给煤机的密封风则直接采用冷一次风，这样可以减少密封风机容量而降低厂用电。本机组磨煤机热风隔绝门的密封风原来由各自单独的密封风机来完成。2010年通过改造，使用了目前国内电厂普通采用的代表当今先进水平的新型双密封气动插板隔绝门，该插板隔绝门采用机械密封，并配有锁紧汽缸，在冷态和热态情况下，插板式隔绝门保证严密不漏，因此不需要另外配备密封空气。

三、磨煤机

磨煤机是制粉系统的关键设备，它在工质流程中起枢纽作用。原煤和一次风被送入磨煤机，研磨好的合格煤粉与一次风混合物被送出磨煤机。另外，每台磨煤机还配备一套齿轮油站、一套电动机润滑油站。

1. 磨煤机的结构

磨煤机结构较简单，主要由上部煤粉分离器和下部磨煤机机体两部分组成。磨煤机机体主要由蜗杆传动装置、磨碗、风环、磨辊和落煤管组成；煤粉分离器主要由分离器外壳、内锥体、折向门和出粉管阀门等组成。

2. 磨煤机的工作原理

给煤机将煤从磨煤机中心落煤管送入，煤落到旋转的磨碗上，在离心力的作用下，向磨碗的周缘移动。3个独立的弹簧加载磨辊按120°分布，安装于磨碗之上，磨辊与磨碗之间保持一定的间隙，两者并无直接的金属接触。磨辊利用弹簧加压装置施以必要的研磨压力。当煤通过磨碗和磨辊之间时，煤就被磨制成煤粉。这种磨煤机主要是利用磨辊与磨碗对它们之间的煤的压碎和研磨两种方法来实现磨煤的。磨出的煤粉由于离心力的作用继续向外移动，最后沿磨碗周缘溢出。

磨煤机干燥用的热一次风，由磨碗周缘的风环进入磨煤机内，一次风携带煤粉上升，较重的粗粉颗粒脱离气流，返回磨碗重磨，这是煤粉的第一级分离；煤粉气流继续上升，在分离器顶部进入折向门装置，由于碰撞在分离器顶部壳体上和转弯处的离心力作用，又有一部分粗粉颗粒返回磨碗重磨，这是煤粉的第二级分离；较细的煤粉气流通过折向门进入内锥体产生旋转，同样由于离心力作用，使煤粉进一步分离，这是煤粉的第三级分离。折向门的角度决定旋流的速度，从而决定煤粉的最终细度。细度不合格的煤粉沿着内锥体内壁从旋流中分离出来，返回磨碗重磨，而细度合格的煤粉经出口文丘利管和出粉管阀门离开磨煤机进入煤粉管道。

这种磨煤机对煤粉的干燥基本上是在磨碗上方的空间内进行，在磨碗上的干燥作用不大，因此这种磨煤机对原煤水分的变化比较敏感，水分过多的煤会被压成煤饼而使磨煤机出力大幅度下降。

混杂在煤中的石子、铁块等杂质从磨碗边缘溢出后，由于较重，再从风环处落下。在下面磨碗毂上有可转动的刮板，它把上述杂物刮入石子煤排出口，经石子煤落料门进入石子煤收集小车中。在正常运行时，石子煤落料门保持打开，只有在清理石子煤小车时才关闭石子煤落料门。平时严禁关闭，否则杂物留在磨煤机内，被刮板支架和衬板研磨，会造成这些零件的额外磨损，并存在潜在的着火隐患。在磨煤机启动条件中，石子煤落料门无"开"信号，则该磨煤机无启动条件。

如果有煤排到石子煤小车中，则表明给煤量过多，或磨辊压力过小，或一次风流量太小，或磨煤机出口工质温度过低。磨煤机零件磨损过多或调整不当也会造成煤的排出。煤的过量溢出表明磨煤机运行不正常，应立即采取措施，加以调整。

磨煤机在正压下运行，密封风系统向磨碗毂周围提供清洁空气，用以防止热风和煤粉逸出而污染蜗轮箱;同时,也向磨辊耳轴提供密封风以免煤粉进入磨辊轴承。

3. 磨辊与磨碗

3个独立的弹簧加载磨辊依靠压碎和研磨两种作用将煤粉碎。磨辊碾压煤的压力一部分靠辊子本身的重量,但大部分靠弹簧的压力。

磨碗有两个作用:一是磨碗与磨辊一起对燃煤进行碾磨;二是磨碗将磨出的煤粉送离磨碗进入一次风气流中。

4. 煤粉分离器

煤粉分离器是将磨煤机磨出的煤粉按粗细进行分离的装置。分离出来的粗粉返回磨碗重磨,合格的细粉送往燃烧器喷嘴。

中速磨煤机的分离器布置在磨煤机的上部,与磨煤机构成一体,因此中速磨煤机制粉系统结构紧凑。

煤粉气流经折向门叶片后,在内锥体内产生旋转气流,由于离心力的作用,粗粉被分离出来,沿内锥体返回磨碗重磨。合格的煤粉经文丘利管分配,被送往4根出粉管道。

改变折向门叶片的角度,可以调节煤粉旋流的速度,从而控制煤粉的细度。

内锥体壁面衬有陶瓷衬片,因此,这种分离器耐磨性能好。

5. 落煤管与文丘利管

中心落煤管的作用是将给煤机输送的原煤送往磨碗处。

文丘利管的作用是将磨好的煤粉分配给4根出粉管,送往同一层4个角燃烧器喷嘴使用,分配任务是靠文丘利管四块隔板来完成的。

为防止磨煤机内煤粉燃烧和爆炸,磨煤机可设自动蒸汽灭火系统及手动消防水灭火系统。

四、原煤仓与给煤机

1. 设备规范

本机组的原煤仓及给煤机的相关参数如下:

原煤仓容量:600m³;

给煤机型式:8424型重力式;

电动机(容量/电压):3.75kW/400V;

额定电流:9.2A;

最小给煤量:14t/h;

最大给煤量:67.2t/h。

2. 原煤仓

每台磨煤机配备一只原煤仓,原煤仓由上部圆筒和下部锥斗组成,锥斗内衬不锈钢衬板。为防止原煤仓内原煤黏结,锥斗外配有机械振打装置。煤场原煤由输煤皮带加入原煤仓,经过煤闸门进入给煤机。每个原煤仓容量为600m³。

3. 给煤机

给煤机由机体、输煤皮带及其电动机驱动装置、清扫装置、控制箱、称重装置、皮带断煤报警装置、取样装置和照明灯组成。每台给煤机配有电子称重装置和微机控制装置。清扫装置安装在皮带下方,用于清扫底部托盘中的落煤和杂物,以防止这些物质堆积而自燃。称重装置安装在两皮带轮中间,在其前方安装了一根整形杆,用于修正皮带上煤的形状以提高称重精度。给煤机微机控制箱装在给煤机上,以实现给煤机的自动控制。

在一根水平轴的一头安装一不锈钢闸板,在轴的另一头安装开关箱,即组成闸板操作开关。当皮带断煤时,闸板处于垂直位置,一触点闭合发断煤信号。在给煤机的出口安装一个限制开关以监测出口煤的堵塞情况，当发生煤堵塞后，开关的一触点闭合，发信号控制皮带电动机停止。在控制室 BTG 盘上有"任一给煤机断煤或堵煤"光字牌报警。

正压下工作的给煤机要求提供密封风以防止热风和煤粉从出口处回流到给煤机内。若密封风不足，热风和煤粉会从磨煤机回流到给煤机，这些物质的堆积会引发自燃。反之，若密封风过量，会将煤从输煤皮带上吹落，影响称重精度，增加清扫装置工作量，同时还会增加给煤机零件磨损。密封风从给煤机进口端底部引入，两侧各设置一碟阀来控制或关闭密封风。

4. 给煤机工作原理

煤由原煤仓落到皮带上，皮带在电动机的驱动下连续运转，将煤输送到磨煤机落煤管中。电动机驱动装置可以无级调速，以控制皮带速度，从而调节给煤量。

5. 给煤机就地控制箱

给煤机的微机控制装置及其电气设备都装在一个就地控制箱内。控制箱内有一全密封式操作键盘及显示屏。操作键盘有给煤机就地启、停按钮，清扫链马达启、停按钮，照明灯开关按钮，给煤机就地/遥控切换按钮等。显示屏有即时给煤量和给煤量累加值显示，还有给煤机故障码显示。

五、一次风机与密封风机

本机组密封风机的有关参数如下：

1. 设备规范

型式：单吸离心式；

出口风压：11.36kPa；

额定转速：1490r/min；

效率：63.5%；

电动机：1400kW/6kV；

密封风机型式：离心式；

密封风机电动机：75kW/400V。

2. 一次风机

一次风机为 2×55%BMCR，提供 6 台磨煤机的一次风。

一次风系统采用母管制配风。一次风机在一次风的出口处分为 3 路：一路经空气预热器加热成为热一次风；一路不经空气预热器，成为冷一次风。在冷一次风管上还接一路送至密封风机入口。

机组正常运行时，由于本电厂一次风机设计容量偏小，2 台一次风机只能带 5 台磨煤机运行，如果机组运行中出现磨煤机故障，只能先停故障磨煤机，再投用备用磨煤机。一次风机 RUNBACK 也与其他辅机 RUNBACK 有所不同（主要辅机可用能力都为 55%）。其他辅机 RUNBACK 时机组负荷降到 55%，保留 4 台磨煤机运行。而一次风机 RUNBACK 时，只能维持 2 台磨煤机运行，将产生 40%RUNBACK。

一次风量的给定由燃煤量决定。燃煤量改变时闭环回路改变一次风机入口可调导叶的开度去控制一次风流量，同时测量一次风母管压力，将该压力值送至一次风机入口导叶控制器，对一次风量进行修正，并控制一次风母管压力稳定在 7.0kPa。

对于一次风而言，最主要的控制量是磨煤机出口温度和磨煤机一次风流量。前者既要保证煤在磨煤机内充分干燥，又不因温度过高而引起磨煤机内爆燃。后者则保证煤粉为适当的细度，并将煤粉送入炉膛。按不同的煤种采用不同的一次风速。一次风速过高会使煤粉着火点远，着火不稳定，还有可能冲刷对侧水冷壁；一次风速过低易烧坏喷燃器，还有可能造成煤粉管道及磨煤机堵塞。

磨煤机出口温度和磨煤机一次风流量均由磨煤机出口一次风温度控制器分别控制一次风冷风门和热风门来实现，当磨煤机出口温度变化时，测得的温度信号送到控制器，改变冷、热风的比例，以保证磨煤机出口一次风温度稳定，在这一调节过程中，由于冷、热一次风控制风门开度变化而引起一次风流量变化时，一次风流量变送器将测得的流量信号送到磨煤机出口一次风温度控制器，经过温度修正后，同时控制冷、热一次风控制风门的开度，这样就可获得稳定的一次风流速。

磨煤机的冷、热风门控制逻辑，如图3-1所示。

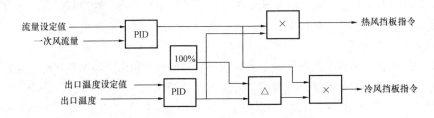

图 3-1　磨煤机的冷、热风门控制逻辑图

从图3-1可以看出，两个PID控制器分别是控制一次风的流量和温度的，它们的输出信号再交叉作用去控制热、冷风门，不能理解为热风门控制流量，冷风门控制温度。

当要增、减一次风量时，冷、热风门会同时开大或关小。当要抬高一次风温时，热风门会开大，冷风门会同时关小；反之亦然。

磨煤机冷、热风挡板要在同时投自动情况下，自动调节才起作用。

在两个冷、热风挡板前，各装有一个闸板门，当磨煤机发生故障时，将一次风快速切断。

3. 密封风机

密封风机实际上是一种增压风机，风源来自冷一次风母管，这样既可使进入密封风机的空气较为干净，减少密封风机叶片的磨损，又可确保密封风风压始终大于一次风风压，有效地起到密封作风。

在两台密封风机入口装有一个公用滤网，滤网上有一个排放管与二次风风道相连。这根排放管是为了吹扫密封风机入口滤网上的杂物而设，打开排放风门，利用冷一次风和二次风的差压，将积留在滤网上的杂物吹入二次风系统。

机组正常运行时一台密封风机运行，另一台备用。在密封风机的进出口装有差压测量装置，如运行风机故障，差压小于1.0kPa，则延时10s，自动启动备用密封风机；密封空气母管和磨煤机下磨碗差压＜2kPa且延时300s，磨煤机跳闸。密封风机仅提供磨煤机轴承、磨辊的密封。给煤机及磨煤机出口一次风门的密封用的是冷一次风，这样可以降低密封风机的容量，对减少厂用电有好处。

六、燃烧器

本机组锅炉采用四角布置摆动直流燃烧器，每个角有6只煤粉一次风燃烧器喷口，为了适应燃用低灰熔点煤的要求，减少燃烧器的高宽比，每角燃烧器分上、中、下三组。在每组燃烧器中（以AB层为例），如图3-2所示。两个煤粉燃烧器之间的辅助风喷口中布置有轻、重油枪及高能点火器，点火方式为三级点火，即由高能点火器点燃轻油枪，再点燃相对应的重油枪，由重油来点燃相对应的上下煤粉主燃烧器。

燃烧装置的主要设备包括：①高能点火器（12只）；②轻油枪（12根）；③重油枪（12根）；④煤粉燃烧器（24只）；⑤辅助风喷口（60只）；⑥轻、重油层火焰监测器（12只）；⑦煤粉层火焰监测器（12 只）。

高能点火器、轻重油枪、火焰监测器将在燃油系统中介绍。

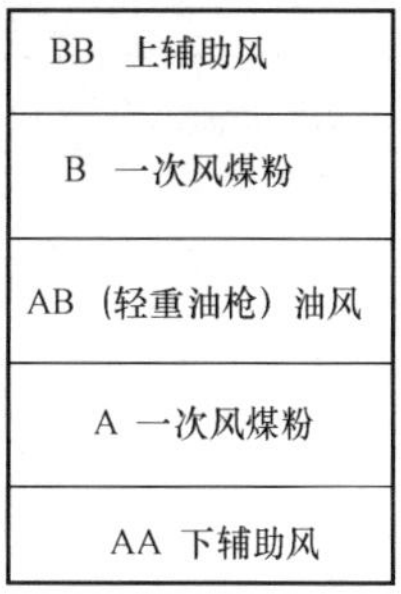

煤粉气流经燃烧器被喷入炉膛后，卷吸周围的高温烟气，吸收烟气的对流热量；同时又受到炉膛四壁及高温火焰的辐射，吸收炉膛的辐射热量。当煤粉气流获得足够的着火热量将煤粉气流由初温加热到着火温度所需要的热量称为着火热量，又称点火能量，温度达到着火温度时，就开始着火燃烧，一般希望在距离燃烧器出口约 0.5m 处就能稳定着火。如果着火过早，容易使燃烧器喷口因过热而烧坏，也易使喷口附近结焦；如果着火太迟，就会推迟整个燃烧过程，使煤粉来不及燃尽就离开炉膛，增大固体未完全燃烧损失；另外，着火推迟还会使火焰中心上移，造成过热蒸汽、再热蒸汽汽温上升及炉膛出口处因温度过高而结焦。

| BB 上辅助风 |
| B 一次风煤粉 |
| AB （轻重油枪）油风 |
| A 一次风煤粉 |
| AA 下辅助风 |

图 3-2 燃烧器示意图

1. 影响煤粉气流的着火因素

影响煤粉气流的着火因素很多，主要有以下几点：

（1）燃料性质。挥发分高，着火容易；挥发分低，着火困难。原煤水分低，着火容易；原煤水分高，着火困难。低灰分煤着火容易，高灰分煤着火困难。煤粉越细，越容易着火；煤粉越粗，着火越困难。

（2）一次风温。提高一次风温，并保持炉内较高温度，从而加快煤粉气流着火。因此，在燃用低挥发分煤时，常采用温度较高的一次风温度。

（3）一次风量和一次风速。一次风量越大，将使着火推迟。对直吹式制粉系统，一次风量必须满足输粉的要求，否则会造成煤粉管道堵塞。

（4）燃烧器结构和布置。燃烧器结构和布置主要影响一、二次风的混合。如果一、二次风混合过早，即在一次风煤粉气流着火前混入二次风，就等于增大了一次风量，着火推迟；反之，二次风混入过迟，又会因供氧不足而限制固定碳的燃烧。

燃烧器的几何尺寸也影响到着火。燃烧器出口截面积越大，煤粉气流的卷吸能力越小，着火点离喷口距离越远。

（5）锅炉负荷。锅炉负荷越低，进入炉内的燃料量越少，燃料燃烧的放热量就越小，致使炉膛平均烟温下降，煤粉气流的加热条件恶化，因而对煤粉气流的着火和燃烧是不利的。当锅炉负荷降低到一定值时，就会危及煤粉气流的着火和燃烧的稳定性，甚至使锅炉熄火。因此，着火和燃烧稳定性就限制了煤粉锅炉的负荷调节范围。本机组在不投油助燃的情况下，最低稳燃负荷是40%BMCR。

2. 保证煤粉低负荷稳燃的设计措施

为保证煤粉在低负荷时能稳定着火燃烧及煤粉与空气的充分混合，使之燃烧，在燃烧器设计布置上采取以下措施：

（1）采用固定分叉式煤粉喷嘴，如图 3-3、图 3-4 所示。它可在锅炉负荷低至 30%MCR 时能保持稳定燃烧。即在锅炉低负荷时，采用固定分叉煤粉喷嘴，不用油助燃的条件下，能维持锅炉稳定的燃烧工况。

固定分叉煤粉喷嘴，即把一个煤粉喷嘴用分隔板隔成两个喷嘴（上、下喷口），它是利用煤粉管道进入到燃烧器，有弯管段，使煤粉在弯管内产生离心力，

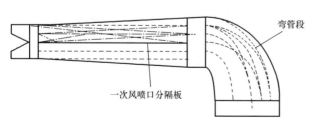

弯管段

一次风喷口分隔板

图 3-3 固定分叉煤粉喷嘴侧视图

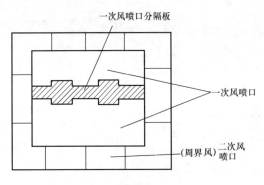

图 3-4　固定分叉煤粉喷嘴正视图

在弯管的外侧煤粉浓度大。在低负荷时，煤粉绝大部分靠近弯管段的外侧流动，高浓度的煤粉气流易于着火，这就为低负荷时煤粉的稳定着火提供有利条件。另外，固定分叉煤粉喷嘴，使煤粉喷嘴出口的直流射流具有较大的射流边界，卷吸更多的高温烟气，使直流煤粉射流获得更多的热量，这也对煤粉着火极为有利。

固定分叉煤粉喷嘴具有水平分隔板，将煤粉浓度高的和煤粉浓度低的气流加以分开。

（2）采用煤粉喷嘴与辅助风喷嘴间隔布置方式（或称间隔配风、均等配风的直流燃烧器）。这种布置方式有助于煤粉气流着火后及时为其提供氧气以及加强煤粉碳粒与空气强烈混合，加速燃烧进程，使碳粒迅速燃尽。

（3）在煤粉喷嘴周围设置周界风。在煤粉喷嘴周围设置周界风的目的为：

1）增强一次风刚性，防止煤粉离析，还能避免一次风气流冲刷水冷壁。

2）增强卷吸高温烟气的能力。

3）冷却一次风喷嘴，特别是磨煤机停用时。

4）补充前期着火燃烧氧量。

本机组锅炉所有的一次风煤粉喷嘴和辅助风喷口均可上下同步摆动，每层（四个角）的喷口通过机械传动在气缸的驱动下，一起上下同步摆动幅度为−30°～+30°。在摆动燃烧器摆角时注意主、再汽汽温的变化。

燃烧器管理系统（BMS）和锅炉闭环控制系统（BCS）（有些电厂总称为锅炉炉膛安全监控系统 FSSS）已成为大型锅炉不可缺少的组成部分。实质上，它是一个燃烧器控制和燃料安全燃烧系统。这个系统的基本功能是防止炉膛及锅炉其他部分积聚燃料和风的爆炸性混合物，它的作用贯穿于从机组启动、正常运行到停止的各个阶段，完成锅炉燃烧器的安全运行和控制。它自动控制磨煤机给煤机设备组、燃料层喷嘴的投入及退出、油层及油枪的投入和退出。同时连续监视一系列参数，并能够对异常工况作出快速反应，以确保锅炉安全运行。

七、有关控制逻辑

（1）磨煤机启动允许逻辑，如图 3-5 所示。

（2）磨煤机启动条件（READY）逻辑，如图 3-6 所示。

（3）一次风正常逻辑，如图 3-7 所示。

（4）磨煤机点火许可（点火能量）逻辑，如图 3-8 所示。

当 A、B、C、D 磨煤机出力均＞40％额定出力，E、F 点火许可（第五台磨点火能量）。

当 A、B、E、F 磨煤机出力均＞40％额定出力，C、D 点火许可（第五台磨点火能量）。

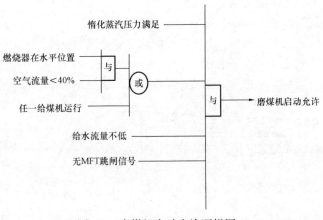

图 3-5　磨煤机启动允许逻辑图

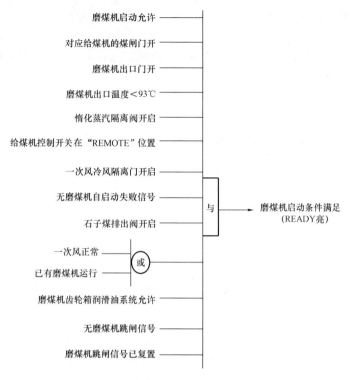

图 3-6　磨煤机启动条件满足逻辑图

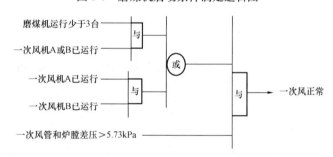

图 3-7　一次风正常逻辑图

如磨煤机失去点火能量，停用的磨煤机无启动条件，无法启动；运行磨煤机延时 60s 跳闸。

（5）一次风机启动许可逻辑，如图 3-9 所示。

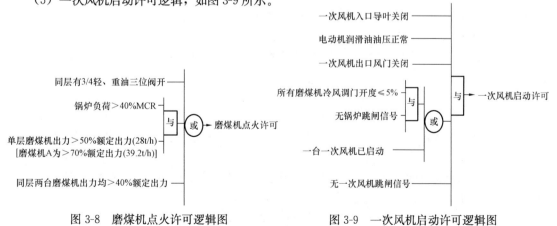

图 3-8　磨煤机点火许可逻辑图　　　　图 3-9　一次风机启动许可逻辑图

八、制粉系统的启、停及运行

1. 一次风机试转及启动前的检查

(1) 实地检查一次风机、冷风道、热风道、磨煤机、煤粉管等设备完整，检修工作已结束，热力工作票终结或有检修试转单。

(2) 检查各检查门、人孔门在关闭位置，所有磨煤机及煤粉管内无存煤。

(3) 检查所有磨煤机热风隔绝风门在关闭位置，冷风隔绝风门在开启位置。

(4) 检查确认一次风机入口导叶，电源送上，出口风门及制粉系统有关风门控制气正常（风门挡板均为气控，由各自电磁阀控制开关位置。电磁阀失电或失气，风门挡板保持原来位置。操作都在 CRT 上进行，就地无法操作，一旦 CRT 上无法操作，只能联系检修处理）。

(5) 检查风机、电动机地脚螺丝无松动，照明良好，电动机接线盒及接地线良好。

(6) 检查风机轴承油位正常，油质良好，轴承冷却水畅通。

(7) 检查电动机润滑油系统正常（油系统无泄漏，油压、油温、开关位置等正常）。

(8) 在 CRT 上确认该风机启动按钮在闭锁位置。

(9) 备用中的一次风机启动前应执行上述（6）、（7）项的检查。

2. 一次风机的启动条件

(1) 一次风机入口导叶在关闭位置。

(2) 一次风机出口风门在关闭位置。

(3) 第一台一次风机启动时，所有磨煤机冷风调节风门开度 ≤ 5%，或一次风机（B）已启动。

(4) 电动机润滑油系统油压 > 0.75bar。

(5) 无跳闸指令。

3. 一次风机的启动

(1) 确认一次风机电源已送上，并已具备启动条件，随后与现场检查的巡视操作员取得联系——"准备启动"，在启动中和启动后的检查中如发现问题，检查人员应及时报告机组值班人员。

(2) CRT 上将启动按钮解锁后，用 FG（功能组）启动，可在 CRT 的操作窗上按 "FG ON" 按钮。

(3) 一次风机启动后，确认 1 台密封风机联动正常；确认一次风机出口风门和预热器一次风机出口风门自动开启。

(4) 风机启动正常，适当开大一次风机入口导叶。准备启动第二台一次风机。

(5) 第二台一次风机启动正常后，将 2 台一次风机入口导叶开度调整一致，并保持一次风母管压力不低于 7.0kPa，将 2 台一次风机入口导叶投自动。

4. 一次风机的正常运行

(1) 一次风机在正常运行时，应定期实地检查电动机、风机的机械声音，其振动及各轴承温度正常。

(2) 一次风机轴承温度大于 75℃ 报警，大于 82℃ 应立即停用。轴承振动大于 12.7μm 报警。振动大于 25.4μm 跳闸。

(3) 电动机轴承温度大于 85℃ 报警，大于 95℃ 应立即停用。电动机定子绕组温度大于 145℃ 报警。

(4) 一次风机正常运行时，应将其入口导叶投入自动，若在手动控制方式时，应调节一次风压在设定值范围内，以保持磨煤机有足够的风压。

(5) 一次风机的入口导叶无论在手动控制方式或自动控制方式，均应使并列运行的风机电流、开度、负荷基本接近，保持风机能安全并列运行。

（6）正常运行时，应检查电动机油站的油压等正常，油压低于0.5bar报警，低于0.35bar延时20s跳闸。

（7）两台一次风机正常运行时，应保持一次风母管压力不低于7.0kPa。

5. 一次风机的停用

（1）第一台一次风机停用前，必须确认运行磨煤机不超过2台；第二台一次风机停用前，必须确认所有磨煤机均已停用，磨煤机吹扫完成（正常停炉时，一般等所有磨煤机全部停运后。才将2台一次风机停用）。

（2）逐渐关闭需停用的一次风机入口导叶，开大运行一次风机入口导叶，保持一次风压稳定。

（3）在CRT操作窗上停用一次风机。

（4）一次风机停用后，确认其出口风门、预热器出口一次风门自动关闭。

（5）当一次风机停用后，应在CRT上将启动按钮置闭锁位置。

（6）停用一次风机时应注意锅炉总风量调节，在关闭一次风机入口导叶及停用一次风机过程时，避免发生由于锅炉总风量＜25％额定风量而造成MFT。

6. 密封风机的启动前检查

（1）检查密封风机检修工作已结束，热力工作票已终结或有检修试转单。

（2）检查密封风机的热工及电气接线完整。

（3）检查密封风机及进出口风道完整，人孔门已关闭。

（4）检查密封风机轴承牛油杯完整，并注满油。

（5）检查密封风机滤网反冲洗风门在关闭位置，压力表一次门开启。

（6）盘动靠背轮2～3圈，转动应灵活。

（7）检查密封风机进口风门在开启位置。

（8）汇报值长，密封风机可以送电。

7. 密封风机的启动

（1）确认密封风机电源已送上。

（2）确认第一台一次风机启动正常后，密封风机（A）自启动，若启动失败，延时2s，自动启动密封风机（B）。

（3）密封风机的正常启停切换可在CRT的操作窗上进行（先启动备用密封风机，再停用运行密封风机）。

8. 密封风机的停用

（1）确认2台密封风机运行正常，且密封空气母管与冷一次风道压差大于1.0kPa。

（2）通过CRT的操作窗可停用1台密封风机。

（3）当2台一次风机均已停止运行，则延时15s自动停2台密封风机。

（4）确认密封风机停运后，可关闭密封风机进口风门。

9. 密封风机的正常运行

（1）正常运行时，应保持1台密封风机运行，1台备用。

（2）在1台密封风机运行时，当密封空气母管与冷一次风道差压小于1.0kPa，则延时10s，自动启动备用密封风机并发出报警信号，值班员应查明原因，差压恢复正常后，可停用1台密封风机。

（3）正常运行中，应保持备用密封风机的进口风门在开启位置。

10. 磨煤机齿轮箱润滑油系统启动前检查

(1) 实地检查设备完整，检修工作已结束，工作票终结或有试转单。

(2) 检查润滑油箱油位正常（＞511mm），油质良好。

(3) 检查润滑油泵、油箱电加热接线良好。

(4) 检查润滑油系统有关阀门符合要求，冷却水畅通；油泵出口滤网切换手柄在左侧或右侧。

(5) 检查油箱加热切换开关在"AUTO"位置。

(6) 汇报值长，磨煤机润滑油泵可以送电。

11. 磨煤机齿轮箱润滑油泵的启动及运行注意事项

(1) 得磨煤机润滑油泵电源送上的通知。

(2) 就地确认油箱油温在30℃以上，在控制盘上将启动开关置"START"位置，检查运行指示灯亮，油泵运行正常。

(3) 若用FG启动，将启停开关置"中间"位置。

(4) 润滑油泵启动正常后，应检查系统无泄漏现象，检查轴承箱油位、油压、油温正常。

(5) 润滑油系统电加热器的运行情况要密切注意，避免润滑油系统运行后电加热器仍投入运行而致油箱温度不正常升高的情况发生。

12. 齿轮箱润滑油油泵的停用

(1) 当磨煤机停运后2min，可停用磨煤机齿轮箱润滑油泵。

(2) 就地将润滑油泵启停开关置"STOP"位置，检查确认润滑油泵停止运行。

(3) 根据需要关闭冷却水进回水门。

13. 下列任一条件发生，齿轮箱润滑油泵将跳闸

(1) 润滑油箱温度＜30℃。

(2) 推力轴承温度（4取2）＞75℃。

(3) 在油泵启动时间大于25s以后，如果润滑油供油压力＜0.7bar，则延时2s跳油泵。

(4) 润滑油供油温度＞70℃。

(5) 润滑油箱油位低于511mm。

(6) 该润滑油系统控制电源丧失10s内不能恢复时。

14. 以下所有条件满足，则磨煤机启动条件中润滑油许可

(1) 润滑油泵启动。

(2) 润滑油供油温度＞35℃。

(3) 润滑油供油压力＞0.9bar，并且此压力必须保持3min以上。

(4) 润滑油供油流量＞125L/min。

(5) 油泵在运行中供油温度＞40℃，且滤网差压＜240kPa。

15. 磨煤机的启动前检查

(1) 实地检查磨煤机设备完整，检修工作已结束，工作票终结或有试转单。

(2) 检查磨煤机电动机接线良好，靠背轮连接好，防护罩完整。

(3) 检查磨煤机分离器折向门开度在适当位置，所有人孔门关闭。

(4) 检查确认磨煤机齿轮箱润滑油系统已投入运行。

(5) 检查确认磨煤机电动机润滑油系统已投入运行。

(6) 开启磨煤机出口门。

(7) 联系灰控值班员开启并确认磨煤机石子煤斗隔绝阀。石子煤系统可用。

（8）检查蒸汽灭火系统正常，蒸汽灭火隔绝阀开，控制阀关闭（该阀的蒸汽及控制气一次门开启）。

（9）检查灭火喷水系统正常，磨煤机灭火喷水门关闭，总门开启。

（10）确认磨煤机已送电。

16. 给煤机启动前检查

（1）实地检查给煤机设备完整，检查工作结束，热力工作票终结。

（2）检查确认给煤机皮带上无异物，齿轮减速箱油位正常。

（3）检查确认煤仓煤位正常，开启给煤机煤闸门。

（4）开启给煤机密封风门（30％～50％），给煤机内照明完好。

17. 磨煤机的启动（手动）

（1）确认磨煤机启动条件满足。

（2）在 MCS 操作窗上按"START"钮。

（3）磨煤机启动后，密封空气门联动开启，此时应检查磨煤机空载电流正常（22A 左右）。

（4）迅速开启磨煤机热风隔绝门，微开热风调整门。

（5）适当开启冷风调整门，对磨煤机进行吹扫、暖磨，并控制磨煤机温升≤3℃/min。暖磨时间不少于 15min。

18. 给煤机的启动（手动）

（1）确认给煤机就地控制屏显示正确，"READY"、"REMOTE"指示灯亮，磨煤机在手动控制方式。

（2）投入给煤机照明，投入给煤机皮带清扫装置。

1）给煤机检修后复役检查，或每次启动磨煤机前（特别是检修后第一次启动），要求检查给煤机清扫链开关在正确位置"RUN"位置，给煤机观察孔内照明灯开关在"OFF"位置。

2）平时巡检时，要检查给煤机清扫链开关位置正确，并将给煤机观察孔内照明灯开关切至"ON"位置，通过观察孔检查清扫链运行正常。

3）巡检时，还要检查给煤机清扫链电动机是否有异声，电动机温度是否正常。

4）发现不正常和设备缺陷时，应及时汇报处理。

（3）确认磨煤机出口温度在 65～82℃。

（4）确认给煤机转速指令在最低值（25％）。

（5）在 CRT 操作窗按给煤机"START"钮。

（6）给煤机启动后，应检查磨煤机电流、风量和出口温度正常，最小给煤量 14t/h，就地应检查给煤机运行正常，磨煤机无异常。

（7）给煤机、磨煤机运行正常后，可将磨煤机的冷、热风调节风门投自动。

19. 给煤机的停用

（1）正常停用给煤机前需确认该段点火能量具备。

（2）将给煤机速度控制由"自动"切"手动"，减少给煤量。

（3）减少给煤机转速时应做到缓慢，减煤率不大于 10％/min。

（4）减煤过程中应注意保持磨煤机出口温度正常。

（5）当给煤率减至最小值后，通过 CRT 操作窗停用该给煤机。给煤机停用后，热风调节风门自动关闭，同时延时 30s 后关热风隔绝门，冷风调整门在 60s 内自动由 5％逐渐开至 40％。

20. 磨煤机的停用

（1）给煤机停用后，应保持磨煤机在额定风量下运行不少于 10min。

（2）待磨煤机吹空后，且磨煤机出口温度低于50℃时，可停用磨煤机。

（3）磨煤机停用后，确认冷风调节风门自动关至5%开度。

21. 磨煤机的跳闸情况

磨煤机在正常运行时，当发生下列情况之一，则跳闸。

（1）如果磨煤机运行台数在4台以上，发生一台一次风机跳闸，则从上而下，保留一对磨煤机运行。如F、E磨在运行，跳D、C、B、A磨；如F、E磨不是都在运行，而D、C磨在运行，跳F、E、B、A磨；如F、E磨不是都在运行，D、C磨不是都在运行，而B、A磨在运行，跳F、E、D、C磨。

（2）有MFT信号。

（3）磨煤机出口门没有打开（4取3非门）。

（4）FCB来的跳磨煤机指令。

图3-10 一次风失去逻辑图

（5）磨煤机在运行时，火焰检测器未检测到火焰（4取2）。

（6）一次风失去，逻辑如图3-10所示。

（7）磨煤机润滑油系统故障引起磨煤机跳闸。

1）润滑油泵不在运行，跳闸或人为停用。

2）供油压力＜0.7bar延时2s。

3）推力轴承温度（4取2）＞75℃。

4）供油温度＞70℃。

5）润滑油箱油温＜30℃。

6）润滑油箱油位＜511mm。

（8）磨煤机运行时，点火许可条件失去（延时100s）。

（9）密封空气母管和磨煤机下磨碗差压＜2kPa且延时5min。

（10）磨煤机电动机润滑油站供油压力＜0.35kg/cm² （延时3s）。

22. 给煤机的跳闸情况

给煤机在满足下列情况下之一时，则跳闸。

（1）MFT信号。

（2）磨煤机跳闸。

（3）给煤机启动后，给煤机出口阻塞或给煤机皮带上无煤时，延时20s，给煤机跳闸。

（4）点火许可条件失去（延时70s）。

（5）磨煤机125V DC无效（延时2s）。

给煤机在下列情况下，将使转速指令置最小值。

1）给煤机自动停指令。

2）磨煤机电动机功率高。

3）给煤"OFF"。

23. 制粉系统运行调整

（1）一次风压力：一次风压力的高低关系到着火点远近，其设定值为7.0kPa。根据实际情况可以适当提高一次风压力，以保证一次风刚度，当一、二次汽温高难以控制时，可以适当降低一次风压力。

（2）磨煤机出口温度：根据不同煤种而定，一般由部门专业给定，设计值70℃。

（3）磨煤机一次风流量：在保证不冲刷水冷壁的情况下，磨煤机一次风流量尽量调整得高些，保证磨煤机及煤粉管不堵。

24. 制粉系统的运行注意事项

(1) 磨煤机启动时，就地必须有专人负责检查，发现异常情况应及时与机组值班员联系。

(2) 给煤机正常运行，给煤量的增减应维持磨煤机出口温度在设定值。

(3) 当一台磨煤机出力达到 80% 时，应启动第二台磨煤机。

(4) 正常运行中，磨煤机出口温度应不超过 80℃。

(5) 正常运行中，应经常检查各转动设备的轴承、齿轮箱和电动机无异常，温度及振动正常，各转动部件的润滑情况良好，油温、油压、油位正常，油质良好。

(6) 磨煤机的磨辊转动正常，无异声。

(7) 各煤粉管畅通，温度正常，无漏粉现象。

(8) 各轴承、人孔门和法兰等处无漏风、漏粉现象。

(9) 给煤机内煤流正常，皮带导向和张力正常，给煤机皮带清扫装置运行良好，落煤管及给煤管正常。

(10) 磨煤机在正常运行中，若出口温度＞85℃时报警，出口温度＞93℃时，将自动关闭热风隔绝门，并使冷风调节风门自动开足。

(11) 当一段燃烧器中若磨煤机 B 或 D 或 F 不在运行时，停用该层相应轻（重）油枪时，3600s 后若此时仍有三位阀在未关状态，将引起磨煤机 A 或 C 或 E 的跳闸。同理，在 AB、CD、EF 同时运行时，若要停用 B 或 D 或 F 磨煤机时，应事先确认轻（重）油三位阀在关闭位置。

25. 磨煤机（给煤机）内部检修安全措施

(1) 磨煤机确已停电；

(2) 给煤机确已停电；

(3) 给煤机进口闸板门已关闭并停电；

(4) 磨煤机润滑油站已停运并停电；

(5) 磨煤机冷、热风调节门关闭并停电；

(6) 磨煤机冷风闸板门已关闭并停电；

(7) 磨煤机热风闸板门已关闭并停电；

(8) 磨煤机密封风门已关闭；

(9) 磨煤机粉管各出口门已关闭并停电；

(10) 磨煤机消防蒸汽手动门已关闭；

(11) 磨煤机消防水手动门已关闭。

26. 一次风机内部检修安全措施

(1) 一次风机电动机已停电；

(2) 一次风机润滑油站已停运并停电；

(3) 一次风机轴承冷却水隔绝门关闭；

(4) 一次风机进出口挡板已关闭且停电；

(5) 一次风机入口导叶执行机构停电；

(6) 一次风机就地完全停转，做好风机防止转动措施。

九、系统故障处理

1. 给煤机（A）煤量显示故障

(1) 现象。

1) 中间点温度及主蒸汽、再热蒸汽温度上升；

2）给煤机（A）实际煤量显示为0，但磨煤机电流不变。

（2）处理。

1）及时发现给煤机（A）煤量显示故障；

2）停运给煤机（A）、磨煤机（A）；

3）启动CD层轻油枪，依次投运C、D磨煤机；

4）C、D磨煤机运行正常后及时停CD层轻油；

5）投AB层轻油，停磨煤机B，停AB层轻油；

6）注意主蒸汽、再热蒸汽温度不超限，必要时将汽温、给水切手动控制；

7）机组稳定后，恢复机组原运行方式；

8）通知检修，查找原因并及时消除故障。

2. 给煤机（E）皮带打滑

（1）现象。

1）机组负荷、中间点温度、主蒸汽温度、给水流量下降；

2）锅炉主控（BM）、煤量主控（FM）开始增加；

3）磨煤机（E）电流下降，出口温度上升。

（2）处理。

1）在监视机组运行工况时，及时发现磨E异常情况；

2）派操作员就地检查，汇报发现给煤机E就地皮带打滑；

3）启动CD层轻油枪，依次投运C、D磨煤机；

4）C、D磨煤机运行正常后及时停CD层轻油；

5）投EF层轻油，停磨煤机F，停EF层轻油；

6）注意主蒸汽、再热蒸汽温度不超限，必要时将汽温、给水切手动控制；

7）机组稳定后，恢复机组原运行方式；

8）通知检修，查找原因并及时消除故障。

3. 一次风机（A）跳闸

（1）现象。

1）一次风机（A）跳闸；

2）磨煤机/给煤机（A）跳闸；

3）磨煤机/给煤机（B）跳闸；

4）磨煤机/给煤机（C）跳闸；

5）磨煤机/给煤机（D）跳闸；

6）机组降负荷（RB），光字牌报警。

（2）处理。

1）手动关闭一次风机A出口挡板；

2）投入EF层轻油枪稳燃，确认磨煤机E、F运行正常；

3）将给煤机E、F切至手动后再投自动，适当减少FM（煤量主控）输出，维持E、F给煤机输出在90%左右；

4）确认机组自动切至"汽轮机跟踪方式"，注意自动调节汽压设定值正常，必要时可手动干预，维持汽轮机调门开度在90%左右；

5）尽可能维持一次风压稳定，关闭所有停运的磨煤机冷、热风闸板门；

6）注意给水泵A、B运行稳定，手动开启给水泵A或B再循环门；

7）手动调节一、二级减温水，以保证汽温正常；

8）注意除氧器水位，并及时手动调整；

9）注意汽水分离器水位可能带水，水位上升时及时开启 AN 阀放水；

10）确认炉膛负压、风量控制正常，如果强制手动，应调整后重投自动；

11）通知检修，查找原因并及时消除故障。

4. 机组事故实例分析

××年××月××日中班，2 号机为 AGC 运行方式，负荷由 560MW 减至 540MW 过程中，磨煤机 A、C、D、E、F 运行，总煤量为 196t/h。当天下午 14：50，磨 2B 因通信模块故障而跳闸，使磨煤机运行方式被迫调整为高位磨运行。

22：48，一次风机 2A 入口导叶关闭，一次风母管压力跌至 3.5kPa，5 台运行磨煤机一次风量均由 25kg/s 跌至 18kg/s，风煤交叉限制作用使各磨煤机出力均由 39t/h 降至 37t/h。因磨煤机 2A 为单磨，37t/h 给煤量低于其点火能量（70%）而自动跳闸。此时中间点温度由 415℃ 开始下降。

22：50，因磨煤机 2A 跳闸后，一次风母管压力回升至 5.2kPa，运行四台磨一次风量回升至 21kg/s，磨煤机 C、D 煤量自动加至 53t/h，磨煤机 E、F 煤量加至 45t/h。总煤量恢复至一次风机 2A 入口导叶关闭前水平（196t/h），由于煤量的大幅扰动，给水量自动跟踪较慢，水煤比由原来的 7.26 减至 6.5，持续时间约 4min。

运行人员开始只认为是磨煤机 A 跳闸，后经过对机组 CRT 画面全面检查，发现"PA1"画面一次风机 2A 入口导叶指示出"＊"（无量程），风机电流降至 69A（一次风机正常电流为 110A），一次风母管压力仅为 4.83kPa（正常压力为 7.0kPa），由此分析判断为一次风机 2A 入口导叶关闭，后经现场确认。

22：52，值长汇报调度，切除协调运行方式，手动快速减负荷至 300MW，同时派操作员就地断开一次风机 2A 入口导叶电源，准备手动摇开入口导叶。

22：53，将煤量主控切至手动减至 42.8%，总煤量由 196t/h 减到 144t/h。

22：54，由于前面煤水比失调，中间点温度开始出现快速上升。

22：56，手动停磨煤机 2F，以抑制中间点温度上升。

22：57，一次风机 2A 入口导叶部分摇出，一次风母管压力回升至 6.8kPa。剩余 3 台磨煤机一次风量窜升至 26kg/s，进炉煤量骤然增加，加速了中间点温度的飞升，导致中间点温度在 4min 内跃升约 100℃。

22：58，运行人员将给水切至手动控制，紧急加给水。

22：59，机组 MFT 动作。首出原因为：汽水分离器入口温度高（八取四）保护动作。

原因分析：

（1）煤水比失调是此次 MFT 的根本原因。

22：50-22：53，在同样 196t/h 总煤量情况下，约 4min 里水煤比仅为 6.5，比故障前少了约 150t/h 给水量，水煤比严重失调使炉内逐渐积聚大量能量，从 22：54 开始，分离器入口温度（中间点温度）出现快速上升。此后一次风母管压力的恢复又加速这一过程，运行人员采取停磨煤机 2F 和手动紧急加给水，但已无法在短时间内扼制中间点温度的上升趋势。

在 22：58 前的整个过程中，给水调节一直处自动状态，特别是在 22：50-22：53 的 4min 内，总煤量已恢复至故障前水平并稳定的情况下，给水量却远远低于故障前水平，造成水煤比持续失调；当分离器入口温度（中间点温度）快速上升时，给水量又跟踪太慢，未能扼制住中间点温度的上升势头，说明目前的 2 号炉给水自动控制在有煤量大幅扰动情况下不能满足运行要求。

另一方面，也反映了运行人员过分依赖自动，未能及时发现中间点温度快速上升趋势，未及时将给水切手动控制，导致中间点温度在约4min左右时间内跃升约100℃。

（2）运行人员未能及时发现一次风机入口导叶故障，延误了事故处理的时机。

此次事故中，从22：48一次风母管压力跌至3.5kPa，到22：50磨煤机2A跳闸，运行人员通过相关参数变化后才判断出一次风机2A入口导叶已关闭，22：52开始处理，未能及时发现一次风机故障，延误了事故处理的时机。

（3）单侧一次风突然失去的事故处理难度很大，运行人员经验不足。

一次风机2A入口导叶关闭的情况类似于单侧一次风机突然跳闸，由于此机组一次风机选型时出力偏小，因此运行人员在一次风机故障后对制粉系统设备的影响和整个机组工况的变化特点认识不足。特别是一次风母管压力波动对磨煤机的风煤交叉作用，使磨煤机给煤量上下波动，客观上干扰了运行人员对故障的判断。当确认一次风机2A入口导叶故障后，运行人员精力过分集中在处理一次风机2A入口导叶故障上，也影响了运行人员对水煤比和中间点温度变化的监视。

（4）当日下午磨煤机2B因模块故障跳闸，使磨煤机运行方式被迫调整为A＋C、D、E、F，这也是本次MFT的间接原因。

高位磨煤机运行使温度控制难度加大，异常情况下易出现汽温飞升，磨煤机2A跳闸后更是加重了事故情况。

第二节　锅炉风烟系统

一、风烟系统概述及系统流程

型式：具有螺旋水冷壁，一次中间再热超临界直流锅炉；

通风方式：平衡通风；

燃烧方式：燃烧器分段、四角切圆燃烧（偏转二次风）；

风烟系统工作流程如下：

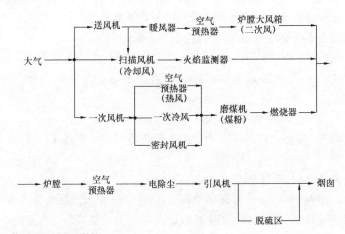

由风烟系统工作流程可以看出：

（1）空气以多种用途进入炉膛，不但提供燃烧所需的氧气，还起到输送燃料的作用。

（2）如果不考虑漏风、风烟系统的进风量和排风量是平衡的，如果这一平衡被破坏，势必造成炉膛压力变化，这一点在运行控制中非常重要。

机组正常运行中应保持炉火明亮，不冒黑烟，煤粉在炉膛内充分燃烧，理想状态是飞灰含碳量等于零。控制手段：烟气中过剩氧量为3.0。氧量变送器A、B两侧各2个，2个氧量变送器取平均值控制送风量。

炉内的燃烧所需的总风量主要是一、二次风量之和，而送入炉内的风量多少可以用炉内过剩空气系数来表示：为了使燃料完全燃烧，实际送入炉内的空气量要比理论空气需要量略大些。实际空气与理论空气需要量之比称为过剩空气系数。

二、风烟系统的功能

（1）向锅炉输送符合要求的一定数量的热风（二次风），以保证煤粉在最佳工况下燃烧。

（2）将烟气从炉膛中引出，经静电除尘器及脱硫处理，达到环保要求后排至烟囱。

（3）向炉膛火焰探测器、锅炉泄漏监察系统、电视摄像头提供冷却风。

三、炉膛吹扫

锅炉点火前应吹净炉膛内可燃性气体及剩余煤粉，以防止锅炉点火时炉膛内发生爆燃（爆炸）。根据美国炉膛防护协会标准：炉膛吹扫——用送风机向炉膛送入等于吹扫流量的空气量，通过烟囱排出，吹扫时间取决于下列二者的较大值。

（1）不小于 5min；

（2）锅炉炉膛空间得到 5 次换气的时间。

$$吹扫时间 = \frac{炉膛总容积 \times 换气次数}{每分钟吹扫风量} \geq 5 (min)$$

例如：炉膛总容积为 12 405m³，每台送风机最大风量为 196m³/s，锅炉厂家规定吹扫风量为总风量的 35%，所以吹扫时间为：

$$吹扫时间 \geq \frac{12\ 405 \times 5}{196 \times 2 \times 0.35 \times 60} = 7.536 (min)$$

所以，此锅炉的炉膛吹扫时间定为 8min。

炉膛吹扫的条件，如图 3-11 所示。

当以上吹扫条件全部满足，在 CRT 吹扫画面进行炉膛吹扫。吹扫结束，MFT（主燃料切断）信号自动复置，将给水流量加至锅炉启动流量（640t/h），锅炉可以开始点火。

四、风烟系统的联跳原则

（1）2 台空气预热器跳闸将联动 2 台引风机、2 台送风机跳闸，产生 MFT。

（2）2 台送风机跳闸联动 2 台引风机跳闸，产生 MFT。

（3）2 台引风机跳闸联动 2 台送风机跳闸，产生 MFT。

（4）单侧引风机跳闸联动对应侧的送风机跳闸，产生 RUNBACK（快速降负荷）。

（5）单侧空气预热器跳闸联动对应侧的送风机、引风机跳闸，产生 RUNBACK。

五、风机的失速（脱流）与喘振

1. 风机的失速（脱流）

从流体力学得知，当气流顺着机翼叶片流动时，作用于叶片上有两种力，即垂直于叶片的升力与平行于叶片的阻力，当气流完全贴着叶片呈线型流动时，作用于叶片的升

图 3-11　炉膛吹扫条件逻辑图

力大于阻力。当气流与叶片进口形成正冲角，此正冲角达到某一临界值时，叶片背面流动工况开始恶化，当冲角超过临界值时，边界层受到破坏，在叶片背面尾端出现涡流区，即"失速"现象，或称之为"脱流"现象，此时作用于叶片的升力大幅度降低，阻力大幅度增大，风机的压头降低。

（1）产生失速的原因。

1）风机在不稳定工况区域运行，随着冲角的增大将导致边界层分离，致使升力减小，阻力增加。

2）锅炉受热面积灰严重或风门、挡板操作不当，造成风烟系统阻力增加。

3）并联运行的 2 台风机发生"抢风"现象时，使其中 1 台风机进入不稳定区域运行。

（2）据电厂运行经验，当风机运行中出现下列现象时，说明风机发生了失速。

1）失速风机的风压或烟压、电流发生大幅度变化或摆动。

2）风机噪声明显增加，严重时机壳、风道或烟道也发生振动。

3）当发生"抢风"现象时，会出现 1 台风机的电流、风压上升，另 1 台风机的电流、风压下降。

（3）风机失速产生的后果影响：风机进入不稳定工况区运行时，叶轮将产生一个或数个旋转脱流区，叶片依次经过脱流区产生交变应力的作用，其作用频率与旋转脱流的转速及脱流区的数目成正比，会使叶片产生疲劳。若这一激振力的作用频率与叶片的固有频率成整数倍，或等于、或接近于叶片的固有频率时，叶片将发生共振，进而造成叶片断裂，并可能将全部叶片打断。

（4）防止措施：应尽量避免风机在不稳定工况区运行。当 2 台风机运行中发生"抢风"现象时，应迅速将 2 台风机切手动控制，手动调整风机动叶开度，待开度一致、电流值相近后将 2 台风机导叶同时投入自动。为防止机组运行中发生风机"抢风"现象，值班员在调整风量时幅度不要太大，并尽量使 2 台并联运行的风机导叶开度、电流基本一致。

2. 风机的喘振

当风机的 $Q-H$ 特性曲线（见图 3-12）不是一条随流量增加而下降的曲线，而是驼峰状曲线，那么风机在下降区段工作是稳定的，而在上升区段工作是不稳定的。当风机在不稳定区工作时，所产生的压力和流量的脉动现象称为喘振。

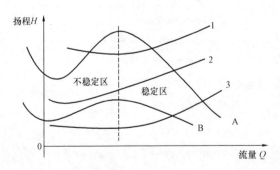

图 3-12 轴流风机工作曲线与风道特性曲线
注：A、B 为不同轴流风机特性曲线；
1、2、3 为不同风道特性曲线。

对于轴流式送风机，运行中要防止送风机的喘振。喘振产生主要是因为风机性能曲线为"驼峰形"（见图 3-12 中 A、B 曲线）。当风机工作在不稳定区，流量降低时风压也降低，造成风道中压力大于风机出口压力而引起反向倒流，倒流的结果，又使风道内的压力急剧下降，风机的送风量突然上升，再次造成风机出口压力小于风道压力。如此往复形成喘振。喘振对风机危害很大，严重时会造成风机叶片断裂及其他部位的机械损坏。

为防止轴流风机运行中发生喘振，应注意以下几个方面：

（1）启动前必须将可调动叶调至最小位置，目的是使风机启动时的性能曲线成为图 3-14 中 B曲线的形式，其不稳定区内流量与压力的关系比较平缓，可大大减小喘振发生。

（2）减小风道阻力（见图 3-12 中曲线 3），电厂可采取将风道中的暖风器拆除，拆除后因风道阻力减小，可避免送风机发生喘振。

（3）当2台送风机负荷不平衡时，或1台送风机已带较大负荷而另1台需启动时，可先关闭送风机出口连通门，这样可防止低负荷运行或启动风机时因"抢风"而引起喘振。

（4）采用变速调节，改变风机的转速，可得到稳定的运行工况。

（5）采用动叶调节，减小其动叶安装角，使性能曲线向左下方移动。

喘振后的处理：1台自动，另1台切手动控制，根据自动1台的导叶开度，慢慢增加或减少导叶开度，待2台风机的导叶开度一致后再投入自动。必要时，2台都切手动，根据总风量设定值调节2台送风机导叶开度，使实际风量与设定值一致，然后将2台送风机导叶同时投入自动。

3. 失速与喘振的区别与联系

风机的失速是叶片结构特性造成的一种流体动力现象，它的基本特性，如脱流区的旋转速度、脱流的起始点、消失点等，都有自己的规律，不受风机管路的容量和形状的影响。

喘振是风机性能与管路系统耦合后振荡特性的一种表现形式，它的振幅、频率等基本特性受风机管路系统容量的支配，其流量、全压和轴功率的波动是由不稳定工况造成的。

喘振现象总是与叶道内气流的旋转脱流密切相关，而冲角的增大也与流量的减小有关。所以，风机在出现喘振的不稳定区内必定会出现失速现象；而风机发生失速时不会产生喘振。

六、二次风系统

1. 送风机的作用

为炉膛内燃煤提供燃烧所需的新鲜空气，称之为二次风。新鲜空气经两台送风机吸入，经暖风器和空气预热器加热后进入锅炉左侧墙和右侧墙的二次风箱，再由二次风箱分配给燃烧器，助燃煤粉。

本机组送风机选用2台2×55%BMCR容量、并联运行轴流式动叶可调风机。在BMCR时，风量裕量为17%，风压裕量为37%。一台送风机故障停运将产生55%RUNBACK。

其送风机主要性能如下：

型式：动叶可调式轴流风机；额定风量：196m³/s；额定风压：4.54kPa；额定转速：990 r/min；效率：82.5%；电动机容量：1800kW。

送风机可调动叶执行机构配有专门的液压油系统，由2台液压油泵和2台冷却风扇组成，2台液压油泵的电源来自保安母线，一用一备，每月例行切换运行一次。当液压油系统油温高时，冷却风扇自启动冷却液压油。

2. 二次风连通管的作用

在二次风送风管道上设有2根将A、B两侧风道相连的通道，一根在两台送风机出口外，管道上设有风门；另一根在炉膛的入口，空气预热器的出口处。二者作用不同，前者考虑送风机单侧运行，而空气预热器及引风机两侧运行时对空气预热器进行冷却，以免空气预热器产生热变形。后者的作用是平衡锅炉两侧风箱压力，保证切圆燃烧不发生偏斜，并能实现空气预热器单侧运行。

3. 低氧燃烧概念及其特点

为了使进入炉膛的燃料完全燃烧，避免和减少化学和机械不完全燃烧损失，送入炉膛的空气总量总是比理论空气量多，即炉膛内有过剩的氧。例如，当炉膛出口过剩空气系数 α 为 1.31 时，烟气中的含氧量为 5%；当 α 为 1.17 时，含氧量为 3%，根据现有技术水平，如果炉膛出口的烟气含氧量能控制在 1%（对应的过剩空气系数 α 为 1.05）或以下，而且能保证燃料完全燃烧，则是属于低氧燃烧。

低氧燃烧有很多优点，首先可以有效地防止和减轻空气预热器的低温腐蚀。低温腐蚀是由于燃料中的硫燃烧产生二氧化硫，二氧化硫在催化剂的作用下，进一步氧化成三氧化硫，三氧化硫与烟气中的水蒸气生成硫酸蒸汽，烟气中的露点大大提高，使硫酸蒸汽凝结在空气预热器管壁的烟气侧，造成空气预热器的硫酸腐蚀，三氧化硫的含量对空气预热器的腐蚀速度影响很大。三氧化硫的生成量不但与燃料的含硫量有关，而且与烟气中的含氧量有很大关系，低氧燃烧使烟气中的含氧量显著降低，大大减少了二氧化硫氧化成三氧化硫的数量，降低了烟气的露点，可以有效减轻空气预热器的腐蚀。另外，低氧燃烧使烟气量减少，不但可以降低排烟温度，提高锅炉效率，而且送引风机的电耗也下降，受热面磨损减轻。

4. 送风机的启、停及运行

(1) 送风机启动前的准备。

1) 实地检查设备完整，检修工作已结束，热力工作票终结或有试转单。

2) 检查电机轴承冷却水畅通，无泄漏。

3) 检查空气预热器二次风出入口挡板在开启位置。

4) 检查各热控测量、控制装置接线完好，无松动。

5) 检查各检查门、人孔门在关闭位置，靠背轮安全防护罩齐全良好。

6) 风机、电动机地脚螺丝无松动，照明良好，电动机接地盒及接地线良好，轴承温度表接线完整。

7) 风机轴承内润滑油洁净，油位线清晰，油位大于正常值。

8) 检查就地电动机润滑油回油温度表完整。

9) 检查电动机润滑油系统运行正常。

10) 确认送风机动叶调节液压油系统正常运行。

11) 在 CRT 上将该风机启动按钮置闭锁位置，然后汇报值长送风机可以送电。

(2) 送风机的启动。

1) 就地检查正常。

2) 在 CRT 上确认送风机启动按钮闭锁，送风机已送电。

3) 确认送风机启动条件满足。

4) 确认风烟系统所有风门挡板在"自动"位置，否则将其投自动。

5) 解锁，用功能组启动（或手动启动），确认 30s 后出口风门自动开启，并联动开启送风机出口连通风门。

6) 手动增加送风机动叶开度至 30% 以上。

7) 启动第二台送风机时，2 台引风机均须投入运行。

(3) 送风机正常运行维护。

1) 送风机在正常运行时，应定期实地检查电动机、风机的机械声音、振动及各轴承温度正常。

2) 检查送风机运行稳定。各风门挡板开度与 CRT 画面开度指示一致，送风机动叶位置就地指示与 CRT 画面一致。

3) 送风机轴承温度大于 90.5℃ 报警，大于 121℃ 应立即停运；轴承振动大于 5.08μm 报警，大于 25.4μm 延时 5s 跳闸。

4) 电动机轴承温度大于 85℃ 报警，大于 95℃ 时应立即停运。

5) 送风机正常运行时，应将其动叶投入自动，若在手动时，应调节送风量在设定值范围内，保持锅炉燃烧稳定。

6) 送风机动叶无论在手动或自动，均应使并列运行的风机电流、开度、负荷基本接近，保持风机能安全地并列运行，避免因负荷不平衡引起失速或喘振。

7）风机严禁在失速、喘振区工作。当失速报警时，应立即关小风机动叶，降低风机负荷运行，直至失速现象消失为止，同时检查其出口挡板是否在全开位置。

8）正常运行时，应检查电动机油站的油压等正常，油压低于 0.5bar 报警，低于 0.35bar 时延时 10s 跳闸。

9）正常运行时，应检查动叶调节液压油站工作正常，油压、油位、油温正常，系统无泄漏现象。油温＞60℃报警，滤网压差 Δp＞135kPa 报警。

10）在启动过程中应注意炉膛压力的变化，并及时调整送风量。

11）启动第二台送风机前必须确认此风机无倒转现象，否则要采取停转措施后方可启动。

12）检查送风机及液压油泵运行正常，无异音；冷却水系统无泄漏，油温、水温正常。

13）检查液压油滤网压差＜4.5bar，发现滤网压差高时应及时切换，并通知检修人员及时清理。

14）检查风机出入口软连接无破损。

（4）送风机的停运。

1）停运第一台送风机前，必须确认机组功率不大于 300MW；停运第二台送风机前，应检查两台一次风机及所有磨煤机已停运，轻重油枪已停运。

2）将停运送风机动叶控制切至手动，运行送风机动叶投自动。

3）逐渐关小停运送风机动叶开度直至关闭。

4）通过 CRT 操作窗用功能组或手动停运送风机。

5）送风机停运后，确认出口风门自动关闭，出口连通风门在开启位置。

6）停运送风机动叶液压油系统（根据需要）。

7）当送风机停运后应在 CRT 上将启动按钮置闭锁位置。

（5）送风机液压油系统的启动及注意事项。

1）送风机液压油系统检查正常后，汇报值长，液压油系统可以送电（送电即启动）。

2）得值长送风机液压油泵及冷却风机电源送上的通知，送上电源，就地检查"1"或"2"液压油泵运行正常。

3）当动叶油泵出口压力＜700kPa 时，应检查备用油泵自启动，运行油泵自停，并应将选择开关置运行泵位置。

4）油泵启动后，应检查系统无泄漏现象，油箱油位正常，过滤器前后差压正常，不大于 135kPa。

5）检查油箱加热器运行工况正常，油温＜27℃时，加热器自投，大于 27℃时应自动停运。

6）正常运行中，应定期检查冷却风机运行是否正常，当油温＞48℃时，第一台油冷却风机自启动；油温＞50℃时，第二台油冷却风机自启动。

（6）液压油系统的停运。

1）当送风机停运后，确认风机已停转，并且油箱油温低于 30℃时，汇报值长，送风机液压油系统可以停运；如送风机停作备用，则液压油系统可不必停运。

2）当送风机液压油泵电源断开后，就地检查确认动叶油泵停转。

（7）送风机单侧隔离。

1）在运行时，往往会出现一台送风机故障需要检修的情况，这时就需要进行送风机单侧隔离。保持送风机单侧运行，在隔离过程中应尽量减少对运行风机造成扰动。

2）在送风机单侧隔离前，应先将机组负荷降至 300MW 左右，并保持 4 台磨煤机运行；确认两组送引风机运行正常。

3）将待停送风机动叶切至"手动"，逐渐关小待停送风机动叶，确认另一台送风机动叶自动开大，维持风量、氧量正常，监视运行送风机电流、进口风量、出口压力变化情况，确认引风机炉膛压力调节正常。操作时应缓慢，以免引起对另一台送风机动叶的扰动。若操作过程中发现一台送风机失速，应确认另一台送风机动叶自动开大，同时关小失速风机动叶，使其脱离失速区，确认风量、氧量调节正常，监视电流正常，否则切至手动调节。当待停送风机动叶全关后，手动停送风机，确认出口挡板自动关闭。引风机保持两台运行。

（8）送风机检修安全措施。

1）确认送风机电机已停电。

2）确认送风机出口挡板已关闭且停电。

3）确认送风机动叶执行机构停电。

4）确认送风机液压油站停运并停电。

5）确认送风机入口风温小于50℃。

6）确认送风机就地已完全停转，且做好风机防转动措施。

7）确认送风机出口风压接近0。

5. 二次风系统主要调节及送风量的控制

（1）锅炉总风量的调整。

锅炉的总风量包括总二次风量和总一次风量。磨煤机的一次风是用来干燥和输送煤粉，每台磨煤机的一次风量是根据磨煤机的煤量来确定，因此总一次风量与机组负荷、磨煤机投运台数、每台磨煤机所带的煤量有关。在自动方式下，锅炉所需的总风量是由经氧量校正的锅炉负荷指令、实际总燃料量及最小风量定值35％中的最高值给出。总风量与总一次风量之差为总二次风量，总二次风量主要由送风机的动叶进行调节。

（2）二次风调整。

送风机的作用是提供锅炉燃烧所需二次风，由闭环控制回路根据锅炉负荷需要控制送风机入口可调动叶的角度改变送风量，并通过测量炉膛出口烟气中的含氧量进行修正。

（3）二次风的流量测量。

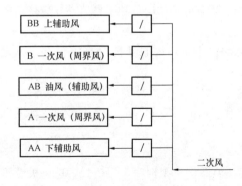

图3-13 AB层一个角辅助风喷口示意图

二次风的流量测量元件装在送风机的入口，通过3个流量变送器，取中值送至送风机可调动叶的控制器，同时还将送风机入口的空气温度信号送至送风机可调动叶控制器，作为风量测量修正，去控制送风机的动叶。

6. 辅助风（二次风小风门）

图3-13所示为AB层一个角辅助风喷口示意图。炉膛风箱分上、中、下三层，每层又分A、B两侧。对每层每角而言共有五个辅助风门（如图3-13以AB层为例），AA、BB为纯辅助风风口；AB风口中布置有轻、重油枪及高能点火器，在油枪运行时该风口起油风作用，在油枪停运全烧煤时，该风口起辅助风作用；对于A、B两个一次风喷口而言，二次风实际上起周界风作用，如图3-14所示，补充煤粉前期着火燃烧所需的氧量；还能防止煤粉的离析，增强一次风煤粉气流的刚性，避免一次风煤粉气流冲刷水冷壁形成还原性气体而结焦；高速的周界风还可增强卷吸高温烟气的能力，这对着火较困难的煤种极为有利；周界风还

可以冷却一次风煤粉喷嘴，特别对直吹式制粉系统，当喷嘴停止投送煤粉而又不能通入冷却风时，周界风可用来冷却一次风喷嘴。

辅助风门为气控门，受燃烧管理系统 BMS 和锅炉闭环控制系统 BCS 控制，开关与该层燃料是否投用有关，开度与锅炉负荷有关，还参与炉膛风箱差压控制，运行可手动控制。正常运行投自动，锅炉点火初期值班员手动控制。

7. 二次小风门的控制（内设定）

（1）辅助风挡板。

根据风箱差压控制：当负荷小于 30%BMCR 时，由上往下打开停用磨煤机辅助风及燃料风；当负荷大于 30%BMCR 时，由上往下关闭停用磨煤机辅助风及燃料风。

MFT5s 后打开所有层辅助风挡板，且辅助风挡板强制手动。

（2）油风挡板。

轻油点火时先关，点着后开 20%。点重油时，根据重油压力调节，全烧煤时根据风箱差压调节，即起辅助风的作用。

（3）一次风挡板。

根据给煤机出力调节，当任一给煤机停止 50s 后关闭其所在层煤风挡板。

MFT 后，先打开 D、E、F 层一次风挡板，30s 后打开 A、B、C 一次风挡板。

实际运行中，辅助风挡板在点第一层轻油时，手动控制在 30% 左右，以增加油风，加强燃油刚度。8 支轻油 8 支重油时，增加到 50% 左右。自动一般在机组负荷 300MW 左右与送风控制自动同时投入。

8. 氧量控制

在机组启动初期氧量手动控制，一般在 50% 左右。二次风自动跟踪燃料量，锅炉刚点火或启动初期，燃料量较小，过剩氧量很高，一旦氧量控制投入自动，氧量实际值去跟踪设定值，设定值是 3.0。这样氧量控制输出值开始慢慢减小，送风控制如在自动则风量就会逐渐减小，最终结果可能导致风量小于 25%（166kg/s）而发生 MFT。所以，氧量控制自动一般在机组负荷为 300MW 左右投入。

另外，机组在实际运行中氧量控制值可适当提高些，前提是一、二次蒸汽温度不超温。机组运行中适当提高氧量，可以防止炉内生成过多的还原性气体一氧化碳，使灰分内二氧化三铁还原成氧化铁，灰熔点降低，使锅炉结焦加剧。适当提高氧量还可增强二次风的刚度，防止煤粉气流贴墙。

9. 双切圆燃烧

二次风在炉膛内形成一个与煤粉切圆同心的假想切圆，两者的直径分别为 1500mm 和 1700mm，逆时针旋转。在燃烧器喷口布置上采用同向偏转二次风结构，这种布置不仅可以防止煤粉气流贴墙结焦和煤粉离析，而且能降低 NO_x 的生成，在靠近水冷壁区造成氧化气氛，提高灰熔点温度，可以减轻水冷壁的结焦。双切圆燃烧示意如图 3-14 所示。

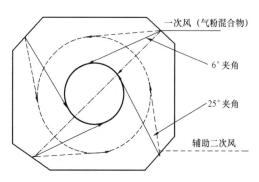

一次风（气粉混合物）

6°夹角

25°夹角

辅助二次风

10. 机组正常运行时风机调整

值班人员在遇到风机异常工况或机组运行工况大幅度变化时，必须视情况解除有关风机的自动调节，进行手动调整，使机组各项运行参数稳定。在解除送风机自动控制，进行手动操作时，必须小心谨慎，调整幅度不宜过大。

图 3-14　双切圆燃烧示意图

要注意机组运行各个方面协调性，特别要注意炉膛负压、炉膛燃烧情况、燃料与风量的匹配，以及主蒸汽温度、再热蒸汽温度的变化情况。注意不要过调，应避免机组运行参数大范围的波动，以免造成机组异常或事故扩大。

（1）锅炉的引、送风机并列操作时，待并列风机启动后，逐渐增加其导叶（动叶）开度，确认运行风机的导叶（动叶）自动关小（也可以手动关小），直至两台风机出力接近或相等，运行稳定后，将待并列风机导叶（动叶）调节投入自动，注意并列运行风机自动调节正常。

（2）锅炉的引风机、送风机、一次风机并列运行中因故障需停运一侧进行检修时，首先应逐渐将锅炉热负荷降至300MW左右，然后逐渐将需停运侧风机的负荷转移到运行风机侧。待各项运行参数调整稳定后，再停运故障侧风机。单侧风机运行正常，机组运行稳定后，可根据运行风机及磨煤机出力情况，决定是否增、减锅炉负荷。

（3）锅炉总风量的调节。锅炉的总风量包括总二次风量和总一次风量。一次风是用来干燥和输送煤粉的，每台磨煤机的一次风量根据磨煤机的煤量来确定，因此总一次风量与机组负荷、磨煤机投运台数、每台磨煤机所带的煤量有关。在自动方式下，锅炉所需的总风量是由经氧量校正的锅炉负荷指令、实际总燃料量及最小风量设定值（35％额定风量）中的最高值给出。总风量与总一次风量之差为总二次风量，总二次风量主要由两台送风机的动叶调节器进行调节。锅炉正常运行时，两台送风机的送风量基本平衡；当其中一台送风机有缺陷时，值班人员可以根据实际情况在送风机（B）的控制画面上设定−10％～10％的偏置，适当减小有缺陷送风机的负荷，也可将有缺陷的送风机切手动控制，带一定的基本负荷，另一台送风机参与总二次风量的自动调节。

11. 送风机相关逻辑

（1）送风机A启动条件，如图3-15所示。

（2）送风机A自动跳闸逻辑，如图3-16所示。

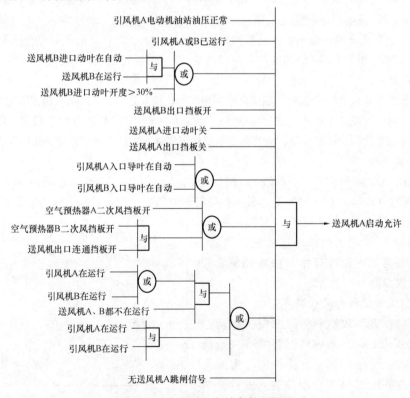

图3-15　送风机A启动条件逻辑图

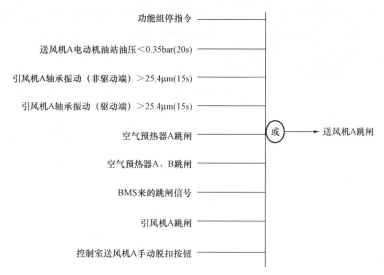

图 3-16　送风机 A 跳闸逻辑图

七、烟气系统

1. 烟气系统工作流程

本机组烟气系统工作流程为：煤粉在炉膛内与空气混合并燃烧生成烟气，经过折焰角后离开炉膛，经过前屏过热器、后屏过热器、高温再热器、末级过热器、低温再热器、省煤器等后进入空气预热器，对一次风和二次风进行加热，然后经过电除尘器除尘，经过脱硫后在引风机的作用下，通过烟囱排入大气。烟气沿途对水冷壁、屏式过热器、末级过热器以及顶棚、包覆墙过热器、再热器、省煤器等进行加热，以提高给水温度、过热汽温、再热汽温等参数，提高锅炉的效率。锅炉采用平衡通风方式，炉膛处于微负压条件，炉膛负压通过送引风机的流量差建立。引风机进口压力与锅炉的负荷、对流受热面的污染程度即烟道通流阻力相关。烟气流量决定于燃烧产物的容积及炉膛出口漏入到烟道中的空气。

2. 引风机主要性能

本机组引风机主要性能为：

型式：变频离心式；

额定风量：415m³/s；

额定风压：入口－4.86kPa，出口 0.34kPa；

额定转速：735/585r/min；

效率：62.4％；

电动机容量：3700/2000kW。

3. 引风机作用

将炉膛内燃烧产生的高温烟气吸出炉膛排向大气，同时维持炉膛微负压燃烧。

引风机为两台 55％BMCR 双吸、变频离心式风机，变频控制或进口导叶控制方式。一台引风机故障停运将产生 55％RUNBACK。

送风机输送的介质为空气，其工作条件较好。而引风机所输送的介质为高温烟气，因高温对风机结构、材料都有较高的要求，且烟气中含硫等有害气体对风机产生腐蚀；另外，烟气中的飞灰对风机叶片会产生磨损。考虑到磨损、腐蚀等因素，引风机的转速比送风机低，并选择耐腐蚀、耐高温的材料，并在叶片易磨损部位堆焊硬质合金钢。

作为一个平衡通风的风烟系统，引风机需维持炉膛压力基本衡定，控制方式是通过测定炉膛压力,将此压力信号送至炉膛压力控制器,调整引风机变频器输出或引风机入口导叶开度。

考虑到节约厂用电,在低负荷时段可将引风机低速运行,当引风机入口导叶开度大于90%时,自动切至高速运行。

4. 炉膛负压及烟道负压

炉膛负压是机组运行中要控制和监视的重要参数之一。监视炉膛负压对分析燃烧工况、烟道运行工况,分析某些事故的原因均有重要意义。例如,当炉内燃烧不稳定时,烟气压力产生脉动,炉膛负压表会产生大幅度晃动;当炉膛发生灭火时,炉膛负压表指针会迅速向负方向甩到底,反应灵敏。

烟气流经各对流受热面时,要克服流动阻力,故沿烟气工作流程的烟道各点的负压是逐渐增大的。在不同负荷时,由于烟气量变化,烟道各点负压也相应变化。如负荷升高,烟道各点负压相应增大,反之,相应减小。机组在正常运行时,烟道各点负压与负荷保持一定的变化规律;当某段受热面发生结焦、积灰或局部堵灰时,由于烟气流通断面减小,烟气流速升高,阻力增大,于是其出入口的压差增大。故通过监视烟道各点负压及烟气温度的变化,可及时发现各段受热面积灰、堵灰、泄漏等缺陷,或发生二次燃烧事故。

5. 引风机的启、停及运行

(1) 引风机的试转及启动前检查。

1) 实地检查设备完整,安装或检修工作已结束,热力工作票终结或有试转单。

2) 检查炉膛、风道、空气预热器、电除尘器内无人工作,吸风机及烟道各检查门、人孔门在关闭位置。

3) 检查引风机、电动机地脚螺丝无松动,靠背轮安全防护罩齐全良好。

4) 检查电动机接线盒及接地线,以及就地轴承温度表完整。

5) 检查主轴承油位正常,油质良好,轴承冷却水畅通。

6) 检查吸风机电动机润滑油系统运行正常。

7) 检查引风机变频小室空调运行正常,环境整洁,变频器就地旁通柜(QS1、QS2)闸刀均在变频合闸位置,变频器就地控制柜液晶屏无报警。

8) 通知热工人员送上吸风机入口导叶、进出口挡板及有关风门挡板电源。

9) 在CRT上将该风机启动按钮置闭锁位置,然后汇报值长,吸风机可以送电。

(2) 引风机的启动(以引风机A为例)。

引风机的启动方式可分为变频启动和工频启动两种方式。

确认引风机A电源(根据启动方式)已送上并已具备启动条件,与现场检查的巡视操作员取得联系——"准备启动",在启动中和启动后的检查中如发现问题,检查人员应及时报告机组值班员。

1) 引风机A的变频启动。

a) 确认引风机A功能组画面"CONVERTERSELECTED"灯亮,确认引风机A变频器控制画面无报警,引风机A "CONVERTERREADY"和"INREMOTEMODE"灯亮。

b) CRT上将启动按钮解锁后在操作窗上按"变频启动"按钮。若用功能组启动,可在CRT的操作窗上按"FG ON"按钮,在用功能组启动时应注意将风机有关挡板操作站投自动方式。

c) 在引风机变频控制画面上确认引风机A短接开关合上,变频器"INCHARGING"灯亮,5s后引风机A高速开关合,变频器合,确认引风机A变频器输出频率逐渐加至10Hz。

d) 风机启动后30s,确认进口挡板和出口挡板自动开启。

e) 手动缓慢调节引风机A入口导叶开度至50%,保持炉膛负压在$-0.05 \sim -0.1$kPa,并将引风机 A 变频控制投自动。风烟系统启动正常后，根据需要将入口导叶开足。

2）引风机 A 的工频启动。

a）确认引风机 A 功能组画面"LOW SPEED BRKR SELECTED"灯亮。

b）CRT 上将启动按钮解锁后在操作窗上按"低速启动"按钮。若用功能组启动，可在 CRT 的操作窗上按"FG ON"按钮，在用功能组启动时应注意将风机有关挡板操作站投自动方式。

c）确认引风机 A 低速开关合上。

d）风机启动后 30s，确认进口挡板和出口挡板自动开启。

e）手动缓慢调节引风机 A 入口导叶，保持炉膛负压在 $-0.05 \sim -0.1$kPa，并将引风机 A 入口导叶投自动。

（3）引风机的正常运行。

1）引风机正常运行时，应定期实地检查电动机、风机的机械声音，以及振动及各轴承温度正常，轴承冷却水畅通。

2）引风机轴承温度大于 75℃报警，大于 82℃应停用。轴承振动：低速大于 7.62μm 报警，大于 25.4μm 延时 5s 跳闸，高速大于 5.08μm 报警，大于 25.4μm 延时 5s 跳闸。

3）电动机轴承温度大于 85℃报警，大于 95℃应停用。

4）引风机正常运行时，应将其变频控制或入口导叶投入自动，若在手动时，应保持炉膛负压在 $-0.05 \sim -0.1$kPa。

a）当炉膛压力达到 $+0.75$kPa 时报警，大于 1.5kPa 时 MFT。

b）当炉膛压力低于 -1.74kPa 时 MFT。

5）引风机入口导叶无论在手动或自动方式，均应使并列运行的风机电流、开度、负荷基本接近保持风机能安全地并列运行。

6）正常运行时，应检查电动机油站的油压正常，油压低于 0.5bar 报警，低于 0.35bar 延时 20s 时跳闸。

7）正常运行时，应检查引风机变频器运行正常，CRT 画面及变频器就地控制柜液晶屏均无故障报警。

该厂 2×600MW 超临界机组从 1992 年投产一直到 2008 年，引风机从未高速运行。在 1995 年以前引风机高低速切换不能保证成功，经常因切换不成功而导致引风机跳闸，机组 RUN-BACK 动作。随着机组老化，引风机入口导叶的磨损，在夏天引风机低速运行时机组带满负荷常常会引起引风机超载运行，尽管同制造厂协商后将低速额定电流由 258A 放大至 270A，但有时还不能满足要求。为此，电厂在 1995 年迎峰度夏前专门成立攻关小组，对引风机高低速切换进行改造。改造后引风机高低速切换能保证成功。但从引风机高速运行试验来看，引风机高速运行还是较难实现。这是因为在引风机切高速运行过程中，随着烟气流速的增加，主蒸汽温度上升 15℃左右，再热汽温上升 8℃左右，这对机组安全运行带来较大的威胁；另外，引风机高速运行时电动机电流比低速运行大 30%左右，提高了厂用电，不利节能降耗。

后来又通过试验，将过剩空气系数由原来 3.5 降低至 3.0 运行，引风机低速运行能保证机组满负荷运行。

2008 年上半年，为响应国家的节能减排号召。电厂先后对一、二号机组的引风机分别进行了变频改造。两台机组引风机实现变频运行，炉膛负压的调整以调节引风机变频器输出为主，而引风机入口导叶在手动全开位置。引风机变频运行后，节约了厂用电，解决了原来引风机运行过程中出现的一系列问题。然而，如果引风机变频器发生故障，则需停用变频器的同时，该引风机陪停，然后将有关变频开关、闸刀切换至低速工频位置，重新投入该引风机工频低速运行。也就是说需要停运切换，这样既影响机组负荷，又给运行带来较繁复的操作。

(4) 引风机的停用。

1) 两台引风机在运行时，停用一台引风机时必须确认机组负荷不大于300MW，停用第二台引风机时，应检查两台送风机、两台一次风机及整个制粉系统均已停用，所有油枪已停止运行。

2) 逐渐减小停用引风机变频器控制输出至20%，维持炉膛负压在-0.05～-0.1kPa。

3) 逐渐关闭停用引风机的入口导叶，维持炉膛负压在-0.05～-0.1kPa。

4) 当入口导叶关闭后，在CRT操作窗停用引风机变频器，或用引风机功能组停用引风机，确认停用引风机高速开关、短接开关均断开。

5) 当第一台引风机停用后，其进出口挡板自动关闭，当第二台引风机停用后，两台引风机的进出口挡板自动保持开启位置。

6) 若风机入口烟温>121℃时，应保持风机继续运行，直至入口烟温<121℃时方可停用引风机。

7) 当风机停用后，应在CRT上将启动按钮置闭锁位置。

(5) 引风机变频器故障，短时无法恢复运行时的运行操作（以引风机A变频器为例）。

1) 快速减负荷至300MW，保持BM（锅炉主控）输出在50%左右。

2) 缓慢减小送风机A动叶开度至0，功能组停用送风机A。

3) 缓慢减小引风机变频器A控制输出至20%，缓慢关闭引风机A入口导叶，维持炉膛负压在-0.05～-0.1kPa。

4) 功能组停用引风机A，确认引风机A高速开关、短接开关均断开。

5) 将引风机A高速开关、短接开关置试验位置，低速开关置运行位置。将引风机A变频器QS1闸刀放变频分闸位置，QS2放工频合闸位置，确认相关反馈信号正常。

6) 功能组启动引风机A。

a) 引风机A进、出口挡板自动开启后，保持引风机B变频控制为自动，缓慢开大引风机A入口导叶，同时缓慢关小引风机B入口导叶，最终使引风机A、B入口导叶开度相近，引风机B变频控制输出80%。

b) 将引风机B变频控制切手动，再分别将引风机A、B入口导叶投自动。

(6) 引风机单侧隔离。

1) 在运行时，往往会出现一台引风机故障需要检修的情况，这时就需要进行引风机单侧隔离。保持引风机单侧运行时，在隔离过程中应尽量减少对运行风机造成扰动。

2) 在引风机单侧隔离前，应先将机组负荷降至300MW左右并保持4台磨煤机运行。确认两组送引风机运行正常。

3) 将待停引风机对应侧送风机动叶切至"手动"，逐渐关小待停送风机动叶，确认另一台送风机动叶自动开大，维持风量、氧量正常，监视运行送风机电流、进口风量、出口压力变化情况，确认引风机炉膛压力调节正常。待停送风机动叶全关后，停待停送风机，确认送风机出口挡板自动关闭。

4) 将待停引风机变频控制"自动"切至"手动"，逐渐减小变频控制输出到20%（最小值）；关小待停引风机进口调节挡板直至到0，确认另一侧引风机进口调节挡板自动开大，炉膛压力正常。待停引风机进口调节挡板全关后，停待停引风机，确认引风机进出口挡板自动关闭，此时应注意炉膛压力和风量正常。就地确认停运风机无倒转情况。

(7) 引风机检修安全措施。

1) 确认引风机电动机已停电。

2) 确认引风机变频已停电。

3）确认引风机润滑油站已停运并停电。

4）确认引风机出口挡板已关闭且停电。

5）确认引风机入口挡板已关闭且停电。

6）确认引风机入口静叶执行机构停电。

7）确认引风机就地已完全停转，且做好风机防转动措施。

8）确认引风机停转后停运引风机油站，油站停电。

9）就地测量引风机人孔门处温度小于30℃。

6. 有关控制逻辑

（1）引风机 A 变频启动条件，如图 3-17 所示。

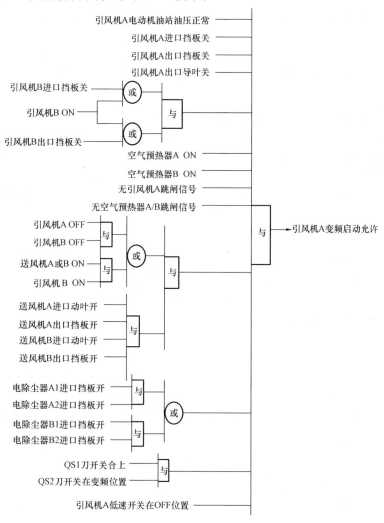

图 3-17　引风机 A 变频启动逻辑图

（2）引风机 A 自动跳闸，如图 3-18 所示。

7. 排烟温度

排烟热损失是锅炉各项热损失中最大的一项，一般为送入热量的 6％左右；排烟温度每增加 12～15℃，排烟热损失增加 1％，；同时排烟温度可反应锅炉的运行情况，所以排烟温度应是锅炉运行中最重要的指标之一，必须重点监视，针对不同的情况及时采取相应的措施。

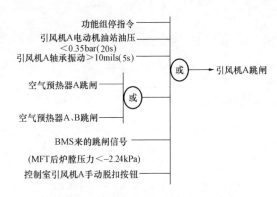

图 3-18　引风机 A 自动跳闸逻辑图

使排烟温度升高的主要因素如下：

（1）受热面结垢、积灰、结渣。

（2）过剩空气系数过大。

（3）漏风系数过大。

（4）燃料中的水分增加。

（5）锅炉负荷增加。

（6）燃料品种变差。

（7）制粉系统的运行方式不合理。

（8）尾部烟道二次燃烧。

八、空气预热器

1. 空气预热器作用

为高温烟气和锅炉燃烧所需的空气（二次风）以及制粉系统所需的空气（一次风）提供换热平台。一方面降低锅炉的排烟损失，提高锅炉效率；另一方面为锅炉提供热空气用于煤油助燃及制粉系统的干燥，以及输送煤粉。

空气预热器采用顺转方式：传热元件在烟气侧被加热，先旋转于一次风道，然后转至二次风道。

每台空气预热器配一台电动机，电源接自保安母线。两台气动马达用杂用气作为动力。电动机故障时空气预热器将退出运行。两台气动马达，一台为事故马达，在电动机故障后，为防止空气预热器热变形卡死而设；另一台为启动空气（检修）马达，仅在空气预热器检修调整中使用及检修后初次启动使用。转速分别为：电动机 1.1r/min，事故马达 0.56r/min，启动空气马达 0.07r/min。每台空气预热器的传热面积为 38 600m^2。

回转式空气预热器的特点为：将低压头的二次风与高风头、高风温、低流量的一次风分开加热，减少漏风和提高风机效率。具有结构紧凑，质量轻的特点。广泛用于大容量锅炉。主要缺点：漏风量大，制造安装复杂，运行中稍有积灰将使阻力增加较多。

空气预热器装有吹灰器和水洗装置，轴向和径向自动间隙调整密封装置、火灾报警、探测灭火系统。

2. 空气预热器漏风

由于空气预热器是旋转设备，体积庞大，还存在着热变形，所以漏风不可避免。漏风会造成引风机、送风机、一次风机电耗增加，还会增加锅炉排烟损失。当然，负压锅炉漏风还有炉膛水冷壁和尾部烟道、炉底干排渣系统等。为了减少空气预热器漏风，机组每台空气预热器热端装有三块自动驱动的扇形板，正常运行中这些扇形板通过微机进行自动控制和监测。此外，各扇形板还可以利用就地控制盘进行就地控制，每台空气预热器有三只就地控制盘。

空气预热器正常运行中，扇形板以规定的时间间隔利用所安装的位置传感器来搜寻转子，当扇形板到达所允许的转子附近时，传感器触发控制器停止扇形板动作，然后经过 2s，控制装置再使扇形板回缩，直至得到需要的扇形板与转子的径向密封间隙为止。

由于该电厂一次风机容量本身偏小，所以空气预热器扇形板密封的好坏就显得非常重要，否则会影响机组负荷。当一次风母管压力不正常下降时，首先要检查空气预热器扇形板运行是否正常。

3. 空气预热器的低温腐蚀

烟气中含有水蒸气和硫酸蒸汽约 1%～3%，当烟气进入低温受热面时，由于烟温降低，有蒸汽凝结（水露点一般在 30～60℃，酸露点一般在 120～150℃），水蒸气凝结造成氧腐蚀，酸蒸汽凝结造成酸腐蚀。

防止空气预热器的低温腐蚀的措施是提高空预器冷端空气温度。

4. 空气预热器的二次燃烧

由烟气带进空气预热器受热面上的油形成的结垢以及未燃尽碳的积聚物引起空气预热器二次燃烧。空气预热器很少发生二次燃烧，只有在锅炉点火及低负荷时如遇油雾化不好，燃烧不良，而低负荷小流量不足以带走烟气产生的热量，在燃烧所需的氧充足时，就有可能达到着火点温度而燃烧。

（1）空气预热器发生二次燃烧的现象。

再燃烧处烟温、工质温度突然不正常地升高。引风机投自动时，引风机动叶动作频繁、开度增大，引风机手动时烟道及炉膛负压剧烈变化并偏正，严重时烟道防爆门动作打开。烟色监视仪指示发生异常变化，锅炉排烟温度不正常地升高，从引风机轴封和烟道不严密处向外冒烟或喷火星。一、二次风温也将不正常地上升，回转式空气预热器电流指示晃动，严重时外壳烧红，转子与外壳可能有金属摩擦声。

（2）空气预热器发生二次燃烧的原因。

1）燃料品质或运行工况变化时，燃烧调整不及时或调整不当。风量过小、煤粉过粗或自流、油枪雾化不良，使未燃尽的碳黑或油滴等可燃物随烟气进入烟道并与受热面接触或撞击后沉积在空气预热器受热面上。

2）锅炉低负荷运行，点火初期或停炉过程中，由于炉膛温度过低，燃料着火困难，燃烧过程长，使部分燃料在炉膛内无法完全燃尽而被烟气带至烟道内。由于当时烟气流速很低，极易发生烟气中可燃物在空气预热器上沉积。

3）发生紧急停炉时未能及时切断燃料，停炉后或点火前炉膛吹扫时间过短或吹扫风量过小，造成可燃物质沉积在空气预热器受热面上。

4）运行中空气预热器吹灰器长期故障或停止使用，使受热面上的积灰和可燃性沉积物不能得到及时清除而越积越多，这又造成了受热面外表粗糙程度的增加，使之更易黏附烟气中的固态物质。如此恶性循环，使空气预热器受热面上的可燃物质逐渐积聚起来。

（3）空气预热器发生二次燃烧的处理。

发现烟气温度不正常地升高时，应立即查明原因，改变不正常的燃烧方式，并对预热器和烟道用蒸汽进行吹灰，及时消除可燃物在烟道内的再燃烧。如已影响到锅炉参数变化时，应立即调整，设法尽快恢复正常。

当达到烟道内可燃物再燃烧的紧急停炉条件时（排烟温度至200℃），应立即手动MFT紧急停炉。发生烟道内可燃物再燃烧时紧急停炉的处理方法和要求除以下不同点外，其余与常规紧急停炉相同：

1）立即停用所有引风机、送风机，严密关闭风烟系统的所有风门、挡板和炉膛、烟道各门（孔），使燃烧室及烟道处于密闭状态，严禁通风，开启蒸汽灭火装置或利用蒸汽吹灰器向燃烧室、烟道及预热器内喷入蒸汽进行灭火。待各点烟温明显下降，均接近喷入的蒸汽温度并稳定1h后，方可停止蒸汽灭火或蒸汽吹灰设备。小心开启检查门进行全面检查，确认烟道内燃烧已熄灭无火源后，方可开启风烟系统的风门、挡板，启动引风机和送风机并保持35%额定风量的风量对燃烧室和烟道进行吹扫，吹扫时间不少于8min。

2）停炉后预热器应继续运行，以防止预热器停转后发生变形损坏。

3）若引风机处烟温过高或发现轴封处冒烟、喷火星时，在引风机停用后应设法使引风机定期转动，防止引风机叶轮或主轴变形。

4）由于空气预热器二次燃烧现象发生，使省煤器处烟温不正常地升高时，为防止省煤器管系的损坏，应在停炉后对省煤器进行小流量通水冷却，以确保省煤器管系的安全。

锅炉在发生空气预热器二次燃烧事故后，只有待再燃烧现象确已不再存在，并按规定要求通风吹扫完毕，经烟道复查设备确无损坏时，锅炉方可重新启动。

（4）防止空气预热器二次燃烧措施。

1）锅炉点火前或熄火后，要加强对锅炉进行吹扫，吹扫时要保证足够的吹扫风量和吹扫时间，防止可燃物在炉膛内集聚。

2）锅炉点火时一定要就地检查，确认油枪雾化良好，如发现油枪雾化不好或没着火，应及时关闭三位阀，退出油枪处理。

3）正常运行中，加强对油枪的检查维护，发现缺陷应及时报修，确保油枪投、停时雾化良好。

4）加强运行分析和调整，保持适当的风量，防止氧量太低而造成飞灰含碳量过高。

5）按规定对空气预热器吹灰，每班两次。

6）加强对空气预热器支撑轴承、导向轴承油系统的检查，发现漏油应及时报修。

7）运行中加强对空气预热器的监视，如排烟温度不正常剧烈升高，应立即处理。

8）做好空气预热器火烧事故预想，确保发生时正确处理。

5. 空气预热器的启停及运行

（1）空气预热器启动前的检查。

1）实地检查设备完整，检修工作结束，热力工作票已终结，或有试转单。

2）检查支承轴承、导向轴承润滑油质良好，油位正常。

3）检查电动机减速器、油雾润滑器油位正常，油质良好。

4）检查支承轴承、导向轴承油站完整，下列阀门符合要求：①开启导向轴承冷却水进水门、回水门；②开启支承轴承进油门、回油门；③关闭支承轴承放油门1、放油门2。

5）检查空气预热器吹灰、灭火等系统的阀门位置符合要求，水冲洗系统隔绝。

6）检查空气预热器吹灰器在退足位置，进汽门关闭。

7）检查空气预热器进口烟气挡板、出口一次风门和二次风门在关闭位置。

8）检查空气预热器电动机、空气马达完整，电气接线良好。

9）检查空气马达杂气门开启，空气马达进气总门开启，启动空气马达进气门开启，旁路门关闭，事故空气马达进气门关闭。

10）检查空气马达电磁阀切换开关在"NORMAL"位置。

11）检查空气预热器泄漏控制系统和热点监测系统应在正确状态。

12）汇报值长，空气预热器支承、导向轴承润滑油泵电动机、空气预热器电动机及就地控制盘电源可以送电。

13）上述电源送上后校验自启动及连锁正常。

（2）空气预热器的启动。

1）确认空气预热器支承、导向润滑油泵电动机、空气预热器电动机电源送上。

2）将空气预热器支承、导向轴承润滑油泵切换开关置"AUTO"位置。

3）将空气马达电磁阀切换开关置"MAINTENACE"，检查启动空气马达启动正常。

4）开启事故空气马达进气门，将空气马达电磁阀切换置"NORMAL"位置，检查事故空气马达启动正常，启动空气马达自停。

5）在就地盘上或在CRT操作窗上按空气预热器电动机"START"钮。

6）空气预热器启动正常后，确认空气预热器二次风出口风门、烟气进口挡板自动开启。

（3）空气预热器运行注意事项。

1）检修后的第一次启动以及预热器故障后的启动，必须先用启动空气马达和事故空气马达启动一次，确认空气预热器无异常情况，方可用电动机直接启动空气预热器。并应进行电动机跳闸后事故空气马达自启动的校验。

2）空气预热器的启动，就地应有专人负责检查，发现异常情况，应及时分析处理，危及设备及人身安全时，应立即停用。

3）正常运行时，空气马达电磁阀切换开关必须置"NORMAL"位置。

4）正常运行中应定期检查空气预热器支承、导向轴承润滑油温正常，当油温达到 37.8℃ 时，润滑油泵应能自启动，油温下降至 32.2℃ 时，润滑油泵自动停止，润滑油泵应每星期例行启动运行 1h。

5）锅炉点火后，应对空气预热器进行一次吹灰，以后每隔 4h 吹灰一次，吹灰前热点检测应在"PARK"位置。

（4）空气预热器的停用

1）正常情况下，若停用空气预热器，必须在排烟温度＜80℃以下方可进行。

2）停用空气预热器时，对应的送、引风机必须已停止运行。

3）空气预热器的正常停用步骤：

4）通过 CRT 操作窗或在就地盘上按"STOP"钮。

5）空气预热器电动机停转后，必须就地确认事故空气马达自启动，然后将事故空气马达进气门关闭，使空气预热器停转。

6）空气预热器停用后，检查确认空气预热器进口烟气挡板及二次风出口风门自动关闭。

7）空气预热器转子停转后，确认润滑油温＜32.2℃时，可关闭润滑油泵进、回油门及冷却水进、回水门。

8）遇空气预热器故障停用时，应保持事故空气马达及润滑油泵继续运行，直至排烟温度降至规定值以下，方可停用事故空气马达。

八、其他附属设备

（一）火监冷却风机（扫描风机）

火监冷却风机在锅炉设备中是重要设备之一。用来冷却火焰监测器，它能保证连续不断地供给火监探头一定压力的冷却风，使探头得到冷却，并保证探头清洁。如火焰监测器冷却不好而导致其烧坏或积灰，则即使锅炉燃烧很好，由于火焰监测器探测不到火焰而判定为"全火焰丧失"，使保护动作产生 MFT。

火监冷却风机 A、B 有两二路气源，一路接自送风机 A、B 的出口联通管上，为高压气源，是正常运行气源；另一路直接接自大气，为低压气源，可保证冷却效果。这样接目的是：当 2 台送风机全停后，炉膛温度仍很高的情况下，为保证火监探头得到较好的冷却。

火监冷却风机 A 为交流，电源接在保安母线上，冷却风机 B 为直流。若冷却风机出口风道压力与炉膛差压小于 1.5kPa，冷却风机 A、B 将自启动。当差压大于 1.5kPa 后停用冷却风机 B 作备用。当锅炉停运后，必须待炉膛温度低于 149℃时，方可停用 2 台冷却风机（直接拉电）。

1. 火监风机投运前检查

（1）检查冷却风机检修工作已结束，工作票已终结或有检修试转单。

（2）检查电动机、风机外观完整，接线良好。

（3）检查靠背轮罩壳良好，盘动灵活

（4）检查风机轴承牛油杯完整，并注满油。

（5）检查空气过滤器完整，差压一次风开启。

（6）检查冷却风机进口风门在开启位置，大气风门在关闭位置。

（7）汇报值长，冷却风机可以送电。

2. 火监风机运行时注意事项

（1）正常运行中，应保持冷却风机 A 运行（交流），冷却风机 B 备用（直流）。

（2）冷却风机在运行中，应定期检查运行工况正常，空气过滤器前后差压不大于 0.15kPa，否则应进行滤网清洗，若差压<0.037kPa，则应检查空气过滤器是否损坏。

（3）冷却风管道与炉膛差压<1.5kPa 时，自动启动冷却风机 A；如差压仍<1.5kPa 时，延时 5s 再自动启动冷却风机 B。

（4）若两台送风机跳闸或停用，则自动启动两台冷却风机，并同时自动开启大气风门。

（5）正常运行时，应保持备用冷却风机的进口风门在开启位置。

（二）暖风器

暖风器为汽—气热交换器，它是利用蒸汽的热量来加热进入空气预热器之前的冷空气，使之提高到需要的温度。暖风器一般布置在空气预热器入口一、二次风道上（也有布置在风机入口风道上的），其作用主要是加热冷空气，提高空气预热器冷端温度，即提高进入空气预热器的一、二次风温，以减少因大量冷空气进入空气预热器的受热面造成结露、积灰而产生低温腐蚀。在我国北方电厂中一般会用到暖风器，南方电厂基本不用。

1. 暖风器运行中的检查项目

（1）检查暖风器出口风温控制在设定值；

（2）检查暖风器系统各处无振动、无泄漏；

（3）检查暖风器疏水泵运行正常；

（4）检查暖风器疏水箱水位正常。

2. 暖风器运行中注意事项

（1）暖风器疏水泵振动、声音正常，疏水箱水位正常；

（2）系统无泄漏；

（3）暖风器系统无振动。

3. 暖风器泄漏的危害

暖风器内外泄漏均会造成工质损失，浪费汽水，同时，外漏还可能造成人员烫伤；内漏还可能造成风道内结冰，从而引起风道阻力增大，严重时可能造成风道严重堵塞，威胁机组安全运行。

4. 暖风器管路振动大的原因及危害

（1）振动大的原因主要有：疏水不畅；一、二次风暖风器疏水压力不均衡而造成互相排挤引起振动；暖风器供汽管路疏水未疏尽，引起汽水冲击；暖风器供汽回水设计不合理。

（2）暖风器振动的危害是损坏设备，造成暖风器漏汽水，同时由于暖风器损坏被迫停运，而引起空气预热器入口风温降低，易造成低温腐蚀。

九、风机典型故障的处理

1. 正常运行时一台引风机跳闸

（1）现象。

1）BTG 盘上"引风机 A（或 B）跳闸"、"RUNBACK"、"送风机 A（或 B）跳闸"等光字牌动作报警。

2）单独运行的第五台磨煤机跳闸且光字牌报警。

3）炉膛负压大幅度晃动。

4）机组负荷快速降低。

（2）处理。

1）当一台引风机因故障而跳闸时，应确认对应侧送风机联跳，跳闸风机进出口挡板、调节挡板或动叶自动关闭。检查运行侧的送、引风机调节挡板或动叶自动开大，注意电流在额定值内。

2）确认机组在协调方式，BM（锅炉主控）自动减至55％，确认汽轮机调门快速关小以维持主汽压与滑压曲线相符。确认相应磨煤机已连锁跳闸，保留4台磨煤机运行，燃料量与负荷指令对应。注意炉膛燃烧稳定，必要时投入轻油枪助燃。

3）确认炉膛负压控制在自动状态，必要时切手动调整正常后重投自动。

4）在减负荷过程中，注意汽温、汽压的变化，及时调整减温水量，保持汽温的稳定。

5）一组送、引风机跳闸后，随着机组降负荷，要严密监视给水调节正常，以防分离器带水；注意除氧器水位调节正常。全面检查机组各运行参数均在正常范围内。

6）当负荷降至300MW时，注意给水泵A、B的运行是否正常，必要时打开再循环门维持给水流量稳定。

7）联系检修，尽早查出故障原因，确认故障消除后重新启动跳闸设备，恢复机组正常运行。

2. 正常运行时一台送风机跳闸

（1）现象。

1）BTG盘上"送风机A（或B）跳闸"、"RUNBACK"等光字牌报警。

2）单独运行的第五台磨煤机跳闸且光字牌报警灯亮。

3）炉膛负压大幅度晃动。

4）机组负荷快速降低。

（2）处理。

1）当一台送风机因故障而跳闸时，应确认出口挡板自动关闭。确认运行送风机动叶开度自动增加，风量、氧量正常，注意电流在额定值内。

2）确认机组在协调方式，确认BM主控自动减至55％，确认汽轮机调门快速关小以维持主汽压与滑压曲线相符。确认相应磨煤机已联锁跳闸，保留4台磨煤机运行，燃料量与负荷指令对应。注意炉膛燃烧稳定，必要时投入轻油枪助燃。

3）确认炉膛负压控制在自动状态，必要时切手动调整正常后重投自动。

4）在减负荷过程中，注意汽温、汽压的变化，及时调整减温水量，保持汽温的稳定。

5）随着机组降负荷，要严密监视给水调节正常，以防分离器带水；注意除氧器水位调节正常。全面检查机组各运行参数均在正常范围内。

6）当负荷降至300MW时，注意给水泵A、B的运行是否正常，必要时打开再循环门维持给水流量稳定。

7）联系检修，尽早查出故障原因，确认故障消除后重新启动跳闸设备，恢复机组正常运行。

3. 风机轴承振动大

（1）风机正常运行振动大的主要原因有以下几点：

1）风机主轴承、电动机轴承或减速箱机械故障。

2）辅机动平衡未校好或与电动机的中心未校好。

3）风机发生失速或喘振。

4）叶片或转子碰壳。

5）叶片或转子局部损伤、断裂或磨损严重。

6）转子变形，预热器传热元件或密封件损坏严重。

7）风机、电动机或轴承座地脚螺丝断裂或松动。

（2）当风机轴承振动大时应及时作相应的处理如下：

1）根据风机振动情况加强风机振动值、轴承温度、电动机电流、风压风量的监视；

2）必要时切为手动调节，降低出力；

3）尽快查出振动原因，必要时联系检修人员查诊；

4）若是发生失速或喘振引起振动，按风机失速或喘振处理；

5）若叶片、转子碰壳或叶片断裂，转子严重变形或传热元件、密封件严重损坏时，应即停用该辅机；

6）当风机振动值至跳闸值时风机自动跳闸，否则应手动停运该风机；

7）若发生风机跳闸，应确认风机进出口挡板关闭。

4. 风机轴承温度高

（1）风机轴承温度高原因。

1）轴承有机械故障。

2）轴承箱油位过低，轴承密封处漏油，轴承缺油或油质恶化。

3）环境温度太高。

4）辅机通流介质温度过高。

5）引风机轴承箱冷却水量少或中断。

（2）风机轴承温度高的处理。

1）根据风机轴承温度情况，加强监视轴承温度、电动机电流、风压风量等参数；

2）必要时切为手动调节，适当降低风机负荷；

3）尽快查出原因，必要时联系检修人员检查；

4）若油位低，应及时加油；

5）若油位高或油质恶化，停用风机后放油或换油；

6）若振动大引起轴承温度高，应查明原因，消除振动；

7）轴承温度至跳闸值时风机自动跳闸，否则应手动停运该风机；

8）若风机发生跳闸，应确认风机进出口挡板关闭。

第三节　锅炉燃油系统

一、概述

燃油系统的作用是在锅炉启动时，用来点燃主燃烧器的煤粉气流。此外，当锅炉低负荷运行时、事故情况下，或者燃煤质量差、炉膛温度低、危及燃烧稳定而导致炉内火焰发生脉动甚至有熄火危险时，用来稳定锅炉燃烧。因此，燃油系统也是锅炉稳定运行的一种辅助燃烧手段。

现代大容量煤粉锅炉通常采用过渡燃料的点火系统，可分为气—油—煤粉或轻油—重油—煤粉的三级点火，油—煤粉的二级点火。三级点火采用两种过渡燃料，先用点火器点燃着火能量最小的燃气或轻油燃料，然后点燃雾化燃料油，最后点燃煤粉气流。二级点火则采用一种过渡燃油，即用点火器直接点燃燃料油，再点燃主燃烧器中的煤粉气流。随着科学技术的发展，新型的煤粉锅炉点火方式不断出现，如采用高能等离子点火器直接点燃煤粉燃烧器；在煤粉喷嘴内安装小油枪，称为微油点火或少油点火。但这些新型点火方式首先对燃煤的煤质要求比较高，其次是或多或少地存在点火初期煤粉燃烧不充分的弊端。

本机组锅炉采用传统的三级点火方式，在每组燃烧器相邻的两个煤粉喷嘴之间布置有重油燃烧器，而每个重油燃烧器中布置有对应的轻油枪及高能点火器。锅炉点火启动时，用高能点火器先点燃雾化轻油，燃烧的轻油枪再去点燃雾化重油，最后由重油枪点燃相对应的上下层主燃烧器中的煤粉气流。

燃油通过油燃烧设备，被雾化成细小油滴喷入炉内，形成油雾火炬并在悬浮状态下燃烧。这种燃烧与煤粉火炬的燃烧基本相同，但油的性质与煤粉不同，因此油的燃烧有其自身的特点。油在炉膛内燃烧可分为以下五个阶段：

（1）油的雾化。油先通过雾化器被破碎成很细小的油滴，然后再喷入炉膛，这个过程称为油的雾化。

（2）油的蒸发。油滴在炉膛中吸热，温度升高到沸点，蒸发成油气。

（3）油气与空气的混合。油燃烧器对刚入炉膛的油雾供应一定量的空气，使油气与空气混合成可燃气体。

（4）油气与空气混合物的着火。油气混合物通过回流热烟气来加热，当油气混合物的温度升高到着火点时就起焰着火。

（5）着火后的燃烧。油的各种成分相继蒸发、着火，随即强烈燃烧。要做到燃烧迅速而完全，除了具备与煤粉燃烧相同的条件外，还要注意提高油的雾化质量并实现根部送风。

燃油的沸点总是低于燃点，因此油受热后首先要蒸发成气体，并以气态的形态燃烧，所以油燃烧可认为是均相燃烧。油的化学反应速度很快，限制燃烧过程发展的主要因素是油气与空气的扩散混合，因此油的燃烧属于扩散燃烧。在燃烧重油时，由于初期供氧不足或混合不良，重油中部分高分子烃在 $500℃$ 以上高温时易裂解生成炭黑（锅炉启动投重油枪时我们时常看到的冒黑烟现象）。炭黑是直径小于 $1\mu m$ 的固体炭粒，它的燃烧较困难且磨损性强，若燃烧中形成炭黑并随烟气流动，就会造成未完全燃烧损失和受热面的磨损。

根据油的燃烧特点，强化油炬燃烧必须从雾化和油雾与空气的混合两方面着手。首先要将油尽量雾化成小而均匀的油滴（油雾），这样就增大了传热面积，使加热速度和蒸发速度加快，同时又增大了油滴与空气的接触面积，混合速度相应提高，从而使油的燃烧速度加快。由于油在炉膛中的燃烧属于扩散燃烧，因而提高油雾与空气混合的速度是关键。混合速度的大小主要决定于空气与油滴的相对速度以及气流的紊流程度。相对速度越大，紊流越强，混合速度越大。另外为了避免裂解，要求空气尽早与油雾混合，即要实现根部送风。因此，油燃烧设备应满足上述基本要求。

二、轻油系统

1. 轻油系统流程

机组轻油系统流程如下所示：

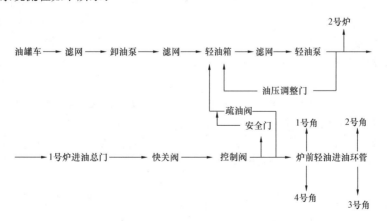

为了锅炉启动点火、事故情况下的燃烧稳定，两台锅炉设有一个轻油公用系统，其容量为一台锅炉最大连续蒸发量的7%。轻油系统共设置两台容量为100%的螺杆式轻油泵，出口压力为19.7bar，一台正常运行，另一台作备用，这里要注意如果运行轻油泵发生跳闸，则备用轻油泵不会自启动，需要值班员手动启动备用泵。因系统设计原因，正常运行中，轻油泵A和B不能并列运行，在做例行切换时需要先停运行泵，再启动备用泵。

轻油系统还设有两台螺杆式轻油卸油泵（一用一备），进出口装有滤网，出口还装有流量计，其作用是将油罐车运来的轻油直接输送到轻油箱中。

轻油箱有两个，每个容量为300m³，轻油箱上有油位计和高低油位报警，油位报警信号送至控制室。轻油箱上部有溢油口，下部有疏水门，溢油和疏水都去燃油回收池，再由燃油回收泵送至重油箱。当油位低至1m时运行轻油泵跳闸。因轻油箱本身无加热装置，平时用零号柴油，在冬季为防冻则采用−10号柴油。

两台轻油泵将轻油箱中的轻油输送到1、2号炉炉前轻油环管，再由炉前轻油环管的四个角引四根管道分别送至锅炉四角三层共12支轻油枪。在轻油泵入口装有滤网，出口装有轻油压力调整门，以建立轻油炉前循环。在轻油泵出口还装有安全门，当轻油泵运行时出口门未开或出口压力超过规定值时，安全门动作泄压，以保护轻油泵。在炉前轻油环管前装有轻油快关阀、轻油疏油阀，用作轻油泄漏试验及锅炉MFT时快速切断轻油。在轻油快关阀之后还有轻油进油控制阀，用于轻油供油母管压力调整。在轻油母管上也设有一个安全门，其作用是当轻油母管压力超过规定值时起泄压作用，将轻油放至轻油箱。

2. 高能点火器

每台锅炉配有12只（3层×4）高能点火器，每只高能点火器的进退由各自的由仪用气控制的活塞缸实现。由于高能点火器点火能量大，能直接点燃轻油。高能点火器的主要部件是火花塞，火花塞的内外芯之间有间隙，在间隙间进行间断地加高电压的直流电，由间隙放电而产生电火花。

3. 轻油枪

每台锅炉配有12根（3层×4）轻油枪，每根轻油枪配有各自的伸缩机构、进退限位开关和必要的管道阀门，使得轻油枪可以通过遥控或近控实现自动进退。

轻油枪的伸缩机构是由仪用气驱动，包括气动活塞缸、气动电磁阀、进退限位开关和连杆机构。进退限位开关不但表明轻油枪的进退位置，同时向BMS（锅炉燃烧管理系统）提供相应的反馈信号。气动电磁阀根据BMS的指令控制仪用气进入气动活塞缸，驱动油枪和可伸缩性导管进退。在就地也可以手动操作轻油枪进退。

轻油枪由两根平行的油枪管、挠性管段和喷嘴组成。两根平行的油枪管分别将轻油和雾化空气（仪用气）送至喷嘴，这样布置可以减少两种介质之间的温度影响，并使得轻油和雾化空气在进入喷嘴之前保持互相隔离。

轻油枪的挠性管段部分可以吸收两根油枪管的不同膨胀，并使得油枪可以随着摆动燃烧器系统摆动。

外部喷嘴组件由喷嘴体、雾化片、固定片及喷嘴帽组成。雾化片、固定片通过喷嘴拼帽固定在喷嘴体上，由两根油枪管分别送来的轻油和雾化空气进入喷嘴体，油通过喷嘴体的外缘，空气通过喷嘴体的中心，两种介质同时进入雾化片，在喷入炉膛前相交，使得雾化产生大量细小油粒的表面与空气相接触，保证油迅速点燃和完全燃烧。

4. 轻油三位阀

每根轻油枪的管路上设置一只轻油三位阀，轻油三位阀是一种三位置阀，专门用于轻油燃烧控制系统，它有投、停轻油及雾化空气，在轻油枪停用时完成对轻油枪的吹扫三种功能。三位阀的位置切换是由仪用气来实现。

轻油三位阀有油和空气两个进口、两个出口，它的三个位置分别是燃烧运行位置、吹扫位置和关闭位置；在燃烧运行位置时轻油和雾化气各走其道，执行机构在"下"位置，这种位置即为轻油枪投运状态；在关闭位置时轻油和雾化气同时被切断，执行机构在"上"位置，这种位置即为轻油枪停运状态。在吹扫位置时，执行机构在"中间"位置，这时油阀在关闭位置，雾化气阀开启通过阀座流入雾化气出口管，同时又经过三位阀中间的护套孔进入下面的油出口管，使得仪用气不仅能进入油枪的空气侧，又能进入轻油枪的油侧，以便将轻油枪三位阀至轻油枪这段管路上的存油吹入炉膛。

轻油枪三位阀控制逻辑如图 3-19 所示。

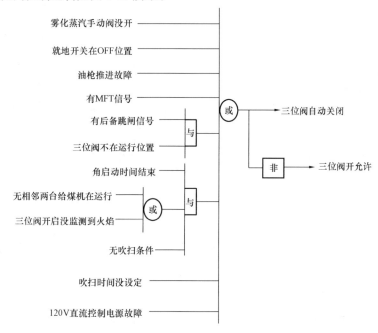

图 3-19　轻油枪三位阀控制逻辑图

5. **轻油快关阀及疏油阀**

轻油快关阀和疏油阀是带双位电磁阀的薄膜式气控阀，电磁阀常断电，开电磁阀充电，开回路充气，阀门开启；关电磁阀充电，关回路充气，阀门关闭，失气保持阀门原来位置。轻油快关阀和疏油阀受 BMS 控制，在机组正常运行时快关阀保持开启，疏油阀保持关闭；在机组发生MFT 时，轻油快关阀快速关闭，以切断燃油。在机组 MFT 复置之前轻油快关阀保持关闭状态。当锅炉吹扫完成，MFT 复置后，值班员可手动开启，另外在轻油泄漏试验程序进行时，轻油快关阀与疏油阀共同参与动作，完成轻油泄漏试验。

轻油快关阀控制逻辑，如图 3-20、图 3-21 所示。

6. **轻油进油控制阀**

轻油进油控制阀为 DCS 控制的薄膜式气控阀，充气开启，失气关闭。在锅炉点火前手动开启，并调整轻油母管压力 9bar 左右。在机组启动点火时，如发生轻油进油控制阀关闭或轻油泵突然跳闸，则产生 MFT。在机组正常运行时，维持轻油母管压力正常，以保证随时可投用轻油枪稳燃。

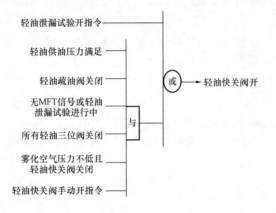

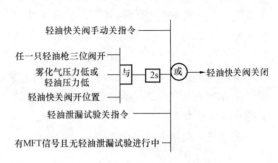

图 3-20　轻油快关阀开逻辑图　　　　　　图 3-21　轻油快关阀关逻辑图

7. 轻油层启停

轻油层点火许可条件，如图 3-22 所示。

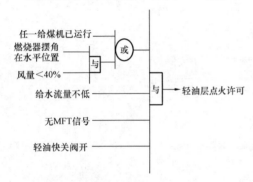

图 3-22　轻油层点火许可逻辑图

当轻油点火条件满足后，值班员可开启轻油进油控制阀，并调整轻油母管压力为 9bar 左右，根据需要在 CRT FMG2 画面上启动 AB、CD、EF 中的任一层，即开始一个 75s 的点火周期：先启动 1 号角→15s 后启动 3 号角→30s 后启动 2 号角→45s 后启动 4 号角，当启动轻油层的同时，先关闭辅助风挡板，然后当轻油三位阀 3/4 被确认开启，辅助风挡板开至点火位置 20%，该层轻油启动成功。

轻油枪与高能点火器按下列顺序进行动作：

（1）轻油枪与高能点火器推进到点火位置；

（2）当证实轻油枪与高能点火器已推进到位，三位阀打开至点火运行位置，使雾化气与轻油进入油枪；

（3）在轻油枪三位阀开始打开的同时，高能点火器的电源接通，开始打火；

（4）在一个点火周期 30s 里，高能点火器以每秒 4 个火花的速率打火，以点燃雾化轻油；

（5）在点火周期结束时，高能点火器断电，同时自动退回；

（6）当轻油枪所在的火焰监测器监测到轻油枪火焰存在，同时三位阀证实确已打开，则表示该轻油枪点火成功；

（7）如轻油枪所在火焰监测器发出无火焰信号，则使对应的三位阀立即关闭，切断轻油和雾化气。

轻油层停用时，值班员只需在 CRTFMG2 画面操作窗上按"STOP"钮，则该轻油层自动按 1、3、2、4 号角顺序停用，并进行 5min 的自动吹扫，吹扫完毕，轻油枪自动退出。

8. 轻油伴热系统

尽管在冬天采用－10 号柴油，但为了防止强冷天气出现时轻油冻结而影响轻油系统安全运行，轻油系统设有蒸汽伴热系统。规程规定：大气温度首次低于 2℃时，应投入轻油伴热系统，投停操作按"轻油伴热系统操作卡"执行。

三、重油系统

1. 重油系统流程

机组重油系统流程如下所示。

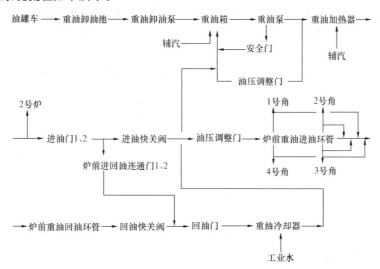

本机组两台锅炉设有一个重油公用系统，它的容量为一台锅炉最大连续蒸发量的30％。从锅炉点火、启动，到第一台磨煤机投入运行，直至锅炉达到低负荷稳定燃烧（全烧煤），重油系统一直处于运行状态。重油系统装有两台容量各为100％的螺杆式重油泵，出口压力为30bar，重油泵入口有滤网，一台正常运行，另一台作备用，与轻油泵一样备用重油泵也不会自启动，需要值班员手动启动；正常运行中重油泵 A 和 B 也不能并列运行，在做例行切换时需要先停运行泵，再启动备用泵。

对于重油系统来说，由于重油在常温下黏度很大（接近固态），所以为了使重油不凝固，方便储存、输送和雾化，重油必须要加热，加热汽源为辅汽。在两个重油箱底部布置了蛇形管加热器，中部布置了"U"形管加热器，它们的作用是加热油箱内的重油，用辅助蒸汽调节阀调节重油箱出口温度为85±5℃。为了使进入重油枪的重油雾化更好，在系统中还设有一个重油加热器，加热汽源也是辅汽。重油枪停运时，重油加热器停运；如果重油枪需要投运，先将重油加热器投运，将重油加热器出口供油母管油温保持在140℃以上。另外，为确保在冬季重油系统能顺利投用，防止重油在管道中冻结，整个重油供回油系统都配置了蒸汽伴热管道系统，伴热汽源为辅汽。规程规定每年重油供回油系统蒸汽伴热的投用时间为：该市中心气象台第一次预报最低气温达到5℃时，为重油供回油系统伴热的投用起始日，第二年的3月31日为执行结束日。重油蒸汽伴热系统的投、停按"重油蒸汽伴热操作卡"执行。在机组正常运行中，一旦重油系统发生意外冻结，最好的疏通办法不是投入重油伴热，而是投入重油冲洗系统，分段进行蒸汽冲洗，使冻结的重油尽快流动起来。

重油系统还设有两台螺杆式重油卸油泵（一用一备）。油罐车运来的重油先卸入重油卸油池，再由重油卸油泵输送到重油箱中。

两台重油泵将重油箱中的重油输送到重油加热器，然后分别经重油进油门、流量计、重油快关阀、重油压力调整门送至1、2号炉炉前重油环管，再由炉前重油环管的四个角引四根管道分别送至锅炉四角三层共 12 支重油枪。在重油泵出口装有重油压力调整门，以建立重油炉前循环。和轻油泵一样重油泵出口也装有安全门，在炉前重油环管前装有重油快关阀，用作重油泄漏试验及锅炉MFT时快速切断重油，在重油快关阀之后还有重油压力调整门，用于重油母管压力调整。

　　为了使黏度大、流动性差的重油在重油枪进油三位阀前建立循环，在每根重油枪进油三位阀前接有重油枪回油门及管道，该重油枪回油门为电磁阀控制的气控门，在对应的重油枪运行时，该回油门关闭；重油枪停运或吹扫时，该回油门打开，回油至重油回油环管，再经回油流量计、回油快关阀、回油隔绝门至油泵房重油冷却器，重油冷却器的冷却水为工业水，经冷却的重油回入重油箱，这样就完成了整个重油系统的大循环。

　　重油快关阀的结构、作用与动作原理和轻油快关阀相同；重油三位阀的动作原理同轻油三位阀；重油回油快关阀的动作原理同轻油疏油阀；重油压力调整门的动作原理同轻油进油控制阀；重油枪的动作原理同轻油枪。这里就不作介绍了。

　　重油系统还配有专门的雾化汽系统，雾化汽由辅汽供给。雾化汽系统由重油雾化汽压力调整门、重油雾化汽环管、雾化汽疏水器和相关管道阀门组成。重油雾化汽环管处在重油进油环管与重油回油环管之间，机组正常运行时还起到伴热的作用，另外在机组检修或重油泵较长时间停运时，还作为重油进油环管和重油回油环管的冲洗汽源。

　　机组检修或重油泵停用时间较长时，为防止重油在管道中凝固，必须对重油每个角的进回油管道、重油进回油环管及重油进回油母管进行蒸汽冲洗，使管道中的剩余重油冲入重油箱。重油冲洗操作按"重油冲洗操作卡"进行。

　　2. 重油系统的启停

　　重油层启动条件逻辑，如图 3-23 所示。

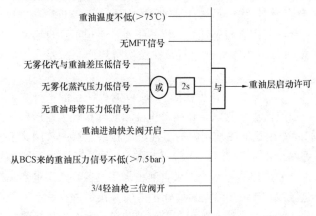

图 3-23　重油层启动许可逻辑图

　　通知油泵房准备启动重油泵，在 CRT 上启动重油泵 A 或 B。得到油泵房重油泵启动正常的回复，通过 CRTFM 画面操作站调节重油压力，建立重油系统大循环。重油进行大循环时，重油温度应保持在 80～90℃。重油枪投入前通知油泵房将重油温度提高至 140℃ 以上（投重油加热器），并保持稳定。调整重油压力与雾化蒸汽压差为 2bar 左右或将雾化蒸汽压差控制器投自动。当重油层启动条件许可，此时同一层轻油有 3/4 的三位阀被确认在运行时，则值班员在 CRTFMG2 画面启动该层重油枪，即开始 75s 的重油层启动，其启动顺序为 1、3、2、4 号角。启动结束，若有 3/4 重油枪三位阀被确认开启，则该层重油启动成功，对应油风挡板开至重油点火位置（跟随油压进行自动控制）。重油枪投入运行后，应调整重油压力与雾化蒸汽压差大于 1.5bar。当压差＜0.3bar 时，所有重油枪将跳闸。重油系统正常运行时，一般应控制重油压力为 8.0bar 左右，当重油压力低于 3.4bar 时报警，低于 3.0bar，所有重油枪跳闸。

　　重油枪需正常停用时，应确认该层轻油枪运行正常，此时操作员只须在 CRTFMG2 画面操作窗上按 "STOP" 钮，则重油层自动按 1、3、2、4 号角顺序停用，并进行 5min 的自动吹扫。吹扫完毕，重油枪自动退出。若运行中，重油层为非正常停用或无 3/4 轻油枪在运行，则重油枪不进行自动吹扫，且不会自动退出。当发生重油某一角跳闸时，该三位阀自动关闭，若需进行吹扫，必须有轻油层在运行或相邻两台给煤机在运行。此时操作员将就地切换开关切至"吹扫"位置，重油枪将进行 5min 吹扫，吹扫完毕，三位阀自动关闭，油枪自动退出。

每根轻、重油枪均设有就地切换开关，它有三个切换位置：关位置、遥控位置、吹扫位置，使油枪可以处在三种不同的运行状况。

（1）关位置：这时油枪退出运行与 BMS 控制系统隔离，不能由控制室遥控操作及 BMS 控制系统自动操作。在这个位置时可对油枪进行清洗维护。

（2）遥控位置：油枪由 BMS 系统控制，这是正常运行位置。

（3）吹扫位置：当切换到此位置时，油枪将开始进行 5min 吹扫，这时三位阀处于吹扫位置，空气（蒸汽）进入油枪油侧以清扫油枪通道，5min 吹扫周期结束，三位阀自动关闭，油枪自动退出。

四、轻重油泄漏试验

在锅炉启动之前必须进行轻重油系统的泄漏试验，泄漏试验合格后才允许启动锅炉。其目的是检查确认从轻重油快关阀至轻重油三位阀之间的管道、阀门及所有三位阀是否严密，防止油系统停用时油外泄或泄漏到炉膛，确保炉膛安全，不产生爆炸。在进行轻重油系统泄漏试验前，必须满足轻重油系统泄漏试验的条件。当轻重油泄漏试验条件全部满足后，在 CRTFMG1 画面"轻重油泄漏试验"操作站按"START"钮，轻重油泄漏试验同时自动进行。

1. 轻油泄漏试验

轻油泄漏试验允许逻辑，如图 3-24 所示。

轻油泄漏试验共 12min，分两步进行，首先是检验所有的轻油三位阀及管道阀门是否有泄漏；然后是检验轻油快关阀是否有泄漏。当试验开始时，首先开启轻油快关阀，关闭疏油阀。当轻重油母管压力≥10bar，延时 5s 关闭快关阀，注油结束。保持 5min 后，若轻油母管压力仍≥10bar，则疏油阀自动开启，轻油母管泄压。当压力低至跳闸值，疏油阀自动关闭。若 5min 后轻油母管压力仍低于跳闸值，则轻油泄漏试验成功。若泄漏试验时间已到，试验不成功，或泄漏试验允许条件在试验过程中失去，则 CRT 上会出现"轻油泄漏试验失败"信号。此时轻重油泄漏试验必须重做，直到成功为止。

2. 重油泄漏试验

重油泄漏试验允许逻辑，如图 3-25 所示。

图 3-24　轻油泄漏试验允许逻辑图　　　图 3-25　重油泄漏试验允许逻辑图

重油泄漏试验共 12min，分两步进行，首先是检验所有的重油三位阀及管道阀门是否有泄漏；然后是检验重油快关阀是否有泄漏。当试验开始时，首先开启重油快关阀，关闭重油回油快关阀。当重油母管压力≥10bar 延时 5s 关闭快关阀，注油结束。保持 5min 后，若重油母管压力仍≥10bar，则重油回油快关阀自动开启，重油母管泄压。当压力低至跳闸值，重油回油快关阀自动关闭。若5min后重油母管压力仍低于跳闸值，则重油泄漏试验成功。若泄漏试验时间已到，试验不成功，或泄漏试验允许条件在试验过程中失去，则CRT上会出现"重油泄漏试验失败"信号。此时轻重油泄漏试验必须重做，直到成功为止。

当轻重油泄漏试验均成功时，则在CRT上会出现"泄漏试验成功"信号。在进行泄漏试验时，应检查轻重油系统管道和阀门及油枪是否泄漏。发现泄漏时，应及时隔绝，必要时停止油循环，且作详细记录，并及时联系检修人员处理。若泄漏试验不成功时，应进行分析，检查有关阀门限位开关是否到位、油压是否满足条件等。若系热工信号引起，则应及时联系热工人员处理。

五、轻重油枪在运行中的注意事项

(1) 轻重油枪在投用前应保持清洁、不阻塞。正常运行应保持备用状态，并定期请检修人员进行清理，使油枪运行时雾化良好。

(2) 投用时应注意观察油枪着火良好，避免由于燃烧和雾化不良导致油雾带入尾部受热面和重油落入冷灰斗，从而造成尾部烟道二次再燃烧、锅炉爆燃事故。因此，如发现这种情况应立即停止该燃烧器运行，必要时关闭油枪进油手动阀。

(3) 启动轻、重油枪时，操作员应在现场检查油枪运行情况，并及时和值班员联系。

(4) 轻、重油枪停用时应进行吹扫，如遇紧急停炉后短时期内不能重新启动时，应请检修人员清理油枪。

(5) 在炉膛内无火焰、没有轻油枪运行的情况下，禁止将重油向炉膛吹扫。

(6) 每周一次，对一周来没有点燃过的锅炉轻油枪进行试点火。为节油，试验后应及时退出油枪。通过试验若发现有缺陷，应及时联系检修人员消缺。

思 考 题

1. 直吹式制粉系统有何特点？

2. 制粉系统有哪些主要设备？并叙述系统流程。

3. HP943型碗式中速磨煤机的结构及制粉原理。

4. 磨煤机启动前和启动后就地检查内容有哪些？

5. 给煤机就地控制箱有哪些按钮？如何操作？

6. 密封风机的作用是什么？

7. 密封风机风源取自哪里？

8. 给煤机密封风取自哪里？

9. 磨煤机密封风主要作用。

10. 给煤机巡检注意事项。

11. 磨煤机巡检注意事项。

12. 一次风机巡检注意事项。

13. 磨煤机检修措施有哪些？

14. 一次风机启动条件有哪些？

15. 一次风机跳闸条件有哪些？

16. 磨煤机启动条件有哪些？

17. 磨煤机跳闸条件有哪些？

18. 给煤机跳闸条件有哪些？

19. 锅炉烟囱冒黑烟的主要原因及防范措施。

20. 运行中影响燃烧经济性的因素有哪些？

21. 磨煤机温度异常及着火后应如何处理？

22. 煤粉为什么有爆炸的可能性？它的爆炸性与哪些因素有关？

23. 如何防止制粉系统爆炸？

24. 锅炉 MFT 后联跳制粉系统里的哪些设备？

25. 磨煤机冷、热风门如何控制？

26. 煤粉挥发分高低对着火的影响。

27. 磨煤机石子煤排量大的原因。

28. 制粉系统漏粉的危害。

29. 一次风机热风管道漏风危害。

30. 给煤机堵煤原因和防范措施。

31. 燃烧器层如何布置？有哪些主要设备？

32. 在煤粉喷嘴周围设置周界风有何优点？

33. 为保证煤粉气流能稳定着火燃烧，燃烧器设计布置上采取了哪些措施？

34. 锅炉低负荷运行如何进行燃烧调整？

35. 磨煤机密封风压力低，如何处理？

36. 简述风烟系统的流程。

37. 风烟系统作用是什么？主要用户有哪些？

38. 什么是过剩空气系数？对燃烧的影响如何？

39. 如何防止风机喘振、喘振后如何处理？

40. 风机失速的原因、现象及处理。

41. 风机单侧隔离操作要领是什么？

42. 风机连锁保护内容有哪些？

43. 引风机启动时检查内容有哪些？

44. 引风机检修需哪些措施？

45. 火监冷却风机投运前检查，启停切换及注意事项。

46. 暖风器管路振动大的原因及危害。

47. 炉膛吹扫条件。

48. 送风机启动条件有哪些？

49. 送风机跳闸条件有哪些？

50. 引风机启动条件有哪些？

51. 引风机跳闸条件有哪些？

52. 空气预热器二次燃烧的现象、原因及处理。

53. 漏风对锅炉运行的经济性有何影响？

54. 锅炉运行中一台送风机正常运行，另一台送风机检修结束后并列过程中应注意哪些事项？

55. 简述引风机跳闸后，锅炉 RB 动作过程。

56. 轻油系统主要流程？包括哪些主要设备？

57. 重油系统主要流程？包括哪些主要设备？

58. 轻重油系统主要作用是什么？

59. 轻重油系统主要巡检项目有哪些？

60. 轻重油系统主要阀门位置？

61. 轻重油泄漏试验的目的是什么？

62. 轻重油泄漏试验如何进行？

63. 锅炉投油运行的注意事项有哪些？

第四章

补 给 水 系 统

第一节 凝结水及补水系统

物质由汽态变为液态的现象称为液化，通常液化有两种方式：压缩和凝结。压缩是在一定条件下，通过对汽态物质压缩，使其液化；凝结是汽态物质遇到冷物体时放热凝结为液体的现象。

凝结水及补水系统的主要功能是将凝汽器（空冷机组称排汽装置）热井中的凝结水由凝结水泵送出，经凝结水精处理装置、轴封加热器、低压加热器输送至除氧器，期间由轴封加热器、低压加热器及除氧器对凝结水进行加热，由除氧器进行除氧，由凝结水精处理装置进行化学处理。

凝结水系统一般由凝结水泵、轴封加热器、低压加热器、除氧器等主要设备及其连接管道组成。大容量高参数机组由于其锅炉对给水品质要求很高，所以在凝结水泵后设有凝结水精除盐装置。凝结水系统还包括由凝补水泵和凝补水箱等组成的凝补水系统。

一、凝补水系统

由于机组热力循环系统庞大，多少存在着汽水泄漏损失和由于锅炉蒸汽吹灰和排污引起的正常汽水消耗，凝补水系统就是给机组热力系统补水用的。化学制成的除盐水由除盐水泵通过凝补水箱补水调整门送入凝补水箱，补水调整门前有隔绝门，可用于隔绝检修。

该电厂 2×600 MW 超临界机组凝补水箱容量为 500t，水箱上有水位开关，当凝补水箱水位低（<7500mm）时，补水调整门自动打开；当凝补水箱水位高（>7500mm）时，补水调整门自动关闭。1、2号机组只要有1台机组的凝补水箱水位低（<6000mm），化学除盐水泵应自启动进行补水；当2台机组的凝补水箱水位均高（>7500mm）时，化学除盐水泵应自停。若遇凝补水箱水位自动调节失灵时，凝补水箱补水可以由运行人员手动操作进行。机组正常运行时，值班员必须加强对凝补水箱水位的监视，需补水或停止补水时应及时与化学运行人员联系。另外，1、2号机组值班员也应加强联系，以防止除盐水泵憋压或凝补水箱大量溢水。凝补水箱上设有水位低报警。当凝补水箱水位高至7500mm时，除盐水通过凝补水箱溢流管溢流至排放系统。凝补水箱底部设有手动放水门，作为检修放水，放水至排放系统。

凝补水箱的水由3台凝补水泵（A、B、C）通过凝汽器正常补水或紧急补水系统向凝汽器补水；同时也作为闭冷水箱的正常补水水源。3台凝补水泵为二大（A、B）一小（C），2台大泵出口流量为240t/h，出口压力为3.6bar；一台小泵出口流量为72t/h，出口压力为2bar。机组正常运行时用凝补水泵C（包括闭冷水系统稳压水箱正常补水），在机组启动时或事故情况下凝汽器需要大量进水时用凝补水泵A、B。3台凝补水泵都设有入口隔绝门、再循环门、出口逆止门和出口隔绝门，出口并入凝补水母管供凝补水用户。

二、凝结水系统流程

凝结水系统流程如下所示。

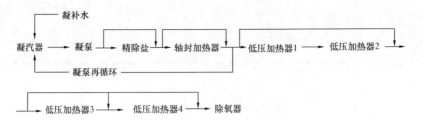

汽轮机和给水泵汽轮机 A、B 的排汽经凝汽器凝结成凝结水，凝结水通过凝泵入口门、入口滤网，经凝泵升压，进入凝结水母管，再经化学精除盐装置进行除盐处理，处理后送到轴封加热器，轴封加热器出口的凝结水母管上有两个接口，分别为凝结水泵再循环和凝汽器正常溢流，然后凝结水分别经过 1、2、3、4 号低压加热器，1、2 号低压加热器共用一个旁路，3、4 号低压加热器设有单独旁路。最后进入除氧器，凝结水在除氧头内完成加热除氧后进入除氧器水箱。

三、凝结水系统的主要设备及主要用户

（1）凝结水系统主要设备包括：

1）凝汽器；

2）凝结水泵；

3）精除盐装置；

4）轴封加热器；

5）低压加热器；

6）除氧器（有关内容在给水系统中介绍）。

（2）凝结水系统的主要用户包括：

1）真空破坏门注水；

2）凝结水泵自密封水；

3）凝汽器扩容箱减温水；

4）低压旁路减温水；

5）辅汽用户减温水；

6）轴封减温水；

7）汽轮机大气扩容箱减温水；

8）给水泵 A、B、C 密封水；

9）低压缸喷水。

汽轮机在启动、空载和低负荷运行时，由于蒸汽通流量很小，不足以带走叶轮摩擦、鼓风损失产生的热量，这些热量会使排汽温度升高，引起低压缸较大的热变形，破坏汽轮机动、静部分中心线的一致性，严重时会引起机组振动或其他事故。所以大容量机组的低压缸都设有低压缸喷水降温装置。低压缸喷水阀为 DCS 控制，在汽轮机转速大于 1500r/min 时自动打开；当机组负荷达到 60MW 时自动关闭。

四、凝结水系统特点

（1）设有两台容量为 100% 的凝结水泵，一用一备。凝结水泵 A 为变频，凝结水泵 B 为工频备用泵。当凝结水泵 A 故障或凝结水泵变频器两组以上故障时，凝结水泵 A 跳闸，备用泵 B 自启动。

（2）低压加热器设置旁路。旁路的作用是：当某台加热器故障解列或停运时，凝结水可通过加热器旁路进入除氧器，不因加热器故障而影响整个机组正常运行。每台加热器均设一个旁路，称为小旁路；两台及以上加热器共设一个旁路，称为大旁路。该电厂 1、2 号低压加热器为大旁路，3、4 号低压加热器为小旁路。大旁路具有系统简单、阀门少、节省投资等优点，但是当一台加热器故障时，该旁路中的其余加热器也随之解列停运，凝结水温度下降幅度较大，这不仅降低机组运行的经济性，而且使除氧器进水温度降低，除氧效果变差；小旁路的特点与大旁路恰恰相反。

（3）设置凝结水最小流量再循环。再循环的作用是：在机组调试和启动凝结水泵时，防止凝结水泵在启动或低负荷时，由于除氧器上水流量低而导致凝泵发生汽蚀。

（4）为防止由于凝汽器钛管泄漏或其他原因造成凝结水中含有盐质固形物，在凝结水泵之后设置一套凝结水精除盐装置，以控制凝结水溶解固形物的浓度。

（5）在凝汽器热井底部、4 号低压加热器出口管道上、除氧器水箱底部都接有排放至循环水出水管的支管，以便在机组投运前，冲洗凝结水管道时，将不合格的凝结水及时排出。

（6）补充水（化学除盐水）通过凝汽器正常补水调整门、凝汽器紧急补水调整门进入凝汽器，以补充热力循环过程中的汽水损失。

五、凝汽器

1. 凝汽器的作用

（1）在汽轮机排汽口建立并维持一定的真空。

（2）将汽轮机的排汽凝结成洁净的凝结水，回收再用。

（3）凝汽器起到除掉凝结水中氧气的作用，以减少氧气对主凝结水管路的腐蚀。

2. 凝汽器扩容箱

凝汽器扩容箱有两个，是个立式的圆柱形容器，附设在凝汽器壳体外，凝汽器两侧（机头侧、机尾侧）各一个。将某些蒸汽管道在机组启、停时的疏水扩容减压降温，以回收工质。

管道疏水进入凝汽器扩容箱扩容膨胀减压，经喷水降温，扩容后的蒸汽从该扩容器的顶部送入凝汽器颈部回收，疏水从该扩容器底部经"U"形密封管送入凝汽器底部进行回收。用来喷水降温的冷却水是用专门的雾化喷嘴喷入的凝结水。

3. 凝汽器热井

凝汽器热井是收集凝结水的设备。本机组凝汽器热井为矩形，正常水位时容积为 109.7m³。热井水位过高会淹没冷却水钛管，既减少了蒸汽的换热面积，又使凝结水产生过冷，还会影响真空，若凝结水水位超过抽气口，还会导致凝汽器真空急剧恶化。若凝结水水位过低，会威胁凝结水泵的运行安全，造成凝结水中断。因此凝汽器热井水位控制在机组正常运行中很重要。

4. 凝汽器的工作原理

凝汽器中真空的形成主要原因是汽轮机的排汽被冷却凝结成水，其比容急剧减少。如蒸汽在绝对压力为 4kPa 时蒸汽的体积比水大 3 万多倍，当排汽凝结成水，体积大为缩小，这样就在凝汽器中形成了真空。

5. 几个基本概念

凝汽器的温升：是指凝汽器循环水出水温度与循环水进水温度的差值。

凝汽器的端差：是指凝汽器的排汽压力对应的饱和温度与循环水的出水温度的差值。

凝汽器的过冷度：是指凝汽器排汽压力下的饱和温度与凝结水温度的差值。

6. 凝结水过冷的危害

凝结水的过冷度就是凝结水温度低于汽轮机的排汽压力下的饱和温度的值。凝结水有过冷却现象时说明凝汽设备工作不正常。由于凝结水的过冷却必然增加锅炉的燃料量，使机组经济性降低。此外，凝结水的过冷却还使凝结水中的含氧量增加，加剧热力设备和管道的腐蚀，降低了机组运行的安全性。

7. 凝结水过冷却的原因

(1) 凝汽器汽侧积有空气，使蒸汽分压力降低，从而使凝结水温度降低。

(2) 运行中凝汽器水位过高，淹没了一些冷却水管，形成了过冷却。

(3) 凝汽器冷却水管排列不佳或布置过密，使凝结水在冷却水管外形成一层水膜。此水膜外层温度接近或等于冷却水温度。当水膜变厚下垂成水滴时，此时的水滴温度是水膜的平均温度，它显然低于饱和温度，从而产生过冷却。

(4) 在环境温度低且机组负荷低时，如果冷却水量大，也可能产生过冷却。

8. 凝结水水质要求

凝泵出口铁>200μg/L 时，精除盐不投用，凝结水走旁路运行；<200μg/L 时投用精除盐装置。

除氧器出口铁>200μg/L 时，水质不合格，应排放；<200μg/L 后回收至凝汽器；且<200μg/L 时允许启动给水泵，锅炉进水。

在机组启动期间，凝结水系统的取样分析由化学专业人员根据实际情况进行；机组正常运行时，同样由化学专业人员每 24h 取样分析一次。

机组正常运行时凝结水水质控制标准：$Na \leqslant 1μg/L$、$SiO_2 \leqslant 5μg/L$、$Fe \leqslant 5μg/L$。

六、凝结水泵

凝结水泵是将凝汽器热井中的凝结水输送至除氧器。凝结水在输送的过程中，还将经过精除盐处理，除去阴、阳离子后再进入低压加热器。

本机组凝结水泵的主要性能参数如下：

额定流量：$1571m^3/h$；

额定设计扬程：$312mH_2O$；

额定转速：1491r/min；

设计水温：33℃；

效率：81.5%；

最小流量：$400m^3/h$ 连续运行，$240m^3/h$ 短时运行；

电动机功率：1875kW（6kV）。

1. 凝结水泵的结构

本机组凝结水泵为立式沉箱式泵。整个泵体为垂直悬吊式，共四级叶轮，首级叶轮为双吸式，其余三级叶轮均为单吸式叶轮。

2. 凝结水泵的组成

叶轮：首级采用双吸式，其目的为了降低泵吸入口处的流速，使泵的必需汽蚀余量得以减小，有利于提高泵的抗汽蚀性能。为了使首级叶轮入口处的水流分布均匀，双吸叶轮两侧分别装有导流器。首级叶轮的排水，由环形通道进入次级叶轮。

泵轴与轴承：泵轴是不锈钢制造的，泵轴分两段制造，中间用套筒联轴器连接。电动机转子及凝结水泵的转轴的重量和凝结水泵所有叶轮产生的垂直向下的轴向推力，均由设在电动机上的轴向推力轴承承受。推力轴承为推力瓦型。凝结水泵的顶端轴承润滑、冷却由凝结水泵出口的凝结水经密封水滤网进入的，通过运行人员手动调整密封水回水门的开度，维持凝结水泵密封水压力为 4bar 左右。凝结水泵电动机侧的轴承是靠润滑油润滑、冷却的。

泵壳：首级叶轮泵壳组件包括叶轮上部和下部进水喇叭口，在两个喇叭口之间装设的双吸叶轮的中心线位于地面以下 4m 处。喇叭口内有整体铸造的导向叶片，下部喇叭口还包含一只径向轴承。泵的沉箱用碳钢制成，为圆筒形结构。

七、凝结水精除盐装置

凝结水精除盐装置是凝结水进入机组热力系统前的最后一道屏障，起到了过滤凝结水杂质、去除凝结水中各种离子的作用。为了确保给水品质，防止由于凝汽器钛管泄漏或其他原因造成凝结水中含有盐质固形物，在凝结水泵之后设置一套凝结水精除盐装置，以控制凝结水溶解固形物的浓度。精除盐装置有三台，机组正常运行时三台并联运行，进、出口管上各装有一只电动隔绝阀和电动旁路阀，在凝结水系统进水或机组正常运行中精除盐装置故障需切除时，旁路阀开启，进、出口阀关闭，凝结水走旁路。凝结水精除盐装置投入运行时，进、出口阀开启，旁路阀关闭。

凝结水精除盐装置投入的水质要求：①凝泵出口含铁量＞200μg/L 时，精除盐装置不投用，凝结水走旁路运行，凝结水系统进行外排冲洗；②凝泵出口含铁量＜200μg/L 时投用精除盐装置。

八、轴封加热器

轴封加热器又称为轴封冷却器，其作用是防止轴封蒸汽从汽轮机轴端逸至机房或漏入润滑油系统中，同时利用轴封排汽的热量加热主凝结水，其疏水至凝汽器，从而减少热量损失并回收工质。

本机组轴封加热器为卧式、U 形管结构，它由圆筒形壳体、U 形管管束及水室等部件组成，加热面积为 31m^2。水室上设有主凝结水进、出管。管束主要由隔板和若干根焊接并胀接在管板上的 U 形不锈钢管组成，其下部装有滚轮，使管束在壳体内可以自由膨胀，并便于检修时管束的抽出和装入。轴封加热器的容量不是 100％，而是 515t/h，相当于 36％额定凝结水量，所以，轴封加热器设有旁路。

主凝结水由水室进口流入 U 形管管束，在 U 形管束中吸热后，从水室出口流出轴封加热器。汽—气混合物出口与轴加风机入口相连，轴加风机的抽吸作用使轴封加热器汽侧形成微真空状态，汽—气混合物由进口管被吸入壳体，在管束外经隔板形成的通道迂回流动，蒸汽放热凝结成水，疏水经 U 形水封管进入凝汽器，残余蒸汽与空气的混合物由轴加风机排入大气。

在运行中，如果轴封加热器故障，可以通过轴封加热器的进、出水门进行隔绝，水侧隔绝后，将两台轴加风机一起投用，汽侧不停，即在没有冷却水的情况下，轴加风机不会损坏，且能保证轴封系统正常运行。

九、低压加热器

加热器是电厂的重要辅机，加热器的正常投运与否对机组的安全、经济、满发影响很大。机组实际运行的热经济性，当然决定于设计和制造，但更重要的是实际运行工况。一般高压加热器发生故障的较多，高压加热器不投入运行将会使机组煤耗增加。对直流锅炉来讲，由于给水温度下降，若要维持锅炉蒸发量不变，势必增加燃煤量而使单位面积热负荷上升，有可能导致传热恶化，导致锅炉水冷壁超温结焦，甚至发生爆管事故。低压加热器的停用会使汽轮机末几级叶片的蒸汽通流量增大而导致浸蚀加剧。在低压加热器停用时若要维持机组出力不变，则停用的抽汽口以后的各级叶片、隔板及轴向推力都可能过负荷，为保证机组安全，机组只能被迫降低出力运行。

本机组低压加热器有四个，串联运行，按凝结水走向的先后次序分为 1、2、3、4 号低压加热器，所用抽汽均从中、低压缸抽出，分别为一、二、三、四级抽汽。四个低压加热器加热面积分别为：1 号加热器加热面积 1688m^2，2 号加热器加热面积 1340m^2，3 号加热器加热面积 1270m^2，4 号加热器加热面积 916m^2。

低压加热器和高压加热器一样，全部采用不锈钢管子。

1、2号低压加热器为一个单元，共用一个旁路门，不能单独隔绝，3、4号低压加热器分别为独立单元。低压加热器运行时，由于水侧压力高于汽侧压力，当水侧的管子破裂时，凝结水迅速进入低加汽侧，甚至进入汽轮机，发生水冲击事故。任一低压加热器水位大于＋38mm，BTG光字牌"任一加热器水位高"报警，其紧急疏水调整门打开；任一低压加热器水位大于＋88mm，该低压加热器CRT水位高高报警，低压加热器切旁路运行，低压加热器抽汽门及抽汽逆止门关闭，由于1、2号低压加热器都没有抽汽门及抽汽逆止门，所以当1、2号低压加热器任一高高水位时，只切旁路。另外，3、4号低压加热器设有汽侧安全门，以防运行中超压。

低压加热器的疏水通过疏水调整门逐级自流（顺序为：4号低压加热器→3号低压加热器→2号低压加热器→1号低压加热器），最后流入凝汽器。每一只低压加热器都设有紧急疏水调整门，直接与凝汽器相连，机组在事故或水位调节特性不好的情况下，低压加热器疏水直接流入凝汽器。

低压加热器的排气则分别独立排入凝汽器。

十、有关泵、阀门的控制逻辑

（1）凝补水泵自启动逻辑（以A泵为例），如图4-1所示。

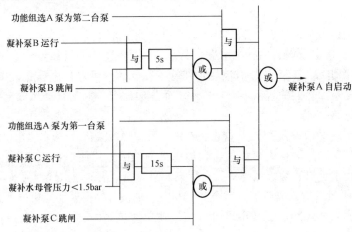

图 4-1　凝补泵 A 自启动逻辑图

（2）凝结水泵跳闸逻辑，如图 4-2 所示。

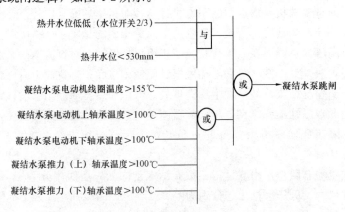

图 4-2　凝结水泵跳闸逻辑图

（3）凝结水泵再循环及补水调整门。

凝水流量＞400t/h——凝结水泵再循环门（CD020）开启

凝水流量＜400t/h——凝结水泵再循环门（CD020）关闭

热井水位＜1125mm——正常补水调整门（CD022）开启

热井水位＜1425mm——正常补水调整门（CD022）关闭

热井水位＜850mm——紧急补水调整门（CD021）开启

热井水位＞950mm——紧急补水调整门（CD021）关闭

（4）低压缸喷水阀开关逻辑，如图4-3所示。

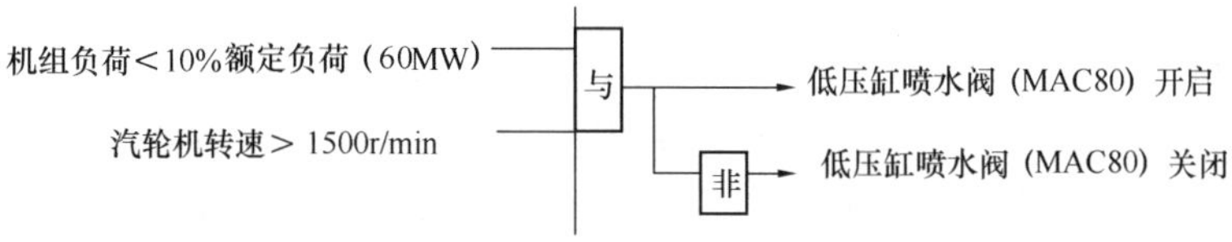

图4-3　低压缸喷水阀开关逻辑图

（5）低压加热器旁路门开关逻辑，如图4-4、图4-5所示。

图4-4　低压缸喷水阀自动关逻辑图　　图4-5　低压缸喷水阀自动开启逻辑图

十一、凝结水系统启停及运行

1. 启动前的准备

（1）确认凝结水系统有关连锁保护及电动门、气控门均校验正常。

（2）按凝结水系统检查卡检查操作完毕。

（3）确认循环水系统、闭冷水系统、仪用气系统等有关系统均已建立。

（4）凝补水箱补水调整门投入自动，联系化学人员将除盐水泵投入自动或手动启、停，凝补水箱补水至正常水位。

（5）启动凝补水泵A或B，检查其声音、振动、油杯油位、轴承温度等均正常；机组正常运行后，只保持凝补水泵C运行，凝补水泵A/B作备用，定期试验启动。

（6）凝汽器正常补水、紧急补水调整门投入自动，凝汽器进水至正常水位。凝结水泵坑排水泵投入自动。

（7）确认凝结水泵及电动机的冷却水正常，电动机轴承油位正常，油质良好。

（8）检查凝结水泵密封水入口门全开，密封水回水门调节，密封水滤网投一组，另一组作备用，密封水进水总门开半圈左右。

（9）确认凝结水泵进口门全开，凝结水泵再循环调整门自动全开，凝结水精除盐装置走旁路，凝结水泵进口滤网差压无报警。

（10）确认凝汽器水位正常，约1400mm，除氧器水位调整门手动关闭。

2. 凝结水泵的启动

（1）正常情况下，采用凝结水泵A变频运行方式，凝结水泵B作备用，凝结水泵B仅每月例行试验启动。

（2）确认凝结水泵 A 启动许可条件满足，凝结水泵 A 变频器闸刀 QS1、QS2 在合闸位置，QS3 在分闸位置，变频器无报警，"READY" 和 "REMOTEMODE" 指示灯亮，确认凝结水泵 A 变频控制输出置 80％。

（3）初次启动凝结水泵时，将准备启动的凝结水泵出水门开 10％ 左右闭锁，备用凝结水泵放 "闭锁"。

（4）联系化学后，先合凝结水泵 A 6kV 开关，再启动凝结水泵 A 变频器，检查凝结水泵转动，监视启动电流及返回时间正常，电流不超限，变频器输出频率稳步上升至 40Hz。

（5）就地调节凝结水泵密封水总门，使密封水压力在 2～5bar。

（6）凝结水压力上升到 10bar 左右时，将凝结水泵出水门解锁开足。

（7）当凝结水压力大于 18bar 后，将备用凝结水泵解锁，投备用。

（8）根据需要，调节除氧器上水调整门，向除氧器进水。注意凝结水泵电流、凝结水流量、凝结水压力及凝汽器水位等正常。

（9）当凝结水流量大于 400t/h，注意凝结水泵再循环调整门自动关闭。

（10）机组启、停过程中，应手动将凝结水泵 A 变频控制输出置 100％，通过除氧器水位调门来调节除氧器水位，机组负荷为 240MW 以上时，可将凝结水泵 A 变频控制投入自动，注意监视凝结水出口压力、除氧器水位、凝结水泵及变频装置等报警信息。

（11）变频投入自动前，须先调整好除氧器水位，使之接近自动设定值，再将除氧器水位投入自动；然后手动调整变频指令，除氧器调整门开大的同时保持除氧器水位稳定，使凝结水出口压力控制值接近 2.15MPa，最后将变频凝结水泵投入自动。

（12）若正常运行中凝结水泵 A 变频器发生故障必须停用，此时可先启动凝结水泵 B，然后停用凝结水泵 A，需要注意的是，凝结水泵 A 在变频方式下不会自启动，所以变频器若短时间不能恢复运行，则应将凝结水泵 A 变频器闸刀 QS1、QS2 断开，QS3 合上，将凝结水泵 A 切换至工频运行方式，此时凝结水泵 A 作工频备用。

（13）凝结水泵 A 变频器检修结束后，应尽快恢复到凝结水泵 A 变频运行，凝结水泵 B 备用的运行方式。

3. 凝结水泵的运行监视

（1）运行凝结水泵若有明显不正常异声或撞击声，振动明显增大，应立即启动备用凝结水泵，停用原运行泵。

（2）凝结水泵电流不超限。

（3）凝结水系统正常时，凝结水流量＞400t/h，凝结水压力＞18bar。若凝结水母管压力＜18bar，检查备用凝结水泵自启动，若自启动失败，应立即手动启动。

（4）凝结水泵密封水压力为 2～5bar，轧兰不发烫，不冒烟。

（5）凝结水泵推力轴承温度和电动机轴承温度＜90℃，电动机线圈温度＜150℃；若温度超限，凝结水泵应自停，备用泵自启动，如自动未停，应立即手动启动备用凝结水泵，停用原运行泵。

（6）凝结水泵变频小室空调、风机运行正常，环境温度在 25～30℃，变频器无报警，若发现变频器有报警，应及时通知检修处理。

（7）凝汽器水位自动控制正常，水位在 850～1400mm。若水位不正常变化，应及时分析、处理，若水位低于 530mm，凝结水泵应自停，如自动未停，应立即手动停用。

（8）凝结水泵进口滤网差压正常，若差压大应报警，立即启动备用凝结水泵，停用、隔绝原运行凝结水泵。联系检修立即清洗滤网，清洗完毕，恢复到凝结水泵 A 变频运行，凝结水泵 B

备用的运行方式。

4. 凝结水泵的停用

（1）若备用泵切换，应先启动备用凝结水泵正常后，凝结水压力达 35bar 左右，方可停用原运行泵，注意凝结水压力正常。

（2）若需停用凝结水系统，应先确认无凝结水用户且除氧器温度＜60℃，方可停用凝结水泵。

（3）停用凝结水泵时，先停凝结水泵变频器，再断开凝结水泵 6kV 开关。

（4）凝结水泵停用后，检查泵不倒转，电动机电加热器自动投入。

（5）机组正常运行时，隔绝凝结水泵，应将其进/出口门、空气门均关闭，再关闭密封水门，注意机组真空变化及另一台凝结水泵工作情况。

（6）确认系统不需要凝补水，可停用凝补水泵。

（7）若凝补水箱需隔绝，应注意联系化学隔绝除盐水泵。

5. 低压加热器投、停

1、2、3、4 号低压加热器随机启、停，滑参数运行。

低压加热器的运行注意事项为：

（1）应经常注意加热器水位变化，防止高水位或无水位运行。若水位自动调节失灵，应切手动调节，并联系热工处理。

（2）应注意加热器进汽压力、温度和加热器出水温度、疏水温度等正常，与机组负荷相适应。

（3）检查加热器及其抽汽管道、疏水管道等无泄漏、无振动、无冲击现象。

（4）应经常监视和核对加热器的疏水端差（加热器的饱和温度和加热器出口水温之差），低压加热器的疏水端差应在 5.5～11℃，发现端差增大时应分析原因，及时处理。

（5）注意核对机组负荷与加热器疏水调整门开度的关系，若负荷一定，而疏水调整门开度增大时，则加热器钢管可能有泄漏。

（6）若加热器水位达到保护值，应检查保护动作正常，分析水位波动的原因，及时进行处理，并确认加热器钢管无泄漏。

十二、凝结水系统的故障处理

1. 凝结水泵汽化

（1）现象。

凝结水泵入口处发出噪声，同时凝结水泵入口的真空表、出口的压力表、流量表和电流表摆动下降。凝结水流量下降，除氧器水位下降。备用凝结水泵可能自启动。

（2）原因。

1）凝汽器热井水位低；

2）凝结水泵入口真空快速提高；

3）凝结水泵入口漏入空气；

4）凝结水入口滤网堵；

5）凝结水密封水中断。

（3）处理。

1）如果是凝汽器热井水位低，应立即加大凝汽器的补水，尽快恢复凝汽器热井水位，此时最好应闭锁备用泵，尽量避免备用泵自启动。

2）如果是凝结水泵入口滤网堵造成凝结水汽化出力不足，应启动备用凝结水泵，停止原运行泵。注意检查凝结水泵出力是否正常。监视调整好凝汽器及除氧器水位。

3）如果是凝结水密封水中断，应立即恢复凝结水泵密封水，同时检查凝结水泵是否能恢复正常，如无法恢复，应启动备用泵，停故障泵。

4）如凝结水泵入口真空快速升高引起凝结水泵汽化，应减缓凝结水泵入口真空的变化，观察凝结水泵的运行情况，如无法恢复正常，应启动备用泵，停故障泵。空冷机组在调节风机转速时，应缓慢进行，不应全部风机均大幅度提高转速，以免造成凝结水泵汽化。

2. 运行凝结水泵 A 跳闸

（1）现象。

光字牌"凝结水泵 A 跳闸"报警；凝结水压力、流量快速下降；B 凝结水泵可能自启动。

（2）处理。

1）A 凝结水泵跳闸，首先应检查备用凝结水泵 B 自启动，否则立即手启，如 B 凝结水泵启动不成功，检查 A 凝结水泵无明显故障，可强行再启动一次 A 凝结水泵。

2）备用凝结水泵 B 自启动成功，检查其电流正常，出口门联动开启，凝结水压力正常。检查凝结水泵 A 出口门已连锁关闭，无倒转现象。

3）检查凝汽器、除氧器水位正常，若凝汽器水位高，可开大除氧器上水调门向除氧器上水，同时通知化学人员检查凝结水精处理运行是否正常。

4）如两台凝结水泵均无法启动时，机组应自动 MFT（给水泵失去密封水跳闸，5s 延时），否则应手动 MFT。

3. 凝结水泵再循环门自动误开

（1）现象。

1）凝结水泵出口压力下降，备用凝结水泵 B 自启动；

2）除氧器水位调整门开度自动增大。

（2）处理。

1）及时发现凝结水泵再循环门（CD020）误开，备用凝结水泵 B 自启动。

2）除氧器水位控制切手动控制；

3）派操作员就地检查确认，并关闭凝结水泵再循环调整门进口门（CD055）；

4）及时停用备用凝结水泵 B；

5）通知检修，查找原因并及时消除故障。

第二节　给　水　系　统

一、给水系统概述

1. 给水系统概念及作用

给水系统是指从除氧器给水箱经前置泵、给水泵、高压加热器到锅炉省煤器前的全部给水管道，还包括给水泵的再循环水管道、各种用途的减温水管道以及管道附件等。

给水系统的作用主要是把除氧器内除氧水升压后，通过高压加热器加热后供给锅炉，提高机组的循环热效率；通过调整和改变锅炉的给水量，以满足机组负荷的需要；同时提供高压旁路减温水、过热器减温水及再热器减温水等。

2. 给水系统流程

给水系统包括除氧器、锅炉给水前置泵、锅炉给水泵（A、B、C），3 台高压加热器，锅炉给水总门（FW006）及锅炉给水调整门（FW004）。如图 4-6 所示。凝结水在除氧器内加热后，经除氧器底部流出（在此管上有给水取样门及加氨、联氨门）。然后分成三条支路，分别接至锅炉给水前置泵 A、B、C 上，前置泵进口装有前置泵进口门及进口滤网，分别用于相应泵的隔绝和过滤。前置泵的出口即是给水泵的进口。在给水系统中，有一路给水泵中间抽头通往再热器的喷水系统；给水母管上接有高压旁路喷水支路；给水经液压三通阀（FW003）后顺序进入六、七、八号加热器，八号高压加热器出口有液压阀（FW005），再经锅炉给水总门（FW006），在锅炉给水总门（FW006）后接有过热器喷水系统支路。最后给水经锅炉给水调整门（FW004）进入锅炉省煤器。

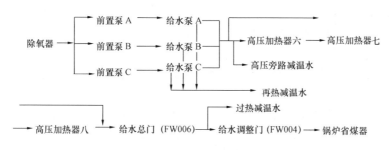

图 4-6　给水系统流程示意图

二、除氧器

任何气体，凡与水接触，必有一部分溶解于水中。锅炉的给水主要由凝结水和补给水组成。在化学补给水中含有大量的溶解气体（氧气和二氧化碳），凝结水中的空气则是由于在真空下工作的设备（如凝汽器、真空状态下运行的低压加热器及管道配件等）的不严密渗入的。如不采取措施，这些气体将随同给水进入给水系统。对电厂的安全、经济运行产生很大的影响。

除氧器是电厂回热系统中的一台混合式加热器。为了保证在各种工况下向锅炉稳定供水，除氧器下布置有一台储水箱——给水箱。电厂里习惯把除氧器和给水箱统称为除氧器。

除氧器的作用：除去溶解于锅炉给水中的氧气及其他气体，保证给水的品质；除氧器本身又是给水回热加热系统中的一个混合式加热器，起到加热给水，提高给水温度的作用；另外除氧器的安装高度可以确保在任何工况下给水泵不发生汽蚀。

1. 除氧器的型式及主要性能参数

本机组除氧器的型式及主要性能参数如下：

除氧器型式：卧式喷淋盘；

最高工作压力：1.202MPa；

最高工作温度：363.4℃；

额定出力：1900t/h；

进水温度：140℃；

出水温度：187℃；

给水箱总容积：280m³；

给水箱有效容积（正常水位）：235m³；

安全门动作值：1.4MPa。

2. 给水中氧气的危害

（1）腐蚀电厂的热力设备。在高温下氧气可以直接和金属发生发生化学反应。温度越高，其化学反应越激烈。因此水中含有溶解的氧气对锅炉的安全威胁很大，同时对汽轮机通流部分、汽水管道和回热系统的设备也将产生氧腐蚀损坏及结垢沉积。

（2）影响热交换的传热效果。热交换器中若有气体积聚，将会妨碍传热过程的进行，使设备的传热效果大大降低。

由此可见，及时地把锅炉给水中的气体清除掉，是保证电厂安全、经济运行的一项重要任务。除氧器就是完成该任务的设备，由于水中溶解气体危害最大的是氧气，所以在电厂内突出的是除氧问题，故把清除给水中的溶解气体的设备称作除氧器。

目前，大容量机组普遍采用二级除氧，即补充水进入凝汽器后，先由凝汽器进行一级除氧，以保护低压加热器及相应的管道及附件，然后给水进入除氧器，完成二级除氧。

3. 给水除氧的方法

给水除氧的方法有热力除氧和化学除氧两种。

（1）热力除氧原理。

热力除氧的原理是建立在亨利定律（气体溶解定律）和道尔顿定律（气体分压力定律）基础上的。

亨利定律指出：在一定温度下，当溶解于水中的气体与自水中的离析出的气体处于动平衡状态时，单位体积水中溶解的气体和水面上该气体的分压力成正比。在除氧器中，某气体在水中的溶解与离析处于动平衡时的分压力称为平衡压力。

道尔顿定律指出：如果水面上某气体的实际分压力小于水中溶解气体所对应的平衡压力，则该气体就会在不平衡压差的作用下，自水中离析出来，直至达到新的平衡为止。如果能从水面上完全清除掉该气体，使该气体的实际分压力为零，就可以把该气体从水中完全除去。

电厂的除氧器，是利用回热抽汽来加热给水。在给水温度提高的过程中，气体在水中的溶解度随温度的升高而降低；另一方面，水面上的水蒸气的分压力逐渐增加，在水面上的总压力不变的情况下水面上其他的气体分压力就相应降低。这两个原因都使溶于水中的气体析出。加热蒸汽最终把给水加热到除氧器压力下的饱和温度。在水沸腾状态下，水面上水蒸气的分压力增加到几乎等于液面上的总压力，这样其他气体的分压力几乎等于零，根据亨利定律，溶解于水中的氧气和其他气体将全部溢出。此时及时将水面上逸出的气体排走（即从排气口中排出），则除氧器内的给水就能达到除氧的目的。

（2）化学除氧原理。

化学除氧是利用某些易与氧发生化学反应的化学药剂，使之与水中溶解的氧气发生化学反应，生成对金属不产生腐蚀的物质而达到除氧的目的。药剂应具备反应迅速，药剂本身和反应产物对锅炉无害等条件。常用的化学除氧方法为联氨（N_2H_4）处理。

化学除氧法只能除去水中的氧，而不能除去水中的其他气体，同时生成的氧化物将增加给水中可溶性盐类的含量，且药剂价格昂贵。而热力除氧方法成本低，不但能除去水中溶解的氧气，还可除去水中的其他气体，且没有任何残留物质。对于超临界机组，由于对给水品质要求特别高，在热力除氧的基础上，化学除氧作为补充手段，这样加药量少，生成的盐类物质也少。

4. 除氧器的结构

除氧器的结构基本可分为淋水盘式和喷雾填料式两大类，目前，大容量机组普遍采用的是除氧效果好、负荷变化适应性强和结构较为轻巧的喷雾填料式（卧式布置）。

除氧器的热力除氧分为两个阶段：

布置在除氧器内的恒速喷嘴（148只）将水呈一个圆锥形水膜进入喷雾除氧段完成第一阶段除氧；除氧器在淋水盘箱上的布水槽钢（16层一层层交错布量）上完成第二阶段深度除氧。

5. 除氧器系统管道连接

进入除氧器的汽、气、水管道有五抽汽、辅汽、冷段再热蒸汽、主凝结水、ANB阀疏水、给水泵（A、B、C）再循环、前置泵（A/B）再循环、高压加热器疏水、高压加热器（六、七、八）排气管及除氧器自身放气。如图4-7所示。

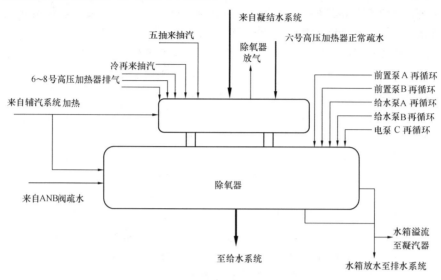

图 4-7　除氧器的实际连接管道示意图

（1）加热蒸汽：除氧器的加热蒸汽共有三路。一路来自汽轮机中压缸的五级抽汽，一路来自汽轮机高压缸排汽（冷段再热蒸汽），一路来自辅助蒸汽。三路蒸汽分别在不同工况下向除氧器供汽。

（2）轴封来汽：从高压缸二端高压侧轴封泄漏出来的轴封汽，接到五级抽汽管上，分别送到除氧器和给水泵汽轮机。

（3）主凝结水：凝结水被低压加热器加热后送入除氧器继续加热并除氧。凝结水首先进入除氧器左上方进水集箱，再分两路进入除氧器上部的两个独立进水室。

（4）锅炉汽水分离器来疏水：在直流锅炉启动初期，分离器疏水冲洗合格或锅炉低于35％MCR时，汽水分离器呈湿态运行，分离器疏水通过ANB阀进入除氧器。

（5）高压加热器疏水：高压加热器疏水采取逐级自流的方式，除了事故情况或加热器水位高疏水通过紧急疏水调整门去凝汽器外，在正常情况下都通过正常疏水调整门送往除氧器。

（6）空气：三只高压加热器的空气分别独立送入除氧器，和除氧器除氧过程中排出的不凝结气体一起，由设在除氧器顶部的八根排气管汇成一根排汽总管排出。

（7）给水：被除过氧的凝结水送入给水箱，称为给水。给水在给水箱下部排出，送往三只给水泵的前置泵再进入给水泵。经升压后再送往高压加热器。三只给水泵和前置泵A、B的出水管各接出一根再循环管以保证给水泵的水流量正常运行。五根再循环管都接到给水箱进行再循环。

（8）溢流和放水：当给水箱的水位高于3250mm，溢流门自动打开，将水放到凝汽器，直到恢复正常水位。当机组大小修除氧器停止运行需放水时，通过底部放水门放掉水箱内剩余的水到凝汽器或排放系统。

6. 除氧器的启停及运行

（1）除氧器的运行方式。

除氧器有定压运行和滑压运行两种运行方式。

1）定压运行。定压运行是指除氧器在运行过程中，其工作压力始终保持定值。这种运行方式要求供除氧器用汽的抽汽压力一般要高出除氧器工作压力，经抽汽管道上设置的压力自动调节器自动调节压力，保证机组负荷变化时使除氧器工作压力恒定不变。当然，这会造成蒸汽的节流损失。当机组在低负荷运行时，本级抽汽还不能满足除氧器运行要求，还需切换至较高压力的上一级抽汽，蒸汽节流损失更大。

2) 滑压运行。为保证机组的运行可靠性，提高经济性，现代大容量、高参数机组几乎全部采用滑参数运行方式，其除氧器也相应采用滑压运行。

滑压运行是指除氧器的运行压力不是恒定的，而是随着机组负荷与抽气压力的变化而变化。因此在除氧器正常工作汽源管道上不设压力调节器，从而避免了运行中蒸汽的节流损失。同时，滑压运行的除氧器能很好地作为一级回热加热器使用，使机组的经济性进一步提高。

在机组滑压运行中，除氧器的工作压力随着机组负荷的变化而变化，而除氧器内给水温度的变化总是滞后于其压力的变化。当机组负荷增大时，除氧器温度的升高跟不上压力的升高，给水温度不能及时达到饱和温度，致使除氧效果较差；当机组负荷降低时，给水温度的下降滞后于压力的降低，使给水的温度高于除氧器工作压力对应的饱和温度，这虽然使除氧效果变好，但容易使给水泵发生汽蚀。

在机组实际运行过程中，当机组启动正常运行后（一般负荷大于300MW），超临界机组现在普遍采用技术更为先进的给水加氧方式运行，就是利用给水中的高含氧在高温高压下与金属管内壁形成一层氧化保护膜，以阻止给水中氧化物的产生。采取给水泵前装设抗汽蚀的前置泵和提高除氧器的安装高度等措施，保证给水泵在机组降负荷时的安全运行。

(2) 除氧器投用前的准备。

1) 确认有关连锁、保护等校验正常。

2) 确认凝结水系统、辅助蒸汽系统等已投入运行。

3) 按给水系统检查卡检查操作完毕。

(3) 除氧器的投用。

1) 除氧器进水至正常水位后，根据情况投入除氧器水位自动调节。

2) 根据情况投入除氧器辅汽加热。将给水箱辅汽加热进汽调整门（ES041）和除氧器进汽调整门（ES028A/B）投自动，除氧器压力设定2bar，当凝结水流量小于25t/h，确认给水箱辅汽加热进汽门（ES030）自动打开；当凝结水流量大于25t/h时，确认给水箱辅汽加热进汽门（ES030）自动关闭，除氧器辅汽进汽门（ES065）自动打开或手动打开。一般情况下，不采用给水箱辅汽加热，除氧器辅汽加热需值班员手动调整。

3) 若需采用除氧器冷再进汽加热时，将除氧器冷再进汽门（ES034）送电并解锁，当除氧器压力小于2bar，检查除氧器冷再进汽门（ES034）自动打开，除氧器开始冷再汽加热。当冷再汽压力接近辅汽压力时，除氧器加热汽源同时有冷再汽和辅汽，应注意除氧器压力、水位正常，加热蒸汽管道无振动。为防止除氧器超压，除氧器冷段再热蒸汽加热禁止使用，机组正常运行时除氧器冷再进汽门（ES034）关闭、闭锁、拉电。

4) 当机组负荷大于20%MCR，除氧器加热自动切至五抽汽源（逻辑实现），检查除氧器五抽进汽门（ES013）和五抽进汽逆止门（ES014）在全开位置。当除氧器压力大于2bar，检查给水箱辅汽加热进汽调整门（ES041）和除氧器进汽调整门（ES028A/B）随压力设定自动关闭或手动关闭，除氧器进入滑压运行。

(4) 除氧器运行。

1) 应经常核对除氧器参数显示正确，监视除氧器的压力、温度、水位及进水流量等参数正常，运行工况与机组负荷相适应。

2) 除氧器无明显的振动。

3) 维持除氧器水位正常，在3000mm左右。若除氧器水位自动调节失灵，立即切至手动调节。若除氧器水位无法维持，出现高高水位时，应检查所有的进汽门均自动关闭；出现低低水位1160mm时，确认给水泵自动跳闸，否则应立即手动脱扣给水泵。

4）当锅炉分离器疏水通过ANB阀进入除氧器给水箱时，应当机组负荷在20％MCR时，应加强除氧器水位、压力监视，以防发生大幅波动或出现振动。

5）除氧器压力应控制在小于1.202MPa。若除氧器压力大于1.4MPa，应检查除氧器安全门动作。

6）监视除氧器出水含氧量小于7PPb。

（5）除氧器的停用。

1）当机组负荷≤35％MCR时，若ANB阀、ANB阀隔绝阀自动或手动打开，应注意除氧器水位、压力、振动等正常。

2）当机组负荷≤20％MCR时，除氧器由滑压运行转为定压运行，除氧器加热可由辅汽供给，注意除氧器压力设定为0.2MPa。

3）当锅炉不需进热水时，可停止除氧器加热，检查、关闭除氧器辅汽进汽门（ES065）、给水箱辅汽加热进汽门（ES030）、除氧器冷再进汽门（ES034）及ANB隔绝阀等。

4）根据系统要求，关闭除氧器水位调整门，除氧器停止进水。

5）若除氧器需长期停用，应放尽存水。

6）除氧器停用后，采用排尽积水，自然干燥方式。

（6）除氧器常见故障及处理。

1）除氧器水冲击振动的原因及处理。

a）如除氧器水位过高或满水，应立即手动控制除氧器进水，开启除氧器溢流放水门，调整水位正常后重新投入除氧器水位自动控制。

b）如汽量分布不均匀，检查除氧器进汽压力是否正常，然后采取相应措施；如除氧器上水量小或水量不稳定，应及时手动调整凝结水流量，保证蒸汽对凝结水均匀加热。

c）如除氧头喷嘴或淋水盘损坏，应根据振动情况，将机组适当减负荷以消除振动，或停机检查处理。

d）如除氧器"自生沸腾"，可能主要是工作温度、压力不对应，手动增大凝结水流量，检查有关阀门自动调节是否正常。

e）如除氧器投加热时汽量过大，或汽源切换时管路疏水不彻底，应充分疏水或调整汽量。

2）除氧器含氧量大的原因及处理。

a）如除氧器供汽量不足，压力低，水温低，应增加进汽量，同时调整二次加热汽量与一次加热汽量匹配。

b）如凝结水含氧量超标，应检查负压系统是否有泄漏，真空泵工作是否正常，查找原因并及时处理。

c）若为排气门开度过小，则应及时调整，使含氧量尽快合格。

d）若为除氧器内部设备损坏，应联系检修停机处理。

三、高压加热器

1. 概述

采用给水回热加热器是提高机组循环效率的措施之一。本机组采用的是八级回热加热（三高四低一除氧）。六、七、八号为高压加热器。除了除氧器外，一律采用表面式加热器，表面式加热器在热经济性方面存在端差（给水端差：加热器的饱和温度和加热器出口水温之差）。随着高参数大容量机组的发展，表面式高压加热器都设有过热段、凝结段和疏水冷却段，加热器给水端差可趋于零或甚至为负值。本机组六号、八号高压加热器设置了过热蒸汽冷却段以减小加热器给水端差。

加热器的正常投运与否对机组的安全、经济、满发影响很大。对直流锅炉来讲，由于给水温度下降（本机组正常运行给水温度284℃，高压加热器全切给水温度下降100℃左右），若要维持蒸发量及过热器出口温度不变，势必增加燃煤而使单位面积热负荷上升，有可能导致传热恶化，水冷壁结焦超温甚至发生爆管事故。本机组原设计在高压加热器全切后能带600MW满负荷运行，而实际运行中考滤锅炉结焦、锅炉管壁超温等情况，高压加热器全切后机组只能维持90%MCR（540MW）运行。

2. 加热器的分类及优缺点

加热器类型有混合式（接触式）和表面式两种。混合式加热器由于汽水直接接触传热，端差为零，能将水加热到加热蒸汽压力下所对应的饱和温度，热经济性高于有端差的表面式加热器。同时由于混合式加热器没有金属传热面，构造简单，因此在金属耗量、制造、投资以及汇集各种汽、水流等方面都优于表面式加热器。表面式加热器除因有端差热经济性低而外，在诸如系统简单、运行安全可靠以及系统投资等其他方面则优于混合式加热器。因为混合式加热器的工作过程是，一方面将水加热至饱和状态，另一方面加热水的压力最终将于加热蒸汽压力一致。为了使给水能继续流动到锅炉，每个混合式加热器后都必须配置水泵。为防止这些输送饱和水的水泵汽蚀影响锅炉可靠供水，水泵应有合理的吸入高度（即该混合式加热器需高位布置），考虑负荷波动要设一定储量的水箱。这些因素，都使全部采用混合式加热器的回热系统和主厂房布置复杂化，投资和土建费用增大，且安全可靠性降低。

3. 高压加热器的上、下端差

上端差是指高压加热器抽汽饱和温度与给水出水温度之差；下端差是指高压加热器疏水与高压加热器进水的温度之差。

上端差过大，可能为疏水调节装置异常，导致高压加热器水位高，或高压加热器泄漏，减少蒸汽和钢管的接触面积，影响热效率，严重时会造成汽轮机进水；

下端差过小，可能为抽汽量小，说明抽汽电动门及抽汽逆止门未全开；或疏水水位低，部分抽汽未凝结即进入下一级，排挤下一级抽汽，影响机组运行经济性，另一方面部分抽汽直接进入下一级，导致疏水管道振动。

4. 高压加热器的投停及运行

（1）高压加热器投用前的准备。

1）确认有关连锁、保护等校验正常。

2）确认凝结水、给水等有关系统已投入运行，低压加热器、高压加热器水侧随系统建立而投用。

3）按给水系统检查卡检查操作完毕。

（2）高压加热器注水。

高压加热器要注水的原因为：

1）防止给水瞬时失压和断流。在高压加热器投用前，高压加热器内部是空的，如果不预先注水充压放气，则高压加热器水侧积聚空气。在正常投运后，因高压加热器水侧残留空气，则可能造成给水母管压力瞬间下降，引起锅炉断水保护动作，造成停炉事故。

2）高压加热器投用前水侧注水，可判断高压加热器钢管是否泄漏。当高压加热器投用前，高压加热器进、出水门均关闭，开启高压加热器注水门，高压加热器水侧进水。待水侧空气放净后，关闭空气门和注水门，等待10min后，若高压加热器水侧压力无下降，则属正常。当发现高压加热器汽侧水位上升时应停止注水，防止因抽汽逆止门关闭不严密而使水从高压加热器汽侧倒流入汽轮机汽缸。

3) 可判断高压加热器系统是否泄漏。高压加热器投用前水侧注水，若高压加热器水侧压力表指示下降快，说明系统内漏量较大，若压力下降缓慢，则说明有轻微泄漏，应检查高压加热器钢管及各有关阀门是否存在泄漏。

(3) 注水步骤。

1) 高压加热器投用前给水侧应先注水。

2) 开启高压加热器给水管路的放空气门。

3) 开足高压加热器注水门1，调节高压加热器注水门2，向高压加热器进水侧进水，待空气放尽后，关闭放空气门。

4) 待高压加热器水侧压力与给水母管压力相等后，关闭高压加热器注水门1、2。

5) 过10min后，检查高压加热器水侧压力无下降，高压加热器水位无上升，确定高压加热器钢管无泄漏。

6) 开足高压加热器出水门和高压加热器进水门，关闭高压加热器旁路门。

(4) 高压加热器的投用。

1) 高压加热器6的汽侧随机投用，机组负荷约210MW以下，高压加热器6疏水通过危急疏水调整门走凝汽器，将高压加热器6正常疏水调整门切手动关闭。

2) 高压加热器7、高压加热器8的汽侧逐台投用。

3) 机组负荷210MW以上，逐台投入高压加热器7、高压加热器8汽侧。

4) 缓慢开启高压加热器进汽电动门的旁路门，注意进汽压力、温度逐渐升高。

5) 当高压加热器进汽温度与抽汽温度接近后，逐渐手操开启高压加热器进汽电动门，注意高压加热器出水温度温升率控制在1~2℃/min范围内。当高压加热器进汽电动门开足，关闭其进汽电动门的旁路门。

6) 检查当高压加热器进汽电动门打开后，高压加热器抽汽逆止门打开，逆止门前后疏水门关闭。

7) 检查高压加热器疏水水位自动调节正常。若加热器水位自动调节不正常，应切手动调节，并联系热工人员处理。

8) 高压加热器7汽侧投用正常后，再投用高压加热器8。

9) 当高压加热器疏水水质合格后，将高压加热器6正常疏水调整门投自动，高压加热器疏水逐级自流，回收至除氧器。

10) 开启高压加热器6、7、8至除氧器空气门，关闭高压加热器6、7、8至凝汽器空气门。

11) 机组正常时，若加热器隔绝后汽侧重新投用，均要按高压加热器7、8单独投用方式进行。

(5) 高压加热器的运行。

1) 应经常注意加热器水位变化，防止高水位或无水位运行。若水位自动调节失灵，应切手动调节，并联系热工人员处理。

2) 应注意加热器进汽压力、温度和加热器出水温度、疏水温度等正常，与机组负荷相适应。

3) 检查加热器及其抽汽管道、疏水管道等无泄漏、无振动、无冲击现象。

4) 应经常监视和核对加热器的疏水端差，高压加热器的疏水端差应在5.7~11℃，发现端差增大时应分析原因，及时处理。

5) 注意核对机组负荷与加热器疏水调整门开度的关系，若负荷一定，而疏水调整门开度增大时，加热器钢管可能有泄漏。

6）若加热器水位达到保护值，应检查保护动作正常，分析水位波动的原因，及时进行处理，并确认加热器钢管无泄漏。

7）运行中只要有一台高压加热器出现高高水位，则三台高压加热器汽侧全部出系，给水走旁路。当高压加热器水位恢复正常后，检查高压加热器进、出水门自动开足，高压加热器6进汽门自动开足，确认高压加热器6汽侧投用正常后，再逐台投用高压加热器7、8汽侧，监视高压加热器水位调节正常。

（6）影响加热器正常运行的因素。

1）受热面结垢，严重时会造成加热器管子堵塞，使传热恶化。

2）汽侧积存空气。

3）疏水调整门工作不正常。

4）内部结构不合理。

5）钢管泄漏。

6）加热器汽水分配不平衡。

（7）机组调峰运行时，对高压加热器的影响因素。

1）高压加热器在启停和负荷变化时，由于给水温度在加热器中的升高在进、出口侧形成的温差在管板上会产生热应力。

2）由于高压加热器蒸汽和凝结水之间放热系数的不同，可在管板汽侧引起附加热应力。

3）在高压加热器投运的过程中，由于加热器入口温度突然升高，将会在管板上产生热冲击。

4）如果一台高压加热器单独解列一段时间，温度下降后再投入，给水与水室的温差可能高达200℃，将会引起很大的瞬态热应力。

（8）加热器的停用。

1）当机组负荷减至210MW时，高压加热器（8）、高压加热器（7）汽侧逐台停用。逐渐关闭高压加热器进汽电动门，注意高压加热器出水温度温降率在1～2℃/min范围内，高压加热器进汽电动门关闭后，检查高压加热器抽汽逆止门自动关闭，逆止门前后疏水门自动开足。

2）将高压加热器6正常疏水调整门切手动关闭，高压加热器6疏水通过危急疏水门进入凝汽器。

3）开启高压加热器（6、7、8）至凝汽器空气门，关闭至除氧器空气门。

4）高压加热器6和低压加热器汽侧随机停用。

5）机组减负荷过程中应注意加热器疏水水位变化，水位自动调节正常。

6）若加热器水侧需停役，可开足加热器旁路门，关闭加热器进出水门。

7）低压加热器长期停用，水侧需加联胺、汽侧需充氮气进行保养。

8）高压加热器长期停用，水侧采用热态放水、余热烘干，汽侧需充氮气进行保养。

9）正常运行中个别高、低压加热器停用消缺一般不采取任何保护。

（9）运行中加热器的隔绝操作。

1）关闭加热器进汽门，注意给水温降率。

2）关闭加热器除空门，打开加热器凝空门。

3）关闭加热器上一级正常疏水隔绝门。

4）关闭加热器正常疏水、危急疏水隔绝门。

5）开足加热器进水旁路门，关闭加热器进、出水门。

6）任何一台高压加热器需水侧隔绝，则三台高压加热器全停。

7）当加热器完全泄压后，关闭加热器凝空门，根据需要打开加热器汽侧放水门、水侧空气门及水侧放水门。

8）若加热器汽侧停用，则上一级加热器汽侧也应停用。

（10）高压加热器的保护。

加热器高水位保护的作用是：当高压加热器疏水水位高高或冷却水管破裂时，及时将进入加热器的给水切断，同时接通旁路，保证锅炉供水，防止汽轮机发生水冲击事故。对保护有三点要求：

1）要求保护动作准确可靠（应定期对其试验）；

2）保护必须随同高压加热器一同投入运行；

3）保护故障禁止启动高压加热器。

高压加热器运行时，由于水侧压力高于汽侧压力，当水侧的管子破裂时，高压给水迅速进入高压加热器汽侧，甚至进入汽轮机，发生水冲击事故。任一高压加热器水位大于＋38mm，BTG光字牌"任一加热器水位高"报警，紧急疏水调整门打开；任一高压加热器水位大于＋88mm，CRT加热器水位高高报警，给水切旁路运行，并关闭三台高压加热器抽汽门及抽汽逆止门。其中，非高高水位的2台高压加热器的抽汽门及抽汽逆止门动作是靠高压加热器进出口三通阀关闭信号动作的。另外每台高压加热器都设有汽侧安全门，以防加热器运行中超压。

（11）高压加热器进出口三通阀。

高压加热器进出水三通阀（FW003、FW005）为液动阀，其工作液为高压给水，自高压加热器给水旁路管接出。高压加热器进出水三通阀是根据帕斯卡原理（两个连通活塞缸下的压强相等，则作用力是面积的倍数。）动作的。由于阀芯上下受力面积大小不同，高压加热器正常运行时高压给水将高压加热器进出水三通阀顶开，给水正常走高压加热器；当任一高压加热器出现高高水位时，高压加热器进出水门液动电磁阀打开，将其工作液（高压给水）泄掉，高压加热器进出水门（FW003、FW005）关闭，给水走旁路运行。

（12）加热器停运对机组的影响。

1）机组轴向推力增大。正常运行中，高压加热器突然解列时，原用以加热给水的抽汽进入汽轮机后面级内继续做功，汽轮机负荷瞬间增加，汽轮机监视段压力升高，各监视段压差升高，汽轮机的轴向推力增加。

2）主蒸汽温度升高。对单元机组来讲，若高压加热器不能投用，过热汽温会发生较大幅度的上升。这是因为，当给水温度降低时，从给水变为饱和蒸汽所需热量增多，如果保持燃料量不变，蒸发量将要下降，而烟气传给过热蒸汽的热量基本不变，所以在过热器中每千克蒸汽的吸热量必然增加，从而汽温升高。为了维持蒸发量不变，必须增加燃料量，这将使过热器烟气侧的传热量增加，结果汽温进一步升高。

3）影响机组安全及经济性。加热器的停运，会使给水温度降低，造成高压直流锅炉水冷壁超温，汽包炉过热，汽温升高，抽汽压力最低的那级低压加热器停运，还会使汽轮机末几级蒸汽流量增大，加剧叶片的侵蚀。加热器的停运，还会影响机组的出力，若要维持机组出力不变，则汽轮机监视段压力升高，停用的抽汽口后的各级叶片、隔板的轴向推力增加，为了机组的安全，就必须降低或限制汽轮机功率。

（13）高压加热器满水的现象、危害及处理。

1）运行中高压加热器满水的现象有：

a）给水温度下降（高压加热器水侧进、出口温升下降），这样使相同负荷下煤量增多，汽温升高，相应减温水量增大，排烟温度下降，煤耗增大。

b）疏水温度降低。

c）CRT上高压加热器水位高或高高报警。

d）就地水位指示实际满水。

e）正常疏水阀全开及事故疏水阀频繁动作或全开。

f）满水严重时抽汽温度下降，抽汽管道振动大，汽轮机法兰结合面冒汽。

g）高压加热器严重满水时汽轮机有进水迹象，参数及声音异常。

h）若水侧泄漏，则给水泵的给水流量与省煤器入口流量不匹配。

2）高压加热器满水危害。

a）给水温度降低，影响机组效率。

b）若高压加热器水侧泄漏，给水泵转速增大，影响给水泵安全运行。

c）严重满水时，可能造成汽轮机水冲击，引起叶片断裂，导致损坏设备等严重事件。

3）高压加热器满水时的处理。

a）核对就地水位计，判断高压加热器水位是否真实升高。

b）若疏水调节阀"自动"失灵，应立即切至"手动"调节。

c）当高压加热器水位上升至高值时，事故疏水阀自动开启。否则应手动开启，手动开启后水位明显下降，说明事故疏水阀自动失灵，应及时联系检修处理。

d）手动开启事故疏水阀后水位无明显下降。根据给水泵的给水流量与省煤器入口流量是否匹配，若匹配，说明疏水管道系统有堵塞，要求检修处理；若不匹配，说明高压加热器水侧有可能泄漏，则应汇报值长，减负荷至额定负荷的 80％～90％左右，将高压加热器旁路运行并进行隔离。在撤出过程中严格控制好锅炉出口一、二次汽温，以及加强对除氧器、凝汽器水位的监视及调整。并及时联系检修处理。

e）当高压加热器水位上升至高高时，高压加热器应保护动作，否则应立即手动紧急停用。检查给水旁路运行正常，各加热器抽汽逆止门及电动隔绝门自动关闭，否则手动关闭。及时联系检修处理。

f）当高压加热器满水严重而影响机组安全运行时，应立即手动脱扣汽轮机。

（14）高压加热器有关控制逻辑。

高压加热器给水进口门（FW003）开关逻辑，如图 4-8 所示。

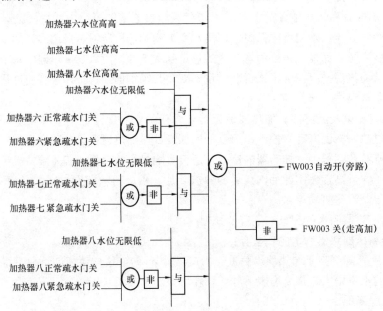

图 4-8　高加给水进口门开关逻辑图

四、前置泵

1. 电动给水泵前置泵及汽动给水泵前置泵的主要性能参数

（1）本机组电动给水泵前置泵的技术规范为：

型式：单吸单级离心泵；

额定流量：835.2m³/h(557m³/h)；

额定扬程：51.5m(62.5m)；

额定转速：1485r/min；

汽蚀余量：6.2m(4.5m)。

（2）本机组汽动给水泵前置泵的技术规范为：

型式：单吸单级离心泵（前置泵）；

额定流量：1081.8m³/h；

额定扬程：87m；

额定转速：1480r/min；

汽蚀余量：3.6m。

2. 汽蚀的定义及危害

液体在泵叶轮入口处流速增加，压力低于工作水温对应的饱和压力时，会引起一部分液体汽化。汽化后的汽泡进入压力较高的区域时，受到突然凝结，于是四周的液体就向此处补充，造成水力冲击，这种现象称为汽蚀。

汽蚀的危害：汽蚀现象发生后，使能量损失增加，水泵的流量、扬程、效率同时下降，而且噪声和振动加剧，严重时水流将全部中断。

3. 设置汽前泵的原因

给水是除氧器压力下的饱和液体，所以锅炉给水泵吸入口处没有足够的汽蚀余量。为了使泵内给水不汽化，则给水泵必须设置在除氧器水面以下足够的距离，称为倒灌，倒灌高度必须大于泵的汽蚀余量与吸入管阻力之和。

根据汽蚀相似定理：同一台泵的汽蚀余量与其转速的平方成正比。而现代大容量锅炉给水泵的转速均较高，当泵的转速升高后，泵的汽蚀余量就大大增加，泵的汽蚀性能恶化。为此，除氧器必须设置在给水泵很高的位置，才能满足需要，这给厂房的布置带来很大的困难。

鉴于这一原因，在锅炉给水泵前设置低速前置泵。前置泵本身是低速的，泵的汽蚀余量大为降低，同时设计前置泵时又充分考虑到抗汽蚀的要求，所以前置泵本身具有较好的抗汽蚀性能。前置泵与主给水泵串联工作，使主给水泵进口的给水压力比给水的汽化压力高出许多。装置前置泵后主给水泵一般不会发生汽蚀，而且可使除氧器标高位置不致太高。

4. 前置泵保护

当除氧器水位降至低低水位时（1160mm 左右，水位开关信号，没有具体的值），三取二前置泵跳闸。

五、给水泵

给水泵的作用：给水泵是把除氧器贮水箱内具有一定温度的除过氧的水，提高压力后输送到锅炉，以满足锅炉用水的需要。

给水泵分类：给水泵分为电动给水泵、汽动给水泵。本机组电动给水泵为启动泵，由电动机经液力偶合器与给水泵相连接，通过改变液力偶合器中勺管的径向行程来改变偶合器的工作油量，实现给水泵转速的改变。机组启动时电泵可带 40% 负荷。按原设计，机组启动时采用电泵运行，现在随着技术的进步和节能意识的增强，机组启动时直接采用汽泵运行，电泵运行的机会正越来越少。机组正常运行时两台汽动给水泵（55%MCR）并联工作，满足机组出力的需要。当一台汽动给水泵故障时，电泵与一台汽泵并联运行，机组最多可带520MW负荷运行。

（一）电动给水泵

本机组电动给水泵主要性能参数为：

型式：双缸圆筒多级离心泵（电泵）；

最大转速：5780r/min；

额定流量：835.2m³/h(557m³/h)；

额定扬程：1444m(3258m)；

汽蚀余量：28m；

电动机功率(电压)：7.48MW(6kV)。

1. 液力偶合器

液力偶合器是一种利用液体（油）传送扭矩，能够实现无级变速的装置。主要用途为：在原动机的转速不变（定速）的情况下，改变输出转速，从而达到改变输出功率的目的。

液力偶合器的工作原理为：当工作腔内有适量的油后，泵轮在原动机带动下旋转，由于离心力的作用，工作油在泵轮内沿径向叶片流向泵轮的边缘，并在流动过程中动能不断加大，工作油沿径向叶片流向涡轮，由于工作油具有很大的动能，作用于涡轮叶片，从而冲动涡轮带动水泵旋转，并不断地把原动机的力矩传递给水泵。

2. 暖泵

高温高压的锅炉给水泵在启动前要进行暖泵。给水泵启动前，给水泵及泵内部的存水都处于冷态，启动时高温水突然进入冷态的给水泵内，泵的壳体会产生附加的热应力。如果冷态启动频繁，则金属材料在附加应力的作用下会疲劳损坏。而且高温水突然进入冷态的泵内，会造成给水泵变形，引起泵内部动、静部分咬住。

暖泵的方式一般有正暖与倒暖两种。倒暖是指从给水高压侧向低压侧暖泵，是给水泵热备用时采用的方法，暖泵水来自运转中的给水泵，从给水泵的出口处流入泵内，然后经泵的吸入口流回除氧器。倒暖的暖泵水能够回收，避免了工质浪费。反之，正暖是指从给水低压侧向高压侧暖泵，正暖的暖泵水无法回收，只能放掉。

3. 中间抽头

现代大容量火力发电厂，为了减少辅助水泵，往往从给水泵的中间级抽取一定数量的水作为锅炉的减温水。

具有中间抽头的给水泵在运行时，由于抽头前的泵叶轮能在设计工况下运行，而抽头后的泵叶轮只能在偏离设计工况下运行，因此整台泵的效率要比没有中间抽头的水泵效率略低。但由于中间抽头流量不大，所以它对给水泵的运行影响不大。

4. 最小流量

根据汽蚀余量的计算，给水泵一般都规定一个允许的最小流量值。泵不能在低于最小流量值以下工作。

泵在小流量工况下运转，泵的扬程较大，而泵的效率却较低，所以泵内损失较大。泵内机械能的损失转变成热能，使泵内的水温升高容易产生汽泡，影响泵的安全工作，防止泵的小流量运行是通过泵的再循环门实现的。本机组电动给水泵的最小流量为250t/h，汽动给水泵的最小流量为400t/h，前置泵的最小流量为300t/h。本机组电动给水泵和汽动给水泵小流量保护曲线分别如图4-9、图4-10所示。

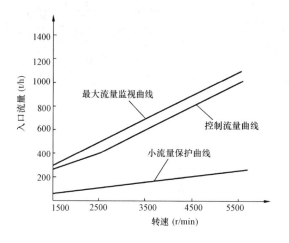

图 4-9　电动给水泵小流量保护曲线

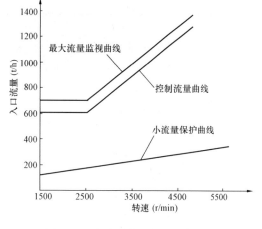

图 4-10　汽动给水泵小流量保护曲线

5．电泵保护项目及动作值

本机组电动给水泵保护项目及动值如表 4-1 所示。

表 4-1 电泵保护项目及动作值表

序号	保 护 项 目	动 作 值	延 时
1	轴向位移大	±0.55mm	
2	电泵 1 号轴振动大（驱动端左侧）	80μm	3s
3	电泵 2 号轴振动大（驱动端右侧）	80μm	3s
4	电泵 3 号轴振动大（非驱动端左侧）	80μm	3s
5	电泵 4 号轴振动大（非驱动端右侧）	80μm	3s
6	电泵 1 号轴承温度高	90℃	
7	电泵 2 号轴承温度高	90℃	
8	电泵 3 号轴承温度高	90℃	
9	电泵 4 号轴承温度高	90℃	
10	液力偶合器 1 号轴承温度高	95℃	
11	液力偶合器 2 号轴承温度高	95℃	
12	液力偶合器 3～4 号轴承温度高	95℃	
13	液力偶合器 5 号轴承温度高	95℃	
14	液力偶合器 6 号轴承温度高	95℃	
15	液力偶合器 7 号轴承温度高	95℃	
16	液力偶合器 8、9 号轴承温度高	95℃	
17	液力偶合器 10 号轴承温度高	95℃	
18	润滑油冷却器进油温度高	70℃	
19	润滑油冷却器出油温度高	60℃	
20	工作油冷油器进口温度高（勺管排油）	130℃	
21	工作油冷油器出口温度高	85℃	
22	电动机前轴承温度高（驱动端）	100℃	

序号	保护项目	动作值	延时
23	电动机后轴承温度高(非驱动端)	100℃	
24	电动机定子线圈温度(测点1)高	145℃	
25	电动机定子线圈温度(测点2)高	145℃	
26	电动机定子线圈温度(测点3)高	145℃	
27	电动机出风温度(测点1)高	90℃	
28	电动机进风温度(测点1)高	50℃	
29	电动机进风温度(测点2)高	50℃	
30	润滑油压低	0.6bar	
31	电泵启动3s后密封水差压低	0.2bar	3s
32	给水压力高	365bar	
33	前置泵机械密封水温度高	85℃	
34	除氧器水位低低	1160mm	
35	电泵前置泵进口门没开足		
36	电泵超过运行范围限制	低于设定值曲线50t/h动作,高限取消	33s
37	紧急脱扣按钮		

6. 电动给水泵的启停及运行

(1) 电泵启动前准备。

1) 电泵及其辅助设备安装或检修后,运行人员应了解设备情况,并实地检查有关影响启动的安装、检修工作已全部结束,设备已清洁干净,就地照明正常,有关系统已复役可运行。

2) 检查各仪表完整齐全,联系热工人员送上仪表及信号电源,仪表指示正确;有关DCS功能可正常使用。

3) 有关电动、气控阀门应校验正常。

4) 检查液力偶合器油位正常,油质良好。

5) 确认电动机已单转试运行正常,转动方向正确,电动机绝缘合格,给水泵手动盘动灵活。

6) 确认有关连锁、保护校验正常。

(2) 启动前的系统检查(按给水系统检查卡执行)。

(3) 电泵注水、放气。

1) 正常注水时,开启给水管路系统的放气门,缓慢打开前置泵进水门至一定开度,从除氧器给水箱注水到电泵出水门,放去管路内气体,直到没有空气逸出,关闭所有放气门。并联系热工人员,给所有压力表管放气体。注意在注水放气期间,注水温度必须小于80℃,除氧器给水箱水位保持正常。

2) 紧急注水时,只进行给水管路放气,不必给压力表管放气。

3) 注水时,应连续几次给前置泵机械密封水回路排气。

4) 开足前置泵进水门,检查入口压力应高于电泵所需的净吸入压头。

5) 检查电泵再循环调整门在自动开启位置。

6) 投入电泵密封水系统,检查密封水进口压力应大于15.5bar,密封水进口压力与回到前置泵入口的压差为2.0~3.0bar,密封水温度在30℃左右,密封水滤网差压正常,密封水回收泵投自动。

7）打开电泵暖泵门，暖泵流量为 4.0m³/h 左右。

8）检查给水管路无泄漏。

9）检查电泵液力偶合器勺管应放在零位（最小位置）。

（4）电泵启动次数的规定。

热态每小时可启动一次；冷态每小时可启动两次。电动机运行 30s 以上为热态，停用 2h 后为冷态。

（5）电动给水泵的启动。

1）启动前应确认工作油黏度正常，即油温>5℃。

2）确认电动给水泵启动许可条件均已满足。

3）将 6kV C 母线电压控制到上限（6.6kV 左右）。

4）用功能组启动电动给水泵。

5）电动给水泵启动后，记录电流甩足后回小的时间，检查电流正常。

6）电动给水泵启动后，液力偶合器的输出转速为 1000r/min 左右，达到最大工作转速需 15s。

7）提高电动给水泵转速，当锅炉具备进水条件后，打开电动给水泵出水门，锅炉开始进水。根据需要投入锅炉给水自动控制。

8）当电动给水泵入口流量高于相应转速下的最小流量，检查电动给水泵再循环调整门自动关闭。

9）注意在电动给水泵升速时，润滑油油压≥3bar，辅助油泵自动停时，检查润滑油泵、工作油泵工作正常，润滑油压为 2.5bar 左右。

10）根据需要，开启电动给水泵中间抽头门。

11）联系化学人员开启电动给水泵进口加药门。

12）电动给水泵启动后，检查电动机加热器自动停用。

13）当电动给水泵转速在 3500r/min 左右时，液力偶合器的勺管排油温度较高，注意不要在此转速长期停留。

（6）电动给水泵的正常运行。

1）电动给水泵组运行稳定，转速、声音正常，各部分轴承振动<60μm。

2）给水泵在允许运行范围内，进出口压力、流量正常，电动机电流不超限。

3）给水泵轴向位移<±0.45mm。

4）液力偶合器油箱油位、油质、油流正常。

5）润滑油冷油器进油温度 45～60℃ 左右，出油温度 35～50℃ 左右。

6）工作油冷油器进油温度 60～100℃ 左右，出油温度 35～70℃ 左右。

7）润滑油压在 2.5bar 左右，控制油压在 3.5bar 左右，工作油压在 1.0～2.0bar 左右。

8）除氧器水位、压力正常，给水泵无汽化、无冲击现象。

9）前置泵入口滤网差压正常，不报警。

10）前置泵机械密封冷却器回水温度<80℃。

11）给水泵密封水差压调节正常，密封水差压为 2.0～3.0bar，密封水进口压力≥15.5bar，密封水进水温度在 30℃ 左右，密封水回水温度<146℃。密封水滤网差压正常，若差压>0.8bar 报警，切换备用组滤网运行，联系检修人员清洗原运行滤网。

12）各轴承温度正常，给水泵轴承温度<80℃，液力偶合器轴承温度<90℃，电动机轴承温

度<90℃。

13）电动机冷却风进风温度<45℃，出风温度<85℃，电动机线圈温度<130℃。

14）油滤网差压正常，若差压>0.6bar，应切换备用组油滤网运行，联系检修人员清洗原运行油滤网。

15）泵组冷却水系统、机械密封系统、密封水系统、油系统及给水管道无泄漏。

（7）电动给水泵的停用。

1）当机组负荷升至300MW以上，由两台汽动给水泵带负荷运行时，可停用电动给水泵。停用前应确认运行的汽动给水泵中间抽头门开启。

2）当机组停用，锅炉不需给水时，可停用电动给水泵的停用操作为：

a）降低电动给水泵转速，将给水流量移到其他的运行汽动给水泵，注意给水流量、压力正常。

b）当电动给水泵入口流量低于相应转速下的最小流量时，检查电动给水泵再循环调整门自动打开。

c）当减速至最小转速1000r/min左右，用功能组停电动给水泵，检查电流到零，记录泵和电动机完全停下来的惰走时间。

d）在降速过程中，应检查当润滑油压小于1.2bar时，辅助油泵自启动，润滑油压维持正常。

e）电动给水泵停用后，根据需要关闭其出水门。检查电动机加热器自动投运。

f）关闭电动给水泵进口加药门。

3）若电动给水泵作热备用，则保持电动给水泵冷却水进水总门开足，关闭电动给水泵冷却水出水总门。保持电动给水泵润滑油系统、密封水系统、暖泵系统及前置泵机械密封水系统正常运行。

4）若电动给水泵停用后不作备用，则完成下列操作：

a）关闭电动给水泵暖泵门和中间抽头门。

b）当电动给水泵泵壳温度<80℃时，停用给水泵密封水系统、润滑油系统、冷却水系统及前置泵机械密封水系统。

c）关闭前置泵进水门及电动给水泵再循环隔绝门。

d）根据需要打开泵体和管路的放水门。

e）完成其他隔绝操作。

（8）电动给水泵的紧急停用。

遇到下列情况之一时，应紧急停用电动给水泵。

1）电动给水泵运行参数达到脱扣保护定值，保护未动作。

2）液力偶合器工作失常，电动给水泵转速控制失灵。

3）泵组突然发生强烈振动或内部有明显的金属摩擦声。

4）电动给水泵工作油泵或润滑油泵发生故障。

5）任何一个轴承断油、冒烟、冒火。

6）油系统着火不能及时扑灭，严重威胁泵组安全运行。

7）油系统漏油无法维持运行。

8）液力偶合器油位突然异常下降至无指示。

9）给水管道破裂，无法隔绝。

10）给水泵发生严重汽化现象。

11）给水泵入口压力低于2.8bar。

12) 电动给水泵入口流量低于250m³/h，再循环门未打开，延时30s。

13) 液力偶合器易熔塞熔化，电动给水泵转速突变，给水流量、压力下降。

14) 电动机冒烟、冒火。

15) 电动机电流严重超限。

16) 厂用电失去。

（9）电动给水泵紧急停用操作。

1）手操CRT操作盘面上紧急脱扣按钮，停用电动给水泵。

2）检查辅助油泵自启动，润滑油压正常，若自启动失败，立即手动开出。

3）检查电动给水泵再循环调整门自动打开。

4）完成其他停泵及隔绝操作。

8. 电动给水泵有关控制逻辑

（1）电动给水泵润滑油泵启停逻辑，如图4-11、图4-12所示。

图4-11 电动给水泵润滑油泵自启动逻辑图　　　图4-12 电动给水泵润滑油泵自停逻辑图

（2）电动给水泵启动允许逻辑，如图4-13所示。

（二）汽动给水泵

1. 给水泵汽轮机及汽动给水泵的主要技术规范

（1）本机组给水泵汽轮机的主要技术规范为：

额定转速：2500～5640r/min；

最高转速：5780r/min；

脱扣转速：6013r/min；

高汽主汽门/调门：1个/1个；

低汽主汽门/调门：1个/2个；

盘车转速：57r/min；

润滑油冷油器布置方式：油侧串联，水侧并联；

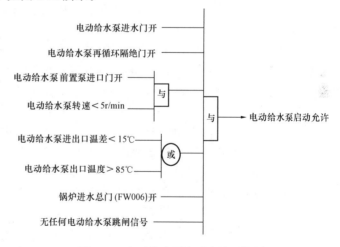

图4-13 电动给水泵启动允许逻辑图

液压油冷却器布置方式：并联；

冷却介质：润滑油。

（2）本机组汽动给水泵的主要技术规范为：

型式：双缸圆筒多级离心泵；

额定转速：5313r/min；

额定流量：1051.2m³/h；

额定扬程：3338m；

额定转速：5313r/min

汽蚀余量：26m。

2. 汽动给水泵优点

采用汽轮机来驱动给水泵，可使厂用电大为减少，对外界用户的供电相应增加。汽动给水泵使蒸汽的热能直接转换为驱动给水泵的机械能，减少了能量转换过程中的损失，有较高的效率。另外，给水泵汽轮机的汽源来自主汽轮机的抽汽，在主汽轮机负荷较高时，还切换到低压抽汽，这样大大地提高了机组的热效率。并且，采用汽轮机驱动给水泵，不受厂用电系统故障以及电力系统频率变化的影响，提高了给水泵运行的可靠性，变速灵活，调节负荷方便，不需要设置液力偶合器。

3. 汽动给水泵概述

给水泵汽轮机为单缸对流双排汽反动凝汽式汽轮机，同时又是一种变参数、变转速、变功率、双汽源的汽轮机，设有高压主汽门一个，高压调门一个；低压主汽门一个，低压调门两个。

给水泵汽轮机有两路汽源：机组再热冷段蒸汽和五级抽汽。给水泵汽轮机两路汽源互相隔离，可自动内切换。机组在20％MCR负荷以下时，给水泵汽轮机为再热冷段蒸汽运行；机组在20％～35％MCR负荷时，给水泵汽轮机为再热冷段蒸汽和五级抽汽双汽源运行；机组在35％MCR负荷以上时，给水泵汽轮机为五级抽汽运行。当给水泵汽轮机调门开度＞55％时，给水泵低压主汽门前疏水调整门（ES037AA/B）开启，注意汽源切换至再热器冷段蒸汽运行。

给水泵汽轮机轴封系统、真空系统和主汽轮机共用一个系统，蒸汽在给水泵汽轮机中做完功后排入主机凝汽器。由于给水泵汽轮机没有自身的凝汽器，也没有回热加热系统等，所以热力系统比主机简单。这里要注意，在小机故障恢复重新投用时，应首先打开排汽蝶阀的旁路门，待小机真空与主机真空接近时，再打开小机排汽蝶阀，否则会影响主机真空。

给水泵汽轮机设有独立的润滑油系统和液压油系统。润滑油系统设有一台主油泵、一台辅助油泵和一台事故油泵，和主机一样，主油泵由给水泵汽轮机带动。辅助油泵和事故油泵都有低油压自启动功能。润滑油系统设有两只100％容量的冷油器，油侧串联运行，水侧并联运行。润滑油的净油装置与主机共用，但不能同时与主机净油装置串联运行。液压油系统设有2台液压油泵，液压油系统的工作压力为12MPa。液压油系统设有专门的液压油箱和两只液压油冷油器，并联运行，液压油冷油器的冷却介质是润滑油。每台小机还配有独立的盘车装置，盘车转速为57r/min，盘车装置能在汽轮机冲转后自动脱开，停机过程中还能自投。每台小机拥有独自的高、低压配汽机构及数字电液调节系统，能进行给水泵汽轮机的自动启停和转速控制。

4. 汽动给水泵保护项目及动作值

本机组汽动给水泵保护项目及动作值（汽动给水泵保护为双重保护S通道和L通道）如表4-2所示。

表 4-2　　　　　　　　　　汽动给水泵保护项目及动作值表

序号	保护项目	实际设定值	延时(s)
1	轴向位移大	二取二±0.8mm	1
2	前轴承金属温度高	二取二 120℃	
3	后轴承金属温度高	二取二 120℃	
4	锅炉跳闸/火焰丧失		
5	除氧器水位低低	三取二 1160mm	2
6	液压油回路通道1&2压力低	二取二 75bar	
7	前轴承相对轴振大（左侧）	三取二 0.175mm 与右侧振动报警 0.08mm 相与	4

序号	保护项目	实际设定值	延时(s)
8	后轴承相对轴振大(左侧)	三取二 0.175mm 与右侧 振动报警 0.08mm 相与	4
9	排汽压力高	三取二 0.7bar	
10	滤网后润滑油压力低	三取二 0.6bar	
11	控制室手动脱扣		
12	就地手动脱扣		
13	对应给水泵脱扣		
14	超速	三取二 6013r/min	
15	转速测量模块故障	三取二	
16	驱动端相对轴振大(右侧)	四取二 80μm	5
17	驱动端相对轴振大(左侧)	四取二 80μm	5
18	非驱动端相对轴振大(右侧)	四取二 80μm	5
19	非驱动端相对轴振大(左侧)	四取二 80μm	5
20	推力轴承温度高(非驱动端)	二取二 90℃	5
21	推力轴承温度高(驱动端)	二取二 90℃	5
22	轴向位移大	$\pm$0.65mm	2
23	给水压力高	三取二 365bar	2
24	除氧器水位低低	三取二 1160mm	2
25	轴承温度高(非驱动端)	二取二 90℃	5
26	轴承温度高(驱动端)	二取二 90℃	5
27	前置泵 A 停	三取二	2

本机组给水泵汽轮机硬接线回路保护项目如表 4-3 所示。

表 4-3　　　　　　　　给水泵汽轮机硬接线回路保护项目表

序号	保护项目	冗余方式	序号	保护项目	冗余方式
1	超速保护	三取二继电器回路	4	两路 24V 电源全部丧失保护	二取二继电器回路
2	DEH 故障保护	三取二继电器回路	5	两路 48V 电源全部丧失保护	二取二继电器回路
3	ETS 保护(紧急脱扣)	三取二继电器回路	6	控制室手动脱扣保护	

5. 汽动给水泵的启停及运行

(1)汽动给水泵启动前准备。

1)汽动给水泵组及其辅助设备安装或检修后,运行人员应了解设备情况,并实地检查有关影响启动的安装、检修工作已全部结束,设备已清洁干净,就地照明正常,有关系统已复役,可运行。

2)检查仪表完整齐全,联系热工人员送上仪表及信号电源,仪表指示正确;有关 DCS 控制系统可正常使用。

3）有关电动、气控阀门应校验正常。

4）检查油箱油位正常，油质合格。

5）确认给水泵汽轮机已单独试转过，超速保护校验正常，动作转速为额定转速的107%（6013r/min）。

6）确认所有功能组连锁及保护校验正常。

（2）启动前系统检查。

按汽动给水泵系统检查卡执行。

（3）给水泵注水前准备。

1）建立冷却水系统，检查前置泵的填料室、机械密封冷却器、润滑油冷却器等冷却水流正常，冷却水系统无泄漏。

2）检查前置泵机械密封冷却器的磁力分离器正常，如有堵塞应进行清洗。

3）打开前置泵、给水泵的再循环隔绝门，检查再循环调整门自动开启正常。

4）关闭给水泵出口门及所有放水门。

5）确认润滑油箱电加热自动投、停正常，润滑油箱油温大于10℃，油位正常（70%～80%）。用功能组启动润滑油系统，检查辅助油泵、排烟风机等运行正常，检查各轴承油压（1.5bar左右）、油流、油温等正常，润滑油冷油器出油温度自动控制在40℃，油系统无漏油。

（4）给水泵注水。

1）开启给水系统管路放气门，缓慢打开前置泵进水门至一定开度，从除氧器给水箱注水到给水泵出口门，放去管路内气体，直到没有空气逸出，有微量水从空气门中溢出时，关闭所有放气门。并联系热工人员给所有压力表管放空气。注水时应注意注水温度必须小于80℃，给水箱水位保持正常。

2）注水分正常注水和紧急注水，紧急注水不必给压力表管放空气。

3）注水时，应连续几次给前置泵机械密封水回路排气。

4）开足前置泵进水门，确认泵体内空气放光，检查入口压力应高于给水泵所需的净吸入压头。

5）确认前置泵、给水泵再循环调整门手动开/关正常。

6）投入给水泵密封水系统。检查密封水进口压力应大于15.5bar，密封水进口压力与回到前置泵进口的压差为2.0～3.0bar，密封水温度在30℃左右，密封水滤网差压正常。

7）打开给水泵暖泵门，暖泵流量为15m³/h左右。

8）检查给水管路无泄漏。

（5）投盘车。

1）确认盘车启动许可条件均满足。

2）啮合盘车齿轮，手动盘车正常。

3）启动盘车电动机，检查盘车电动机、给水泵汽轮机运转正常，给水泵转速为57r/min，转动机械无碰撞声，给水泵密封水回水温度正常，不大于146℃。

4）盘车时间的规定：

a）停机时间小于1天，盘车2h。

b）停机时间小于7天，盘车6h。

c）停机时间大于7天，盘车12h。

（6）轴封进汽。

1）确认盘车投运正常。

2）打开给水泵汽轮机轴封汽进、出口门。检查轴封汽压力、温度正常，分别为108kPa、150℃，检查给水泵汽轮机轴封处不吸汽、不冒汽。

3）给水泵汽轮机轴封进汽可根据情况与主机同时进行。

（7）抽真空。

1）缓慢打开给水泵汽轮机排汽蝶阀旁路门，给水泵汽轮机开始抽真空。同时，应严格监视机组真空不下降。

2）当排汽蝶阀前后差压小于0.05bar时，即汽轮机真空与给水泵汽轮机真空之差小于5kPa时，可打开给水泵汽轮机的排汽蝶阀，抽至全真空，关闭排汽蝶阀旁路门。

3）给水泵汽轮机抽真空可根据情况与汽轮机同时进行。此时，可直接打开排汽蝶阀，不必开启其旁路门。

（8）暖管。

1）确认给水泵冷段进汽管疏水调整门、五抽进汽管疏水调整门以及给水泵汽轮机缸体疏水调整门均开足。

2）确认机组再热冷段蒸汽、五抽蒸汽起压后，缓慢打开给水泵冷段进汽门和给水泵五抽进汽门，进行暖管。

3）待暖管10～15min后，开足给水泵冷段进汽门和五抽进汽门。

（9）前置泵的启动。

1）尽可能早启动前置泵，以利给水泵暖泵。

2）检查前置泵轴承润滑油充足，冷却水正常，确认前置泵启动条件满足。

3）启动前置泵，检查前置泵电流、声音、温度、振动、出口压力及进口滤网压差等参数正常。

（10）建立液压油系统。

1）确认给水泵液压油箱油位正常（油位计中间偏高位置），油箱电加热自动投、停正常，油温在25～40℃。

2）用功能组启动给水泵液压油泵，检查液压油泵启动正常，液压油泵电流、声音、振动等正常，液压油压力为120bar左右，系统无泄漏。

（11）给水泵汽轮机冷、热态启动划分。

a）冷态：给水泵汽轮机汽缸金属温度≤120℃；

b）温态：给水泵汽轮机汽缸金属温度>120℃且≤237℃；

c）热态：给水泵汽轮机汽缸金属温度>237℃。

汽动给水泵升速率会自动给定，冷态时为：44r/min；温态时为：100r/min；热态时为：600r/min。

汽动给水泵冷态启动到工作转速需57min，温态启动需25min，热态启动需5min。

（12）给水泵汽轮机汽源的内切换。

1）给水泵汽轮机有两路汽源：机组再热冷段蒸汽和五级抽汽。

2）给水泵汽轮机两路汽源互相隔离，可自动内切换。

3）机组在20%MCR负荷以下时，给水泵汽轮机为再热冷段蒸汽运行；

机组在20%～35%MCR负荷时，给水泵汽轮机为再热冷段蒸汽和五级抽汽双汽源运行；

机组在35%MCR负荷以上时，给水泵汽轮机为五级抽汽运行。

4）当给水泵汽轮机调门开度>55%时，给水泵低压主汽门前疏水调整门（ES037A/B）开启，注意汽源切换至再热器冷段蒸汽运行。

(13) 给水泵汽轮机冲转。

1) 确认盘车时间满足规定。

2) 确认前置泵运行正常，给水泵入口压力>1MPa。

3) 确认给水泵汽轮机真空正常，即排汽压力<10kPa。

4) 确认冲转蒸汽的过热度>20℃。

5) 确认冲转蒸汽温度比给水泵汽轮机汽缸金属温度大20℃。

6) 确认给水泵汽轮机轴向位移<±0.4mm，给水泵轴向位移<±0.55mm。

7) 确认给水泵汽轮机差胀在允许范围内。

8) 确认给水泵密封水差压为0.2～0.3MPa。

9) 确认给水泵各轴承温度、各轴振动正常。

10) 确认给水泵润滑油、液压油温度>25℃，润滑油压为0.15MPa左右，液压油压为12MPa左右。

11) 在MEH A（B）CONTROL画面1A窗口复置给水泵汽轮机，确认给水泵高、低压主汽门全开，检查给水泵维持盘车状态，转速为57r/min左右。

12) 给水泵汽轮机MEH控制方式有两种，即自动控制、手动控制。

a) 自动控制：①在1B窗口投入自动方式；②在3A窗口确认目标转速自动设定为2505r/min；③确认给水泵汽轮机按设定的速度变化率（RATE框中显示）自动开始冲转升速；④当转速升至2500r/min后，给水泵汽轮机自动切至锅炉自动控制方式（CCS控制），FEED WATER AUTO信号亮，接受FW来的指令。

b) 手动控制：①给水泵汽轮机复置后，在1B窗口投入手动方式；②在3A窗口设定目标转速，最大转速设定值为5780r/min，若设定值在2510～2610r/min区域（临界转速）内，则强制将AIM SPEED输出为2420r/min；③在1C窗口投入GO，进行手动冲转。

13) 给水泵汽轮机升速至2505r/min后，可以并泵带负荷。

14) 给水泵冲转后，必须到现场仔细听各道轴承和各道轴封声音正常，检查高、低压调门动作正常。

15) 给水泵升速过程中，应严密监视重要运行参数的变化，如转速、温度、振动、轴向位移、差胀、缸胀等。

(14) 给水泵并泵，带负荷。

1) 当给水泵转速升至2500r/min左右时，给水泵转速控制接收锅炉给水指令控制。

2) 检查并开启给水泵出水门。

3) 提高给水泵转速，注意给水流量，当给水泵出口压力接近给水母管压力时，将汽动给水泵并入系统。

4) 并泵过程中，应注意给水泵再循环调整门动作对锅炉给水流量变化的影响。

5) 根据需要投入给水泵给水自动控制。注意，汽动给水泵与电动给水泵不能同时投入给水自动控制。

6) 确认给水泵中间抽头门已开启。

(15) 给水泵启动过程中注意事项。

1) 在给水泵启动过程中，注意转速上升平稳，不应产生过大的波动。

2) 快速通过给水泵临界转速，一阶临界转速为2550r/min左右。

3) 升速时，给水泵汽轮机轴振最大不超过80μm，给水泵轴振不超过60μm。

4）给水泵汽轮机、给水泵无摩擦声。

5）给水泵各轴承金属温度和回油温度正常，给水泵密封水回水温度不大于146℃。

6）当给水泵转速＞120r/min时，检查盘车电动机自停。

7）当给水泵转速＞2000r/min时，检查给水泵汽轮机相应的蒸汽疏水调整门自动关闭。

8）当给水泵转速＞2400r/min时，检查辅助油泵自停，主油泵工作正常，润滑油压为1.5bar左右。

9）当给水泵入口流量＞360m³/h时，检查前置泵再循环调整门自动关闭。

10）前置泵和给水泵再循环门关闭时，应注意给水流量变化。

（16）汽动给水泵正常运行时的维护检查。

1）汽动给水泵组稳定运行，声音正常，振动在允许限额内。

2）给水泵润滑油、液压油系统运行正常，各轴承油流正常，润滑油箱油位、液压油箱油位正常，润滑油温度为40～45℃，液压油温度不大于75℃，润滑油压力1.5bar左右，液压油压力120bar左右。

3）给水泵高、低压调门无晃动，调门凸轮开度正常，当给水泵调门开度指令＞55％，即调门凸轮开度＞270°时，给水泵高汽源（再热冷段蒸汽）运行；当调门开度指令＜55％，即调门凸轮开度＜270°时，给水泵低汽源（五级抽汽）运行。

4）汽动给水泵组各运行参数，如汽温、汽压、振动、转速、轴向位移、差胀、缸胀、轴承温度、轴承油压（油温、油流）、真空、排汽温度、汽缸金属温度以及前置泵密封水温度、给水泵密封水温度、给水泵进出口压力及流量等均在运行限额内。

5）除氧器水位正常，给水泵无汽化、无冲击现象。

6）给水泵密封水差压调节正常，差压控制在2.0～3.0bar，密封水进口压力≥15.5bar，密封水进水温度在30℃左右，密封水回水温度＜146℃。密封水滤网差压正常，若差压＞2.5bar报警，切换备用组滤网运行，联系检修人员清洗原运行组滤网。

7）前置泵入口滤网差压正常，若差压＞0.7bar报警，应汇报值长，停泵清洗滤网。

8）液压油滤网差压正常，若差压＞5.0bar报警，切换另一台液压油泵运行，联系检修人员清洗滤网。

9）润滑油滤网差压正常，若差压＞0.8bar或现场滤网指示翻红牌报警，切换备用组滤网运行，联系检修人员清洗原运行组滤网。

（17）油滤网切换操作步骤。

1）检查备用组滤网放油门关闭，放空气门打开。

2）打开滤网平衡门，向备用组滤网注油，排空气。

3）检查备用组滤网排气管玻璃窗，确认排气管不含空气。

4）转动滤网切换手柄，使滤网切换至备用组运行，注意指示方向正确。

5）关闭滤网平衡门。

6）关闭原运行组滤网放空气门，打开放油门。

7）开启滤网压力表一次门，确认完全泄压后，再关闭该压力表一次门。

8）联系检修人员清洗退出的滤网。

9）确认滤网清洗完毕后，关闭清洗后滤网放油门，打开放空气门。

10）打开滤网平衡门向清洗后的滤网注油，排尽空气。

11）关闭滤网平衡门，清洗后的滤网投入备用。

（18）汽动给水泵的停用。

1) 停用前准备。

a) 机组正常停用，负荷减至 50％MCR 时，先停用一台汽动给水泵；负荷减至 35％MCR 时，启动电动给水泵，当给水流量全部移到电动给水泵运行后，停用另一台汽动给水泵。

b) 确认运行的汽动给水泵或电动给水泵中间抽头门开足，根据需要关闭准备停用的给水泵中间抽头门。

2) 停用操作。

a) 将准备停用的汽动给水泵给水控制由"自动"切至"手动"。

b) 缓慢降速，注意给水压力、流量变化，将给水流量移到其他在运行的给水泵。

c) 当给水泵入口流量低于 400m³/h 时，确认给水泵再循环调整门自动打开；当给水泵入口流量低于 300m³/h 时，确认前置泵再循环调整门自动打开。

d) 当给水泵转速降低至最低工作转速 2500r/min 左右时，根据需要关闭给水泵出水门。

e) 手动脱扣汽动给水泵，检查高、低压主汽门及调门均关闭，给水泵转速下降。

f) 当给水泵转速低于 2400r/min，或润滑油压＜60％时，检查辅助油泵自启动，润滑油压正常。

g) 当给水泵转速低于 2000r/min 时，检查给泵汽轮机所有蒸汽疏水调整门均自动开足。

h) 停前置泵。

i) 给水泵转速降到零，立即投入连续盘车，记录惰走时间。

j) 关闭给水泵暖泵门。

k) 关闭给水泵五抽进汽门和冷段进汽门。

l) 关闭给水泵排汽蝶阀，破坏真空。

m) 注意真空到零，停轴封汽，关闭轴封汽进、出汽门。

n) 当给水泵汽轮机汽缸金属温度小于 150℃时，可停盘车。

o) 当给水泵泵壳温度小于 80℃时，可停用给泵密封水，停用给水泵润滑油系统及冷却水系统。

p) 给水泵密封水停用后，可关闭前置泵进水门。

q) 根据情况停用给水泵液压油系统。

r) 完成其他停用和隔绝工作。

(19) 给水泵汽轮机超速试验。

1) 超速试验的规定。

a) 超速试验每年进行一次，一般安排在检修以后启动时进行。

b) 超速试验必须由厂总工到场，由值长监护，机组值班员操作，现场派人监视。

c) 超速试验所用的转速表必须准确。

d) 超速试验前，必须进行现场脱扣试验和控制室脱扣试验，且试验合格。

2) 超速试验条件。

a) 给水泵汽轮机与给水泵连接的靠背轮必须由检修人员拆开。

b) 前置泵和给水泵脱扣保护临时解除。

c) 给水泵汽轮机润滑油系统、液压油系统、轴封真空系统、盘车以及机组真空系统等正常运行。

d) 给水泵汽轮机汽源为相邻机组的冷段汽或本机组的五级抽汽、冷段汽。冲转蒸汽温度必须有大于 20℃的过热度。

3) 超速试验步骤。

a）开启给水泵冲转用进汽隔绝门，并确认相关的进汽管疏水门开足，进行暖管。若用相邻机组冷段汽冲转，则应手操缓慢开启 1/2 号机组冷再连通门（1ES036），充分暖管后，调节 1/2 号机组冷再连通门（1ES036）至给水泵汽轮机高汽进汽压力（就地表）为 20bar 左右。

b）当蒸汽参数满足冲转条件后，复置给水泵汽轮机，确认主汽门开足。

c）将给水泵汽轮机转速控制 DCS 投入自动，给水泵汽轮机开始冲转、升速。

d）自动升速至 2500r/min 左右，全面检查给水泵汽轮机各运行参数正常。

e）给水泵汽轮机控制系统自动切至给水泵转速控制后，进行手动升速，注意升速率小于 500r/min。

f）当给水泵汽轮机升速至 107% 额定转速，即 5940r/min 左右，给水泵汽轮机自动脱扣，否则手动脱扣，试验结束。

g）给水泵汽轮机转速到零，投入盘车，恢复系统，并由检修连接靠背轮。

4）超速试验注意事项。

a）超速试验必须严格分工，由专人负责监视转速，由专人负责操作脱扣按钮。

b）升速时，应严密监视给水泵汽轮机转速、振动、轴向位移、轴承温度等运行参数。

c）超速试验过程中，一旦发现给水泵汽轮机转速急剧上升，应立即手动脱扣。

d）当超速试验进行到 6013r/min，若给泵汽轮机保护仍未动作脱扣，则应立即手动脱扣。

e）给水泵汽轮机超速试验也可由检修人员通过专用超速试验台来进行。

6. 汽动给水泵有关控制逻辑

（1）汽动给水泵辅助油泵自启停逻辑，如图 4-14、图 4-15 所示。

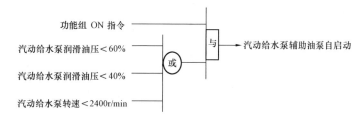

图 4-14　汽动给水泵辅助油泵自启动逻辑图

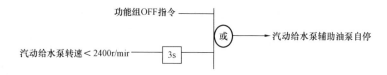

图 4-15　汽动给水泵辅助油泵自停逻辑图

（2）汽动给水泵事故油泵自启停逻辑，如图 4-16 所示。

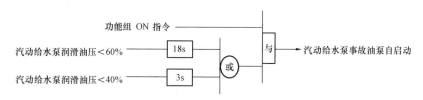

图 4-16　汽动给水泵事故油泵自启停逻辑图

（3）给水泵汽轮机盘车电动机自停逻辑，如图 4-17 所示。

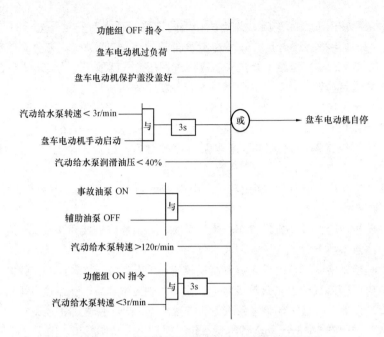

图 4-17　给水泵汽轮机盘车电动机自停逻辑图

（4）给水泵汽轮机盘车许可逻辑，如图 4-18 所示。

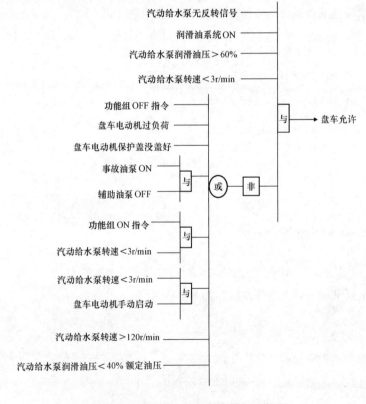

图 4-18　给水泵汽轮机盘车许可逻辑图

（5）给水泵汽轮机液压油泵自启动逻辑，如图 4-19 所示。

（6）前置泵启动许可逻辑，如图 4-20 所示。

热 力 系 统 及 运 行

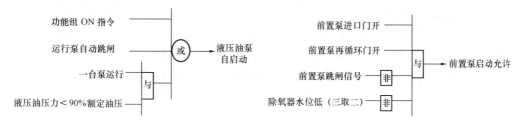

图 4-19　给水泵汽轮机液压油泵自启动逻辑图　　图 4-20　给水泵汽轮机液压油泵自停逻辑图

六、锅炉给水调整门

1. 锅炉给水调整门（FW004）作用

（1）保证给水压力在机组运行过程中始终大于主蒸汽压力 2.5MPa。这样就能保证一、二级减温水相对于过热汽有足够的压差，使之能喷入过热器中，起到减温的作用。

（2）防止各锅炉给水泵入口流量过大而过载。

给水控制要投自动，先将锅炉给水调整门（FW004）投自动，然后将锅炉给水泵投自动；否则给水自动无效。由于锅炉给水调整门（FW004）在较小开度时调节性能不佳，往往因关小过程中过调引发给水流量低而 MFT。所以，给水自动一般在机组负荷为 210MW 时投入。

2. 给水流量设定值的给定

以基本的煤水比曲线为给水流量基础值，在此基础上加上以下过程量的修正，从而得到给水流量设定值。

（1）摆动喷燃器角度修正。

（2）分离器出口汽温前馈修正。

（3）分离器出口汽温与压力的设定曲线静态修正。

（4）过热汽喷水比例修正。

七、给水系统故障处理

1. 汽动给水泵重大事故处理规定

（1）遇到下列情况之一，应紧急停用汽动给水泵。

1）给水泵转速瞬间上升，转速升高到 5940r/min，超速保护未动作。

2）给水泵运行参数达到脱扣保护定值，保护未动作。

3）给水泵汽轮机发生水冲击。

4）给水泵主油泵发生故障。

5）泵组突然发生强烈振动或内部有明显的金属摩擦声。

6）任何一个轴承断油、冒烟、冒火。

7）油系统着火不能及时扑灭，严重威胁泵组安全运行。

8）油系统漏油无法维持运行。

9）蒸汽管道或给水管道破裂，无法隔绝。

10）给水泵发生严重汽化。

11）前置泵电动机冒烟、冒火，电动机线圈温度＞155℃，轴承温度＞100℃，前置泵电流严重超限。

12）前置泵轴承温度＞90℃，密封冷却器回水温度＞95℃。

13）给水泵入口流量＜400m³/h，再循环调整门未开启，延时 30s。

14）给水泵入口压力＜0.3MPa。

15）润滑油箱油位低于 1010mm。

16）液压油箱油位低于 300mm（以顶盖为零位）。

17）调速系统发生大辐度晃动。

（2）汽动给水泵发生重大事故后，应迅速判断故障原因，视对人身安全和设备损坏情况，及时启动备用电动给水泵，停用故障给水泵。

（3）汽动给水泵紧急停用可操作控制室操作盘上的紧急脱扣按钮或就地紧急脱扣按钮。

（4）紧急停用操作。

1）手动脱扣汽动给水泵，检查确认所有主汽门、调门关闭，给水泵转速下降。

2）检查辅助油泵自启动正常，润滑油压正常。

3）检查电动给水泵启动正常，维持给水压力、流量正常。

4）完成汽动给水泵其他停用操作。

2. 给水泵汽轮机断叶片

（1）断叶片的现象。

1）给水泵汽轮机内部发生明显的金属撞击声。

2）给水泵汽轮机蒸汽通流部分发出不同程度的摩擦声。

3）给水泵汽轮机振动明显增大。

4）给水泵汽轮机腔室压力、轴向位移、推力瓦温度异常变化。

5）给水泵汽轮机在蒸汽参数、真空不变的情况下，调门开度比以往同负荷时增大。

6）断叶片不一定同时出现上述现象，需加以分析、判断。

（2）断叶片的处理。

发现下列现象之一，应手动脱扣，紧急停泵。

1）给水泵汽轮机内部发生明显的金属撞击声或摩擦声。

2）给水泵汽轮机通流部分发出异声，同时泵组发生强烈振动。

发现下列情况应进行分析，汇报值长进行处理。

1）给水泵汽轮机腔室压力异常变化，相同运行工况时负荷下降。

2）给水泵汽轮机轴向位移、推力瓦温度明显变化或振动明显增大，应进行降速或停泵处理。

3. 给水泵汽轮机水冲击

（1）水冲击的现象。

1）给水泵汽轮机进汽温度或汽缸金属温度急剧下降。

2）给水泵汽轮机进汽管道、法兰、阀门压盖、轴封、汽缸结合面等处冒出白色湿气或溅出水滴。

3）清楚地听到给水泵汽轮机进汽管内有水冲击声。

4）给水泵汽轮机轴向位移增大，推力瓦金属温度和回油温度上升。

5）泵组振动增加，泵组内发出金属噪声和冲击声。

（2）水冲击的处理。

1）按汽动给水泵紧急停用方式处理。

2）检查给水泵汽轮机蒸汽管道各疏水门及汽缸疏水门开足。

3）仔细倾听给水泵汽轮机内部是否有异声，并比较惰走时间。

4. 给水泵汽化

（1）汽化的现象。

1）给水泵转速、出口压力、流量下降或晃动。

2) 给水泵泵体及管道声音异常，振动增大。

3) 给水泵两端密封处冒出白色湿汽。

（2）汽化的原因。

1) 除氧器水位或压力突降。

2) 前置泵进口滤网堵塞。

3) 给水泵进水量突然增加使除氧器压力突降。

4) 给水泵进水管道内有空气或蒸汽。

5) 除氧器失水。

6) 前置泵故障，给水泵入口压力低于0.3MPa。

7) 给水流量过低，再循环门未开。

（3）汽化的处理。

1) 开足给水泵再循环调整门。

2) 提高除氧器水位及压力。

3) 若处理无效，应立即停泵。

4) 清理前置泵入口滤网。

5) 开启给水泵出水门前所有放空气门。

6) 分析汽化原因

5. 给水泵润滑油压力低

（1）润滑油压力低的主要原因。

1) 润滑油压力油管漏油。

2) 给水泵主油泵工作失常。

3) 辅助油泵逆止门漏油。

4) 润滑油滤网有垃圾阻塞。

5) 润滑油油箱油位下降。

6) 润滑油油温异常升高。

7) 润滑油过压阀动作失常。

（2）润滑油压力低的处理。

1) 分析运行工况及原因，并迅速消除故障。

2) 若润滑油压力下降至0.12MPa左右，应手动启动辅助油泵。

3) 若润滑油压力下降至0.09MPa，检查辅助油泵自启动，若不自启动应立即手动开出。

4) 润滑油压力下降至0.09MPa，给水泵保护动作脱扣；若保护不动作，应立即手动脱扣。

5) 润滑油压力下降至0.06MPa，检查事故油泵自启动；若不自启动，应立即手动开出。

6) 润滑油滤网差压＞0.08MPa，即切换备用滤网运行。

7) 如给水泵轴承油压力降低，应检查轴承温度和油流等情况。

6. 给水泵（A）跳闸

（1）现象。

1) "给泵/前置泵A跳闸"光字牌报警；

2) 运行第五台磨煤机跳闸；

3) "快速减负荷（RB）"报警；光字牌报警；

4) 中间点温度、末级过热汽出口汽温升高。

（2）处理。

1）检查给水泵（A）主汽门、调门关闭，给水泵（A）转速下降。

2）给水泵（A）辅助油泵应自启动，如不自启动应手动启动，注意油压正常。

3）检查给水泵 B 在自动方式，如在手动方式，将其投自动，注意给水流量正常。

4）将 FM（煤主控）切至手动，把输出值减至低于 40%，并投入自动方式，在锅炉燃料低于 55% 时，确认"快速减负荷（RB）"自动复置。

5）确认在 BM（锅炉主控）上汽压设定值自动减小，维持汽轮机调门在 86% 开度左右，必要时手动干预。

6）注意主蒸汽、再热蒸汽温度不超限，必要时将主汽温、给水切手动控制。

7）负荷剧降，要注意除氧器水位，必要时需切手动控制。

8）全面检查机组各系统运行正常，机组负荷维持在 300MW 左右运行。

9）查明给水泵（A）跳闸原因，通知检修人员及时消除故障。

思 考 题

1. 凝结水及补水系统有哪些主要设备？系统流程？

2. 凝结水及补水系统用户有哪些？

3. 为什么低压缸要安装喷水降温装置？低压缸喷水阀如何动作？

4. 凝结水及补水系统主要设备作用及结构、特点，阀门位置？

5. 凝结水及补水系统现场巡检项目、注意事项？

6. 凝汽器补水如何操作？

7. 凝结水泵启动前检查项目有哪些？

8. 凝结水泵启动如何操作？

9. 凝结水泵运行检查项目有哪些？

10. 凝结水泵切换如何操作？

11. 什么时候可以停止凝结运行？如何操作？

12. 凝结水泵允许启动条件有哪些？

13. 凝结水泵跳闸条件有哪些？

14. 凝结水泵的隔绝措施有哪些？

15. 机组运行中凝补水箱水位低有何危害？

16. 凝汽器为什么要有热井？

17. 凝结水泵出口再循环管的作用是什么？

18. 机组运行中凝汽器水位高是否可以用凝结泵入口放水管放水？为什么？

19. 凝汽器热井水位高、低对机组运行有何影响？

20. 凝结水过冷度概念及维持正常值的意义？

21. 凝汽器端差的概念及维持正常值的意义？

22. 凝汽器冷却水管轻微泄漏如何堵漏？

23. 凝结水产生过冷却的主要原因有哪些？

24. 凝结水泵在运行中发生汽化的象征有哪些？

25. 凝汽器运行状况好坏的标志有哪些？

26. 凝汽设备的任务有哪些？

27. 为什么要设置前置泵？

28. 为什么要暖泵？暖泵有哪几种方式？

29. 给水系统有哪些主要设备？设备作用及结构、特点？

30. 给水系统作用是什么？主要用户有哪些？

31. 画出给水系统的流程。

32. 高压加热器为什么要注水？如何注水？

33. 高压加热器有哪些保护？

34. 加热器在正常运行中应监视哪些项目

35. 除氧器的作用和位置？

36. 锅炉给水为什么要除氧？

37. 除氧器的组成？

38. 与除氧头连接的汽、水管道有哪些？

39. 热力除氧的工作原理是什么？

40. 简述热力除氧的基本条件？

41. 除氧器正常运行注意事项。

42. 除氧器水位高如何处理？

43. 除氧器溶氧量大如何处理？

44. 简述液力偶合器的工作原理？

45. 电动给水泵启动前有哪些准备工作？

46. 电泵启动前检查内容有哪些？

47. 汽泵运行中检查内容有哪些？

48. 汽泵电泵再循环作用。中间抽头作用。

49. 汽泵注水操作需注意哪些项目？

50. 电泵允许启动条件。

51. 如何启动电泵？

52. 电动给水泵组运行中的检查项目有哪些？

53. 给水泵汽蚀的原因有哪些？

54. 给水泵发生汽蚀的现象有哪些？

55. 给水泵发生汽蚀如何处理？

56. 发生哪些情况应手动紧急停泵？

57. 汽泵启停注意事项有哪些？

58. 给水流量的设定值是如何给定的？

抽 汽 及 加 热 器 系 统

一、概述

抽汽系统的主要作用是将汽轮机的抽汽送至低压加热器、除氧器、高压加热器以加热凝结水和给水，提高机组效率；同时也向两台给水泵汽轮机、高温辅汽系统提供汽源，满足给水泵汽轮机正常运行的需求以及辅汽系统各用户的用汽需求。

在纯凝汽式汽轮机的热力循环（朗肯循环）中，新蒸汽的热量在汽轮机中转变为功的部分只占 30% 左右，而其余的 70% 左右的热量随乏汽（在汽轮机中做完功的排汽）进入凝汽器，在凝结过程中被循环水带走。可见乏汽在凝汽器内的热损失是很大的，如果能将这部分损失的热量回收一部分，用其加热锅炉给水，以减小给水吸收燃料的热量，则必能使热力循环的效率提高。用乏汽直接加热锅炉给水，由于温度太低（不存在传热温度差），因此是不可能实现的。但是可以设想利用在汽轮机内做了一定量功后的蒸汽，即进入汽轮机的蒸汽一部分按朗肯循环继续做功直至凝汽器；而另一部分则在汽轮机中间抽出，用来加热由凝汽器来的凝结水或锅炉给水，提高给水温度。显然这部分抽汽的热量重新回入锅炉，没有了在凝汽器中被冷却水带走的热量损失，故这部分蒸汽的循环热效率可以等于 100%。其余部分的蒸汽进入凝汽器，其热效率为朗肯循环热效率。整个热力循环便由上述两循环组成，其总的热效率必大于同样参数下的纯凝汽式循环的效率。这种具有利用抽汽加热给水的热力循环称为给水回热循环。给水回热循环是提高火电厂循环效率的措施之一。（其他措施包括提高新蒸汽参数、降低汽轮机排汽终参数、采用中间再热、采用热电联产等。）

火电厂中都采用多级抽汽回热，这样凝结水可以通过各级加热器逐渐提高温度。用抽汽加热凝结水和给水，可减少过大的温差传热所造成的蒸汽做功能力损失。从理论上讲，回热抽汽级数越多，则热效率越高，但也不能过多，因为随着抽汽级数的增多，热效率的增加趋缓，而设备投资费用增加，系统会更复杂，安装、维修、运行都比较困难。目前，大容量单元制机组一般采用 8 级抽汽，机组容量与回热级数及给水温度的关系，如表 5-1 所示。

表 5-1 　　　　　　　　　　　　**机组容量与回热级数及给水温度的关系**

机组容量（MW）	3～6	25	100	200	125	300	600	≥600
回热级数（级）	2～3	5	6～7	8	7	8	8	7～8
给水温度（℃）	104～164	≈170	221～227	240～244	≈240	260～270	270～280	267～285

采用抽汽回热循环的优点：

（1）显著地提高了火电厂循环的热效率。此时汽耗率虽然增加了，但热耗率却降低了，锅炉中换热量反而减少，故换热面积相应减少。（汽轮发电机组每发出 1kWh 电能所消耗的主蒸汽流量称为汽耗率。汽轮发电机组每发出 1kWh 电能所消耗的热量称为热耗率。热耗率等于汽耗率与单位千克的工质在锅炉中的吸热量的乘积。汽耗率和热耗率是发电厂汽轮发电机组的重要经济指标。但汽耗率只能反映同参数机组的经济性高低，而热耗率不仅能反映出汽轮机的完善程度，也能反映出发电厂热力循环的效率和运行技术水平的高低。）

（2）采用回热循环后，若凝汽量相同，则汽轮机前面几级（抽汽前）的蒸汽流量增加；若汽轮机进汽量相同，则最后几级（抽汽后）的流量减少。因蒸汽在汽轮机中膨胀到终压时比容增加几百甚至几千倍，而汽轮机的最大功率总是限制末级的通流量。现在回热循环的效果正好有利于解决这一困难，因此对于具有同样末级叶片通流能力的汽轮机，采用回热循环后增大了单机功率。

（3）进入凝汽器的蒸汽流量减少了，凝汽器热负荷减小，换热面积可减小。循环水泵容量也相应减小。

抽汽回热管道一端是汽轮机，一端是具有一定水位的加热器或除氧器。为防止汽轮机甩负荷及加热器满水引起汽水倒流进入汽轮机，造成汽轮机超速及水击事故，在抽汽回热管道上采取以下安全措施：

1）装设液动或气动抽汽逆止门（本机组为带电磁阀的气控门）。当电网或汽轮机发生故障，主汽门关闭时，连锁快速关闭抽汽逆止门，切断抽汽管路。对于大容量机组，由于除氧器的汽化能量较大，在与除氧器连接的抽汽管道上均增设一个逆止门，以加强保护。

2）设置电动隔绝门。当任何一台加热器因管系破裂或疏水不畅，水位升高到事故警戒水位时，通过水位信号连锁自动关闭相应抽汽管道的电动隔绝门，与此同时，该抽汽管道上的逆止门也自动关闭。电动隔绝门的全行程动作时间应保证：加热器疏水为正常抽汽流量加上附加疏水流量，当加热器发生解列时，电动隔绝门有足够的时间来关闭而加热器不致于满水至电动隔绝门前。电动隔绝门的另一个作用是在加热器故障停用时，切断加热器汽源。在有些抽汽电动隔绝门上还设置旁路门，以减小大口径电动隔绝门的预启力，同时在加热器故障检修后重新投入时，对加热器预热，以避免热应力过大。

3）在每一根与抽汽回热管道相连的外部蒸汽管道（如小汽轮机备用汽源管道、辅助蒸汽汽源管道）上，均设置电动隔绝门和逆止门，严防蒸汽倒流。

4）安装在汽轮机抽汽口侧的电动隔绝门或逆止门，应尽量靠近汽轮机，以减少汽轮机甩负荷时阀前抽汽管道内贮存的蒸汽能量，有利于防止汽轮机超速。

5）电动隔绝门前或后、逆止门前后的抽汽管道低位点，均设有疏水门。当任何一个电动隔绝门关闭时，连锁打开相应的疏水门，将抽汽管内可能积聚的凝结水疏放至扩容器，防止汽轮机进水。在机组启动时，疏水门开启，将抽汽管道暖管的凝结水及时疏放出去。当机组低负荷时，利用疏水门保持抽汽管道处于热备用状态，以便随时恢复供汽。

6）在抽汽管道的最低点的上下管壁上设置热电偶测量温度，以检测管道是否有积水，若发现积水时以便及时采取处理措施。

二、抽汽系统特点

本超临界600MW机组设有八级抽汽，机组在额定工况下各级抽汽参数如表5-2所示。抽出的蒸汽供给各级加热器、辅助蒸汽系统、除氧器及给水泵汽轮机。在八级抽汽中，除一、二级抽汽没有抽汽隔绝门和逆止门外，其余六级均有电动隔绝门和逆止门，各级疏水逆止门前后全部设有疏水点。

表5-2 各级抽汽压力、温度表（额定工况）

名　　称	抽汽量（kg/s）	压力（bar）	温度（℃）
八级抽汽	37.48	71	354.6
七级抽汽	35.94	45.8	301.4

名　　称	抽汽量（kg/s）	压力（bar）	温度（℃）
六级抽汽	23.42	24	477.2
五级抽汽	27.26	12.02	363.4
四级抽汽	19.31	3.92	236.8
三级抽汽	19.35	2.31	182.7
二级抽汽	13.4	0.76	92.1
一级抽汽	19.11	0.25	64.9

　　八级抽汽是从高压缸的第 16 压力级后抽出（高压转子：调节级＋21 级），经八抽逆止门和电动隔绝门去八号高压加热器，加热给水。高压排汽从高压缸 A、B 两侧排汽管上接出，经高排逆止门 A、B 后合为冷段再热汽母管，供各冷段再热汽用户。七级抽汽是从冷段再热汽母管接出，经电动隔绝门和七抽逆止门去七号高压加热器，加热给水。六级抽汽是从中压缸机头侧第 6 级后抽出（中压转子：2×17 级），经六抽逆止门和电动隔绝门去六号高压加热器，加热给水。五级抽汽从中压缸机尾侧第 11 级抽出，此管道上另有一路是从高压缸两端高压侧轴封泄汽来汽，高压缸近机头端参数较高的漏汽回收送到第五级抽汽管，既回收了漏汽的热量及工质，又有利于缩短高压转子的长度。五级抽汽经过五抽逆止门分别去给水泵汽轮机 A、B 和除氧器。除氧器正常运行采用五级抽汽作为加热汽源，减小了除氧器因高压加热器疏水进入量大而产生自身沸腾的可能性；同时也减少了高压加热器因故停止运行时，锅炉给水温度过低对锅炉运行可靠性、安全性的影响。去除氧器另外还有两个汽源，一个是辅助蒸汽，另一个是由高压缸的排汽而来（即冷段再热蒸汽）。去给水泵汽轮机的抽汽分别经电动隔绝门、逆止门去 A/B 给水泵汽轮机，作为给水泵汽轮机的低压汽源。四级抽汽来自中压缸排汽，经四抽逆止门和电动隔绝门去四号低压加热器，加热凝结水。三级抽汽分别从两只低压缸（低压转子：一号机 2×5 级、二号机 2×6 级）第 1 级后抽出，经三抽逆止门和电动隔绝门去三号低压加热器，加热凝结水。二级抽汽分别从两只低压缸的第 3 级后抽出，不经过任何阀门，直接去二号低压加热器，加热凝结水。一级抽汽分别从两只低压缸的第 4 级后抽出，直接去一号低压加热器，在轴封蒸汽母管的末端有一个泄压阀，当轴封汽母管压力超过 108kPa 时，该泄压阀自动打开（轴封汽母管额定压力 105kPa，额定温度150℃），将过剩的轴封蒸汽排放到一号低压加热器的抽汽管内，加热凝结水。

　　在八级抽汽中，七级抽汽管道上的疏水去大气扩容箱，其余抽汽管的疏水全部去凝汽器扩容箱。所有抽汽管道上的疏水都先经过一个疏水立管，然后经疏水调整门，去凝汽器扩容箱或大气扩容箱。当汽轮机脱扣或给水加热器水位高高时，各级抽汽管上电动隔绝门和抽汽逆止门自动关闭，各抽汽逆止门前后疏水调整门连锁开启。在疏水立管上有两个水位开关，在疏水立管水位高时，水位开关动作自动打开疏水调整门；在疏水立管水位高高时，发出报警，运行人员可根据情况处理。

　　在七级抽汽管上有一温度测点，当冷再进汽温度大于 400℃时，自动关闭七抽电动隔绝门和逆止门，以保护七号加热器不发生超温。

　　三、加热器

　　给水回热加热器是电厂的重要辅助设备之一。本机组采用的是八级回热，一、二、三、四号为低压加热器，六、七、八号为高压加热器。除了除氧器外，一律采用表面式加热器，高、低压加热器全部采用不锈钢管子。衡量表面式加热器运行经济性的参数有：给水端差（即上端差，抽汽压力下对应的饱和温度和加热器出口水温之差）、疏水端差（即下端差，加热器的疏水温度和加热器进口水温之差）和给水温升。三段式表面式高压加热器的壳体内部结构可以分为：过热蒸汽冷却段（过热段）、凝结段和疏水冷却段。当加热器有过热段时，加热器的给水端差可趋于零或为负值。本机组六号、八号高压加热器设置了过热蒸汽冷却段以减小加热器给水端差，所有加热器都设有凝结段和疏水冷却段。

在大容量高参数机组中，其高压抽汽往往具有很大的过热度，所谓过热段就是充分利用蒸汽的过热度，让抽汽先进入加热器过热段，用蒸汽降低过热度所释放出的热量进一步提高给水温度，使给水温度达到接近于、甚至超过该抽汽压力下的饱和温度，即其端差趋于零或甚至为负值。显然，这种减小端差的方法比单纯加大加热器受热面积的方法更好，但也只能用于抽汽过热度较大且压力较高的加热器上。根据有关资料，设置过热段一般需满足下列条件：在机组满负荷时，蒸汽的过热度大于等于 83℃；抽汽压力大于等于 1.034MPa；汽侧流动阻力小于等于 0.034MPa；加热器端差在 0～−1.7℃；蒸汽离开过热段时尚有一定的过热度（30～50℃）。因为蒸汽在不同的压力下，如果有相同的阻力时，饱和温度下降的值是不一样的，抽汽压力低者饱和温度下降的更多。饱和温度下降太多，就意味着凝结放热强度的降低，最终得不偿失。

超临界机组因其抽汽的压力提高很多，而抽汽温度变化不大，故抽汽的过热度比亚临界机组的抽汽过热度反而低，根据这一情况，该电厂两台 600MW 超临界机组仅在第八、第六级抽汽相连的两只高压加热器上设置过热段，使这两只加热器的端差降低为 1.3℃ 和 −2℃，而没有过热段的七号高压加热器端差为 2℃。

7 只表面式加热器全部设有疏水冷却段，它对提高系统的热经济性和安全性起重要作用。在表面式加热器中蒸汽放热后形成的凝结水（疏水）必须引出加热器予以疏放，疏水的处理有疏水泵和疏水逐级自流两种。前者可以减少或避免通往凝汽器的直接冷源损失，热经济高（将疏水用泵重新打入系统），但系统复杂。高、低压加热器全部采用疏水逐级自流，其系统简单，运行安全可靠，而热经济性较差的问题就靠疏水冷却段来补偿。

加热器的疏水逐级自流进入下一级相邻的压力较低的加热器，由于疏水放热，导致下一级抽气量减少而形成热经济性降低。而疏水冷却段则是将加热器疏水与本级加热器的被加热给水进行热交换。显然，由于疏水温度高于给水温度，热交换使疏水放热，温度降低；给水吸热，温度升高。由于本级疏水温度降低，使其在下一级放热减少而使该级的低压抽汽量加大；同时本级给水温度升高将导致本级抽汽量减少。这二者的综合效果就是使抽汽在汽轮机中的做功增大，因而减少了冷源损失。简而言之，就是疏水被冷却后，减少了对下一级抽汽的排挤，因此提高了经济性。

加热器加设疏水冷却段不但能提高经济性，而且对加热器安全性也有好处。因为原来的疏水是饱和水，在流向下一级较低压的加热器时必须经过节流减压，而饱和水一经节流减压，就会因生成蒸汽而形成二相流体，它将对管道及下一级加热器造成冲击、振动等不利后果。而经冷却后的疏水成了不饱和水，这样在节流减压过程中大大减少了形成二相流体的可能性，因而保证了机组运行的安全。另外，对高压加热器而言，其疏水最后都是流到除氧器。疏水在除氧器中的放热不但排挤了供给除氧器这一级抽汽，而且也是形成除氧器"自身沸腾"的因素之一。加热器设置疏水冷却段后，疏水经冷却后再进入除氧器，对除氧器的安全运行更为有利。

除氧器的"自生沸腾"。所谓除氧器的"自生沸腾"现象，是指机组运行过程中过量的热疏水进入除氧器，其汽化产生的蒸汽量已满足或超过除氧器的用汽需要，使除氧器内的给水不需要回热抽汽的加热就能沸腾。这时，原设计的除氧器内部汽与水的逆向流动遭到破坏，在除氧器中形成蒸汽层，阻碍气体的逸出，使除氧效果恶化。同时，除氧器内的压力会不受限制地升高，排汽量增大，造成较大的工质和热量损失。

在高压除氧器中，由于除氧器内的压力较高，要将水加热到除氧器压力下的饱和温度，所需热量较多，进入除氧器的热疏水所放出的热量满足不了除氧器用汽的需要，因此，不易发生"自生沸腾"现象。

高、低压加热器的疏水除了通过疏水调整门逐级自流，每一只高、低压加热器都设有紧急疏水调整门，直接与凝汽器相连，在事故或加热器水位调节特性不好的情况下，高、低压加热器的疏水通过紧急疏水调整门直接流入凝汽器。

本机组一、二、三、四号低压加热器及六号高压加热器都是随机组启、停，工作压力随汽轮机负荷的增减而增减。七、八号高压加热器则是在机组负荷 210MW 时，手动投、停。

为了减小回热加热器的传热热阻，增强传热效果，防止气体对热力设备的腐蚀，可在所有加热器的汽侧设有排气管道系统，以排除加热器内的不凝结气体。低压加热器排气分别独立排入凝汽器（凝空门），而高压加热器的排汽在机组启动初期各自独立排入凝汽器（凝空门），在 3 台高压加热器全部投运后手动切换至除氧器（除空门）。

除氧器正常运行时采用滑压运行方式，工作压力随汽轮机负荷的变化而变化，这样就可以避免定压运行时除氧器进汽调整门处蒸汽经常存在的节流损失，提高了除氧器后的给水温度，使第五级抽汽的加热能力得到充分利用，增加了给水回热的节能效果。

一、二号低压加热器水侧为一个单元，共用一个旁路门，不能单独隔绝。一旦一号低压加热器或二号低压加热器出现高高水位，旁路门会立即打开，同时，一号低压加热器进口门、二号低压加热器出口门会迅速关闭，使一、二号低压加热器解列，走旁路运行。三、四号低压加热器水侧为各自独立单元，进、出口门和旁路门的动作均参与水位高高保护。同时，也和抽汽逆止门和抽汽隔绝门联动，一旦出现高高水位，进、出口门关闭，同时旁路门打开，抽汽隔绝门、抽汽逆止门关闭，低压加热器走旁路运行。当低压加热器水位恢复正常后，确认低压加热器进、出水门和抽汽隔绝门自动开启，旁路门自动关闭。

六、七、八号高压加热器水侧共用一个旁路。运行中只要有 1 台高压加热器出现高高水位，则 3 台高压加热器汽侧全部解列，给水走旁路。当高压加热器水位恢复正常后，确认高压加热器进、出水门自动开启，高压加热器六进汽门自动开启，等高压加热器六汽侧投用正常后，再逐台投用高压加热器七、八汽侧，监视高压加热器水位调节正常。

除一、二号加热器外，其余几个加热器汽侧都设有从氮气系统来的充氮管路，目的是在加热器长时间停运时对其进行充氮保养，防止其发生氧化腐蚀。（高、低压加热器的启、停及运行分别在给水系统及凝结水系统中介绍。）

加热器的正常投运与否对机组的安全、经济运行影响很大。对直流锅炉来讲，由于给水温度下降（正常机组满负荷运行时给水温度为 284℃，高加全切后给水温度下降 100℃左右），若要维持锅炉蒸发量及过热器出口温度不变，势必增加燃煤而使锅炉单位面积热负荷上升，有可能导致传热恶化、水冷壁结焦超温甚至发生爆管事故。大容量机组在设计时高压加热器全切后能保证机组满负荷运行，而实际上考虑到锅炉结焦超温等情况，只能降部分负荷运行。而低压加热器的停用会使汽轮机末几级的蒸汽流量增大而导致浸蚀加剧。在低压加热器停用时，若要维持机组出力不变，则停用的抽汽口以后的各级叶片、隔板及轴向推力都可能过负荷，为保证机组安全，也要适当降低机组出力运行。

四、加热器故障处理

1. 加热器泄漏

加热器泄漏的现象一般是加热器水位升高；正常疏水及事故疏水调整门开大；加热器入口水流量增加，出口水流量减小；发生泄漏的加热器的出口水温降低，疏水温度降低。

加热器泄漏时，应及时停止其运行，停运泄漏的加热器前应适当降低机组负荷。同时注意调整控制好凝汽器、除氧器水位。如加热器泄漏，导致水位上升无法控制时，要立即将加热器的汽侧及水侧全部隔绝，同时密切注意抽汽管上下壁温测点的变化、汽轮机上下缸温差及振动变化情况，如有异常，立即按照有关规程规定作紧急停机处理。加热器严重满水时可能对汽轮机造成水冲击，可能会导致汽轮机断叶片、大轴弯曲等事故的发生。所以发现加热器泄漏时应及时停运，避免泄漏突然增大造成加热器满水而引起汽轮机水冲击事故的发生。

发生泄漏的加热器停运时，只有确认水侧完全隔绝后，才允许隔绝汽侧疏水，在隔绝水侧走旁路时，应就地确认有关阀门状态正确，同时注意给水或凝结水流量的变化，防止断水事故的发生。

加热器检修前必须就地确认加热器出入口电动门及抽汽电动门确已完全关闭，然后断开各电动门的电源开关，加热器的汽水侧至有压放水门应关闭严密，至无压放水、放空门应全开且已无汽水流出，汽水侧温度降至85℃以下时方可检修，以免由于隔绝措施不到位，汽水未放尽而造成检修人员烫伤，此点必须引起注意。

2. 加热器阀门故障

加热器的阀门故障一般包括疏水调整门的卡涩，气动调整门的漏气，给水三通阀阀芯脱落以及阀门不能开关到位等。疏水调整门卡涩一般可根据加热器水位及调整门的指令与反馈的偏差进行分析判断，调整门卡涩时应就地确认调整门气源是否正常，解除自动，手动进行操作处理，如操作处理无效时，应及时联系检修进行检查处理，此时可用加热器事故疏水调整门来控制水位。

给水三通阀阀芯脱落可根据加热器出口水温与省煤器入口水温的偏差进行分析判断，阀芯脱落将造成一部分给水不经过高压加热器，而直接经过旁路进入锅炉，造成省煤器入口水温明显低于高压加热器出口水温。同时由于进入加热器的给水量减少，相应的冷却能力下降，凝结蒸汽量减少，加热器疏水调整门相应的会关小。给水三通阀故障时，应尽快申请停机处理，以免此时高压加热器泄漏时，水侧无法隔绝，如泄漏量较大，加热器疏水不能及时排除泄漏的给水，将造成高压加热器满水，如不能及时脱扣停机停止给水，将造成汽轮机水冲击或加热器汽侧超压爆破的严重事故发生，严重威胁人身及设备安全。阀门不能开关到位时，应就地确认其实际开度，不能盲目操作，以免造成主旁路切换时断水事故的发生。

加热器检修完毕后水侧注水一定要排尽空气，同时要控制好进水速度和加热器的出口温度变化率，防止产生过大的热应力；只有在加热器内确已充满水，水侧压力升至正常值后，方可全开加热器进出口门，否则将造成严重的气水冲击，引起管路及加热器强烈振动而损坏设备。

3. 除氧器水位调整门（A）故障全开

（1）现象。

1）除氧器水位调节阀A全开，凝水流量增大；

2）凝泵出口压力下降，凝泵B自启动；

3）除氧器水位上升。

（2）处理。

1）关闭除氧器水位调整门进口门A（CD025A）；

2）手动调节除氧器水位，恢复水位正常；

3）停备用凝泵B；

4）派人就地检查故障原因，及时处理，不能处理通知检修处理；

5）如高、低加水位波动，及时切手动处理使之恢复正常后重新投入自动运行。

4.6 号高压加热器泄漏

(1) 现象。

1)"任一加热器水位高"、"任一加热器进汽门关"光字牌报警;

2) 6 号高压加热器疏水调整门全开,危急疏水调整门开启;

3) 高压加热器给水旁路运行。

(2) 处理。

1) 确认高压加热器给水旁路运行正常;

2) 确认 6 号高压加热器进汽门、进汽逆止门自动关闭,否则手动关闭;

3) 确认 7 号、8 号高压加热器进汽门、进汽逆止门自动关闭,否则手动关闭;

4) 手动关闭 7 号高压加热器至 6 号高压加热器疏水调整门;

5) 确认高压加热器 6 号、7 号、8 号进汽逆止门前、后疏水门开启;

6) 派人就地关闭高压加热器 7 号疏水调整门进口门(HD024);

7) 机组减负荷至 540MW;

8) 关闭 6 号高压加热器正常疏水调整门;

9) 派人隔绝 6 号高压加热器:关闭 6 号高压加热器除空门,开启凝空门,完全泄压后,关闭 6 号高压加热器凝空门;关闭 6 号高压加热器正常疏水调整门进口门(HD082),关闭 6 号高压加热器危急疏水调整门进口门(HD031),关闭 6 号高压加热器正常、危急疏水调整门的气控门,开启 6 号高压加热器汽侧放水门;

10) 检查汽轮机振动及轴向位移正常,检查给水泵 A/B 运行正常,及时调整主汽温、再热汽温正常运行;

11) 通知检修,查找原因及时消除故障。

5.7 号高压加热器紧急疏水门误开

(1) 现象。

1)"任一加热器进汽门关"光字牌报警;

2) 7 号高压加热器水位低报警;除氧器水位下降,凝汽器水位上升。

(2) 处理。

1) 派人就地就检查 7 号高压加热器紧急疏水门状态;

2) 及时关闭 8 号高压加热器抽汽门;

3) 故障不能立即消除,派人关闭 7 号高压加热器紧急疏水门调整门进口门(HD026);

4) 通知检修,查找原因及时消除故障;

5) 故障消除后,派人开启 7 号高压加热器紧急疏水门调进 HD026;

6) 手动调节除氧器水位,水位正常后投入自动控制;

7) 依次开启 7 号、8 号高压加热器抽汽门,投运高压加热器。

五、有关控制逻辑

本机组抽气、加热器系统有关控制逻辑如下:

(1) 除氧器水位>3250mm——除氧器五抽进汽门自动关(ES013)。

(2) 除氧器水位正常——除氧器五抽进汽门自动开(ES013)。

(3) 除氧器五抽进汽逆止门自动开(ES014)逻辑,如图 5-1 所示。

(4) 除氧器五抽进汽逆止门自动关(ES014)逻辑,如图 5-2 所示。

(5) 三、四级抽汽电动隔绝门开关逻辑,如图 5-3 所示。

(6) 六级抽汽电动隔绝门开关逻辑,如图 5-4 所示。

图 5-1　除氧器五抽进汽逆止门自动开逻辑图

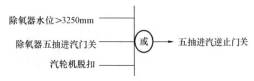

图 5-2　除氧器五抽进汽逆止门自动关逻辑图

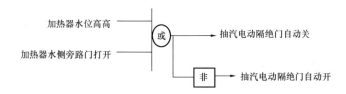

图 5-3　三、四级抽汽电动隔绝门开关逻辑图

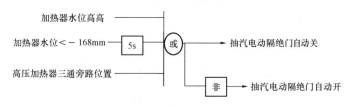

图 5-4　六级抽汽电动隔绝门开关逻辑图

（7）七级抽汽电动隔绝门自动关逻辑，如图 5-5 所示。

（8）八级抽汽电动隔绝门自动关逻辑，如图 5-6 所示。

图 5-5　七级抽汽电动隔绝门自动关逻辑图　　　　图 5-6　八级抽汽电动隔绝门自动关逻辑图

（9）加热器抽汽逆止门自动开、关逻辑，如图 5-7、图 5-8 所示。

图 5-7　加热器抽汽逆止门自动开逻辑图　　　　图 5-8　加热器抽汽逆止门自动关逻辑图

（10）加热器高高水位信号连锁动作逻辑，如图 5-9、图 5-10、图 5-11、图 5-12、图 5-13 所示。

六、抽汽逆止门活动试验

抽汽逆止门活动试验是按照定期试验要求对各抽汽逆止阀进行活动性试验，以保证事故状况下能迅速关闭。试验时机组负荷一般控制在90％负荷以下，每一抽汽逆止门应分别进行试验，

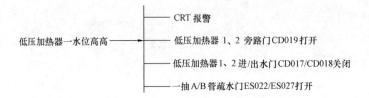

图 5-9　低压加热器一高高水位信号连锁动作逻辑图

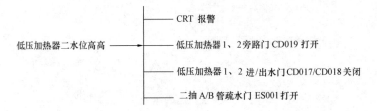

图 5-10　低压加热器二高高水位信号连锁动作逻辑图

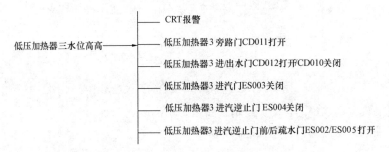

图 5-11　低压加热器三高高水位信号连锁动作逻辑图

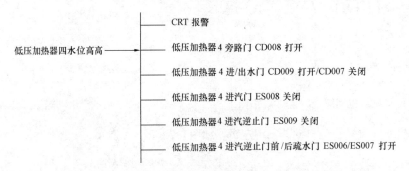

图 5-12　低压加热器四高高水位信号连锁动作逻辑图

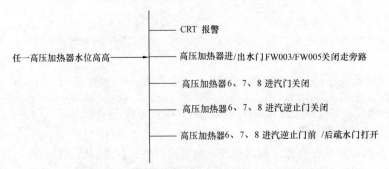

图 5-13　任一高压加热器水位高高信号连锁动作逻辑图

压力由低到高。试验时要迅速，以免影响热力系统的运行稳定。试验时应有专人就地检查逆止门动作情况，试验过程中应加强对加热器的水位变化监视，防止造成加热器因高高水位切除，一般情况下由于抽汽逆止门关闭后马上开启，时间很短对加热器影响不大。在做给水泵汽轮机 A/B 五级抽汽逆止门及高排逆止门试验时要特别小心，必须确认另一侧逆止门不在试验，在操作逆止门关闭时，检查逆止门关至 10％ 左右时，立即开启逆止门。如果试验时逆止门不动作，应及时通知检修人员处理。

抽汽逆止门活动试验有关规定：

（1）抽汽逆止门活动试验每月进行一次。

（2）抽汽逆止门活动试验由机组值班员监护，巡操员进行操作。

（3）试验就地进行，必须与控制室机组值班员保持联系。

（4）试验应包括汽轮机三～八级抽汽逆止门、高压缸排汽逆止门 A/B、除氧器五级抽汽逆止门、给水泵汽轮机 A/B 五级抽汽逆止门。

1. 抽汽逆止门活动试验方法

（1）就地操作相应的抽汽逆止门活动试验手柄，使逆止门控制汽缸泄气。

（2）确认该抽汽逆止门动作关小。

（3）立即放开抽汽逆止门活动试验操作手柄，确认该抽汽逆止门开足，试验结束，机组恢复正常。

2. 试验注意事项

（1）操作试验手柄时应迅速，以防止抽汽逆止门关闭，影响对应设备的正常运行。

（2）抽汽逆止门活动试验应在汽轮机正常运行或汽轮机复置后进行。

思 考 题

1. 什么是给水回热循环？

2. 提高火电厂循环效率的措施有哪些？

3. 抽汽系统的特点有哪些？

4. 什么是加热器的过热段、凝结段和疏水冷却段？

5. 什么是除氧器的"自身沸腾"？有什么危害？

6. 高压加热切除对机组运行有何影响？

7. 抽汽逆止门活动试验如何进行？注意事项有哪些？

8. 什么叫汽耗率？什么叫热耗率？两者之间有何关系？

9. 加热器投运前检查。

10. 加热器运行时检查内容有哪些？

11. 高压加热器紧急停运操作步骤？

12. 抽汽逆止门活动试验有何要求及注意事项？

13. 高压加热器为什么要设置水侧自动旁路保护装置？其作用是什么？对保护有何要求？

14. 高压加热器钢管泄漏应如何处理？

15. 高压高温汽水管道或阀门泄漏应如何处理？

16. 试述高压加热器汽侧安全门的作用？

17. 表面式加热器的疏水方式有哪几种？高压加热器疏水是如何布置的？

18. 高压加热器为什么要装注水门？

19. 低压加热器的疏水是如何布置的？

20. 低压加热器汽侧连续排气门有什么作用？

21. 简述高压加热器的结构组成？

22. 高压加热器的自动旁路的型式及投入方法？

23. 什么是高压加热器的上、下端差？

24. 高压加热器水位高高时，保护动作内容有哪些？

25. 高压加热器的上端差过大、下端差过小有什么危害？

26. 高压加热器水侧管道发生泄漏有哪些现象？

27. 高压加热器水位过低运行有何坏处？

28. 叙述高压加热器满水的现象？

29. 叙述高压加热器满水的危害？

30. 高压加热器满水时如何处理？

31. 影响加热器正常运行的因素有哪些？

32. 高低压加热器退出运行时对机组负荷有何要求？

33. 机组高负荷投高加注意事项？

34. 机组高负荷事故解列高加注意事项？

轴 封 及 真 空 系 统

第 一 节 真 空 系 统

一、概述

在火电厂蒸汽动力循环中,降低汽轮机排汽终参数(排汽压力、排汽温度)是提高机组循环热效率的措施之一,最常用和最有效的方法是设置凝汽器,让汽轮机的排汽排入凝汽器中,并用循环水来冷却,使其凝结成水。蒸汽在凝结时,体积急剧减小,因而凝汽器内会形成高度真空。为使凝汽器能正常工作,用真空泵不断地将漏入凝汽器中的空气抽走,以免漏入的空气积聚,使凝汽器的压力升高,同时避免漏入的空气影响传热效果。(凝汽器实际能达到的排汽温度 $t_c = t_{wi} + \Delta t + \delta_t$;其中,$t_{wi}$ 为进入凝汽器的冷却水温度,Δt 为循环水温升,δ_t 为凝汽器的端差)故汽轮机启动冲转前,需要在汽轮机的汽缸内和凝汽器中建立一定的真空度。在机组正常运行时,也需要不停地将通过不同途径漏入汽轮机真空系统中的不凝结气体连续不断地抽出,以便维持凝汽器中的真空度,使机组一直保持高效率运行。

(1)真空系统的作用。

1)在机组启动初期建立凝汽器真空;

2)在机组正常运行中保持凝汽器真空,确保机组安全经济运行。

本机组真空系统的流程如下所示。

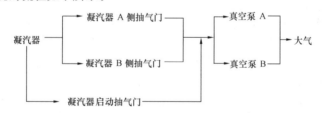

(2)凝汽器内真空的形成和维持必须具备三个条件:

1)凝汽器钛管必须通过一定的冷却水量;

2)凝结水泵必须不断地把凝结水抽走,避免凝汽器热井水位升高,影响蒸汽的凝结;

3)真空泵必须不断地把漏入的空气和排汽中的其他不凝结气体抽走。

凝汽设备在运行中必须从各方面采取措施以获得良好的真空。但是真空的提高并非越高越好,而是有一个极限。这个真空的极限由汽轮机最后一级叶片出口截面的膨胀极限所决定。

极限真空:当凝汽器真空提高时,汽轮机的可用焓将受到汽轮机末级叶片蒸汽膨胀能力的限制。当蒸汽在末级叶片中膨胀达到最大值时,与之相对应的真空叫极限真空。

最佳真空:指超过该真空值再提高真空所消耗的电力大于提高真空后汽轮机多做功所获得的经济效益时,该真空值为最佳真空。

(3)汽轮机真空下降的原因大概有:

1）真空系统不严密；

2）凝汽器水位过高；

3）循环水量少或中断；

4）真空泵出现故障，效率降低；

5）轴封供汽压力低或中断。

（4）汽轮机真空下降的危害有：

1）汽轮机排汽压力升高，可用焓降减小，不经济，同时使机组出力降低；

2）汽轮机排汽温度上升，排汽缸及轴承座受热膨胀，可能引起中心变化，产生振动；

3）汽轮机排汽温度过高可能引起凝汽器钛管松弛，影响真空系统的严密性；

4）可能使纯冲动式汽轮机轴向推力增大；

5）真空下降使汽轮机排汽的容积流量减小，对末几级叶片工作不利，末级要产生脱流及旋流，同时还会在叶片的某一部位产生较大的激振力，有可能损坏叶片，造成事故。

二、水环真空泵

目前大容量机组普遍采用的抽汽设备是水环式真空泵，这种泵主要用来抽真空及输送气体介质，它既可作为压缩机，又可作为真空泵。水环泵工作之前需要在泵内灌注一定量的水，这一定量的水是水环泵正常工作不可缺少的。水起着传递能量的媒介作用，被称为工作介质或工作液体，因工作介质通常用水，所以称之为水环泵。

其工作原理如下：叶轮偏心装在壳体中，随着叶轮的旋转，工作介质在壳体内形成液环，它的容积也是不断由小变大，再由大变小。当在壳体的适当位置上开设吸气口和排气口，在小空间的容积由小变大的过程中，使之与吸气管相通，就会不断地吸入气体。当这个空间由大变小时，使它密封，这样吸进来的气体随着空间容积的缩小而被压缩。气体被压缩到一定程度，亦即小空间的容积减小到一定程度，使气体和排气管相通，即可排出已被压缩了的气体。水环泵也就完成吸气、压缩和排气这三个连续过程。在吸气区，工作介质在叶轮推动下获得圆周速度，并从叶轮中流出，同时从吸气口吸入气体；在压缩区，工作介质循环速度下降，同时进入叶轮中，压力上升，气体被压缩。由此可见，在整个工作过程中，工作介质起着传递能量的作用。随着气体的排出，同时也夹带一部分液体被排出，所以必须在吸气口补充一定量的水，使水环保持恒定的体积。同时水还带走热量，起冷却作用。水环泵工作时，叶片搅动液体而产生很大的能量损失，称为水力损失，损失的能量几乎等于压缩气体所耗之功。因此，水环泵效率很低（30%～40%）。

这种真空泵的特点是：结构简单，不需要吸、排气阀，工作平稳可靠，气量均匀，缺点是效率低。真空泵工作时，必须不断地供应冷却水，以便充灌液环，并带走由于气体压缩而产生的热量。由于一部分水与气体一起离开真空泵，这部分水在气水分离器分离后，可以继续使用。

三、真空破坏门及真空严密性试验

真空破坏门（A、B）位于汽轮机运转层，真空破坏门 A 在汽轮机中压缸与低压缸 1 之间，真空破坏门 B 位于低压缸 1 与低压缸 2 之间。为了真空系统的严密性，真空破坏门门杆采用水密封，密封水来自凝结水。真空破坏门的开关受 DCS 控制，也接受值班员手动开关信号。真空破坏门开关的逻辑条件为：当汽轮机脱扣、汽轮机转速>1500r/min、凝汽器背压<20kPa 三个条件同时满足时，真空破坏门自动开启；当汽轮机转速<1500r/min、凝汽器背压>15kPa 两个条件任一满足时，真空破坏门自动关闭。如值班员需手动操作，必须在开关真空破坏门的同时将其闭锁，否则真空破坏门将按照 DCS 控制逻辑自动执行动作。

1. 真空严密性试验

（1）机组正常运行时，真空严密性试验每月进行一次，汽轮机检修前、后各进行一次。

（2）真空严密性试验由值长批准，机组值班员监护，巡操员执行操作。

（3）真空严密性试验要求：负荷为500～600MW，运行工况稳定，各参数正常，凝汽器压力＜5kPa。

2．真空严密性试验步骤

（1）记录试验前的凝汽器真空、大气压力和排汽温度等参数。

（2）运行人员到现场，手动关闭凝汽器A/B侧抽气门（TD070A/B），从阀门全关开始记录。

（3）每分钟记录一次凝汽器背压和排汽温度。

（4）10min后，手动开启凝汽器A/B侧抽气门（TD070A/B）。

（5）将10min记录的数据相加，取平均值，其真空下降值应低于标准值，每分钟下降值＜0.15kPa。

3．真空严密性试验注意事项

（1）试验时必须做好分工，就地凝汽器A/B侧抽气门（TD070A/B）处应有人准备好，需要时可快速打开阀门。

（2）试验过程中，如发现真空下降较快，降到15kPa时，应立即手动开启凝汽器A/B侧抽气门（TD070A/B），中止试验，查找真空急剧下降的原因，消除后方可以再次试验。

（3）试验中应严密监视机组运行工况，发现异常应立即停止试验。

（4）试验过程中备用泵不应自启动，如备用真空泵自启动，则试验不能进行下去，应先校验备用泵自启动定值。

4．有关控制逻辑

（1）真空泵自动跳闸逻辑，如图6-1所示。

（2）备用真空泵自启动逻辑，如图6-2所示。

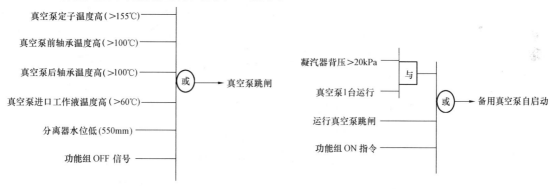

图6-1 真空泵自动跳闸逻辑图   图6-2 备用真空泵自启动逻辑图

（3）真空破坏门自动开关逻辑，如图6-3、图6-4所示。

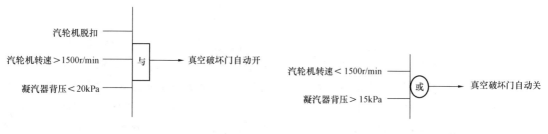

图6-3 真空破坏门自动开逻辑图   图6-4 真空破坏门自动关逻辑图

（4）凝汽器背压的有关连锁

凝汽器背压＜25kPa——凝汽器启动抽气门（DT071）关闭；

凝汽器背压升到25kPa，汽机开始自动减负荷，背压升到40kPa，负荷减到零；

凝汽器背压＞50kPa——汽轮机脱扣；

凝汽器背压＞70kPa——给水泵汽轮机A/B脱扣、低压旁路将脱扣。

第二节　轴　封　系　统

轴封蒸汽是用于对汽轮机转子轴颈及主蒸汽、再热蒸汽阀门门杆的密封。对高压区域而言，是为了防止高温、高压蒸汽泄漏以及造成热损失和对环境的污染。对负压区域而言，则为了防止外界空气漏入真空系统，影响凝汽器的真空。因此在汽轮机抽真空时，必须先投入轴封蒸汽系统，而在真空未破坏的情况下轴封蒸汽是不能中断的。机组停机时先破坏真空，等真空到零或接近零时再停轴封蒸汽。

一、轴封系统的作用

（1）防止汽缸内蒸汽和门杆漏汽向外泄漏，污染汽机房环境和轴承润滑油油质。

（2）防止机组正常运行期间，高温蒸汽流过汽轮机大轴，使其受热从而引起轴承超温。

（3）防止空气漏入汽缸的真空部分。在机组启动及正常运行期间，保证凝汽器的抽真空效果及真空度。在汽轮机停机及凝汽器需要维持真空的整个热态停机过程中，防止空气漏入汽轮机而加速汽轮机内部冷却，造成大轴弯曲。

二、轴封系统的流程

本600MW超临界机组轴封系统流程如下：

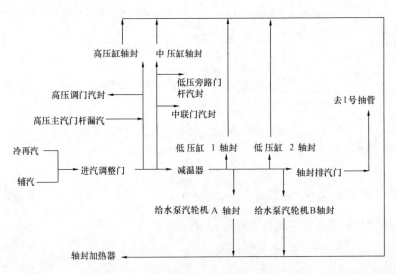

本机组轴封蒸汽有三路汽源，一路来自辅助蒸汽系统，作为机组启动时的汽源。一路来自自身汽；当机组负荷较高时，高压主汽门门杆漏汽将倒入轴封系统母管。由于轴封蒸汽的压力很低，高负荷时，高压主汽门门杆漏汽基本可满足轴封需要。因而机组在高负荷运行时，轴封蒸汽压力调整门通常处于关闭位置。另一路来自冷段再热蒸汽系统，冷再汽作为正常运行汽源，经过减压后，通过轴封汽进汽压力调整门送到轴封蒸汽母管。轴封蒸汽母管分为两段，高温段和经过喷水减温的低温段。高、中压缸轴封用高温轴封汽；两个低压缸和两个给水泵汽轮机用低温轴

封汽。

机组正常运行时，由于来自冷段再热蒸汽和高压门杆漏气的温度较高，直接用作低压缸轴封蒸汽，有可能造成排汽缸温度过高，本机组轴封蒸汽母管上装有喷水冷却器，轴封系统温度调节由凝结水系统通过轴封减温水隔绝阀到轴封减温水调整门，控制轴封汽温度为150℃，同时轴封汽温度不能过低，否则如温度低于轴封汽压力下饱和温度，这会造成轴封汽带水，引起汽轮机进冷水、冷汽及轴承润滑油中带水等一系列危害，因此轴封汽温度应有50℃过热度，机组正常运行时轴封蒸汽温度不得低于150℃。

三、汽轮机本体轴封及给水泵汽轮机轴封

汽轮机本体轴封由高压缸轴封、中压缸轴封、低压缸轴封等组成。

1. 高压缸轴封

汽轮机高压缸在正常运行工况下，大轴周围的空间均为正压，汽封的目的是防止高温蒸汽沿轴端向外泄漏。高压缸轴封正常运行时，用高温段轴封汽及高压主汽门门杆漏汽，以及轴封内侧泄漏出来的蒸汽汇合成一根总管接至五级抽汽管上。轴封外侧泄漏出来的蒸汽汇合成一根总管接至轴封排汽母管，轴封排汽母管接至轴封加热器。

2. 中压缸轴封

汽轮机中压缸在正常运行工况下，缸内处于正压状态。在机组启动抽真空期间，处于真空状态。因而中压缸的轴封蒸汽起压力密封和真空密封的作用。中压缸轴封正常运行时，用高温段轴封汽，轴封外侧泄漏出来的蒸汽汇合成一根总管接至轴封排汽母管，轴封排汽母管接至轴封加热器。

3. 低压缸轴封

在各种工况下，两个低压缸内部均处于真空状态。汽封是防止外界空气漏入影响真空。低压缸轴封正常运行时用低温段轴封汽，轴封外侧泄漏出来的蒸汽汇合成一根总管接至轴封排汽母管，轴封排汽母管接至轴封加热器。

4. 给水泵汽轮机轴封

在正常工况下，给水泵汽轮机轴封是防止高压端蒸汽泄漏和低压端空气漏入真空系统而影响真空。给水泵汽轮机正常运行时用低温段轴封汽，轴封外侧泄漏出来的蒸汽汇合成一根总管接至轴封排汽母管，轴封排汽母管接至轴封加热器。

汽轮机在运行中，轴封汽任何时候都不能中断，正常运行时使用冷再热蒸汽。机组启动前，由于冷再热蒸汽不能满足轴封蒸汽的要求，因而使用辅助蒸汽，辅助蒸汽同时也作为轴封汽的备用汽源。轴封辅汽进汽门前有一个带液位开关的气控疏水阀（GS005），机组正常运行时该路汽源停用，当机组运行需要辅汽作为轴封汽源时，开启疏水阀（GS005），使该路汽源处于热备用状态。

轴封蒸汽的用户除了以上主汽轮机高压缸、中压缸及低压缸的各轴颈，以及给水泵汽轮机（A、B）各轴颈外，还用作汽轮机高压调门、中压主汽门及调门、低压旁路隔绝门和低压旁路调整门的门杆汽封。其中汽轮机高压调门、中压主汽门及调门、低压旁路隔绝门和低压旁路调整门的门杆汽封来自轴封汽母管高温段，汽轮机高压调门、中压主汽门及调门门杆汽封疏汽接至轴封汽排汽母管，低压旁路隔绝门和低压旁路调整门的门杆汽封回汽接至凝汽器。另外，给水泵汽轮机五抽进汽逆止门、三抽进汽逆止门、四抽进汽逆止门、五抽进汽逆止门的门杆漏汽分别接至轴封汽排汽母管。

汽轮机运行中，必然会有一部分蒸汽从轴端漏向大气，造成工质和热量的损失，同时也影响汽轮发电机的工作环境，若调整不当而使漏气过大，还将使靠近轴封处的轴承温度升高或使轴承润滑油中进水。为了避免以上问题，在各类机组中，都设置了轴封加热器，使部分从轴端漏出的蒸汽通过管道回收至轴封汽排汽母管，然后进入轴封加热器，这样就可以回收利用汽轮机的轴端漏气。轴封加热器用主凝结水将轴封排汽冷却回收，轴封排汽冷凝后疏水送入凝汽器。轴加风机使得轴封加热器的汽侧形成负压，有利于将轴封排汽引入轴封加热器，同时还将不凝结的气体排入大气，提高轴封加热器的换热效果。当2台轴加风机同时运行时，即使轴封加热器断水，仍可维持轴封系统正常运行。

在轴封蒸汽母管的末端有一个轴封汽排汽阀，轴封汽排汽阀的排汽排放到1号低压加热器的抽汽管，去加热主凝结水。

四、轴封系统的特点

（1）对于超临界参数机组，因进入高压缸的蒸汽压力很高，这势必造成从高压缸轴颈漏出蒸汽的量和参数都较高。要做到理想的轴封，只能增加轴封齿数或提高轴封蒸汽的压力，这两个措施都会带来一些不利的影响。如果本机组轴封系统采用将高压缸近机头端参数较高的漏汽回收引入第5级抽汽管的方法。这样既回收了漏汽的热量及工质，又有利于缩短高压转子的长度。

（2）汽轮机、给水泵汽轮机（A/B）共用轴封和真空系统。在给水泵汽轮机轴封汽的进出管上各装一个电动隔绝门，使得汽轮机运行时，可将任一台故障给水泵汽轮机完全隔绝，有利于机组运行中给水泵汽轮机隔绝检修。

（3）轴封加热器的疏水采用带液位开关的疏水控制阀。这样既可保证疏水U型管中保持足够高度的水封，又可顺利地将疏水送至凝汽器回收。

五、轴封、真空系统的投停及注意事项

汽轮机、给水泵汽轮机（A/B）都有各自的轴封功能组。投、停时一般用功能组操作。

启动时的操作顺序：先送轴封，后抽真空

1. 投用前的准备

（1）确认有关连锁、保护均校验正常。

（2）确认闭冷水、凝结水等系统投运正常，汽轮机、给水泵汽轮机（A/B）盘车运行正常。

（3）机组正常启动，汽轮机和给水泵汽轮机同时投用轴封、真空系统。

（4）轴封、真空系统按检查卡检查操作完毕。

2. 轴封汽的投用

（1）真空泵启动前应先投用汽轮机轴封汽。

（2）缓慢开启辅汽至轴封汽手动隔绝门，进行暖管。

（3）当辅汽进汽压力、温度达到12bar、225℃时，用功能组或手动启动轴封汽系统，检查轴封辅汽进汽门（GS003）开足，1台轴加风机启动，轴封加热器疏水正常。

（4）投入轴封汽后，确认轴封汽压力调节和轴封汽排汽门动作正常，轴封母管压力维持在108kPa，轴封压力控制器（LK-GS301）的输出不是常规的OUT，而是SET，指令同时控制轴封压力调整门和轴封汽排汽门。当SET的输出为$-5\%\sim105\%$时，轴封压力调整门的开度指令为$-5\%\sim105\%$；当SET的输出为$-105\%\sim30\%$时，轴封汽排汽门的开度指令为$105\%\sim-0.5\%$。确认减温水自动调节正常，轴封蒸汽减温后的温度控制在150℃。确认轴封加热器真空维持在$100\sim150$mm水柱。

（5）检查轴加风机运行稳定，声音、温度、振动等均正常。

（6）注意轴封加热器真空在100mmH_2O左右，轴加水位浮球自动调节正常。

（7）轴封汽投用后，应注意凝水流量必须大于400t/h，否则应通过除氧器溢流确保凝结水流量大于400t/h。

（8）当冷段再热进汽压力达14bar以上时，检查轴封冷段进汽门（GS001）自动开启，辅汽进汽门（GS003）自动关闭，轴封汽自动切至冷段进汽，或进行手动切换。汽轮机复置后和冲转前必须将轴封汽源切至冷再汽供汽。

（9）注意轴封汽汽源必须有约50℃的过热度。

（10）轴封汽压力调节失灵导致降真空时，运行人员应迅速就地将轴封汽压力调整门、轴封汽排汽门（主要）切手操调节，防止凝汽器真空快速下跌。

3. 真空泵的启动

（1）确认真空泵启动许可条件均满足，汽轮机轴封汽已投入投运。

（2）用功能组启动真空泵，检查第一台真空泵启动后30s，第二台真空泵自启动。

（3）真空泵启动后，检查其启动电流和返回时间正常，电流不超限。

（4）真空泵启动后，检查其进口隔绝门和电磁阀自动开启，若进口电磁阀未打开，应立即停泵。

（5）当凝汽器背压小于25kPa后，关闭凝汽器启动抽气门（DT071），并根据情况，停用1台真空泵，作备用。

（6）若真空泵停用作备用或检修，应检查其进口隔绝门关闭并就地手操关紧。

4. 真空泵的运行监视

（1）泵组在运行中若有明显的不正常异声，振动明显增大的情况时，应立即启动备用真空泵，停用原运行泵。

（2）真空泵电流不超限。

（3）真空泵电动机轴承温度＜90℃，线圈温度＜150℃，真空泵工作液进口温度（即冷却器出口温度）＜50℃。若温度超过限额，真空泵应自停，备用泵自启动，如真空泵自动未停，则立即手动启动备用真空泵，停用原运行泵。

（4）真空泵分离器水位浮球自动调节正常，水位在800mm左右，注意水位应不高于1050mm，且不低于600mm。若水位低于550mm，真空泵应自停，备用泵自启动，如真空泵自动未停，立即手动启动备用真空泵，停用原运行泵。

（5）真空泵齿轮箱油位正常，齿轮箱温度不过高。

（6）当真空泵停用作备用或检修时，应检查其进口隔绝门关闭并就地手操关紧。

5. 机组停用时的操作原则

机组停用时的操作原则为先破坏真空，后停轴封汽。

（1）待锅炉泄压结束，确认高、低压旁路阀自动关闭。无热汽、热水排至凝汽器时，用功能组停用真空泵，检查真空泵停运，检查其进口隔绝门和进口电磁阀自动关闭，手动打开真空破坏门（A/B）并闭锁，破坏真空到零。

（2）真空到零后，关闭轴封汽冷段进汽门（GS001）和辅汽进门（GS003），停用轴加风机。或用轴封功能组停用。

（3）确认汽轮机盘车运行正常。

六、有关控制逻辑

（1）轴封辅汽进汽门开关逻辑，如图6-5、图6-6所示。

（2）轴封冷再进汽门开关逻辑，如图6-7、图6-8所示。

图 6-5 轴封辅汽进汽门开逻辑图

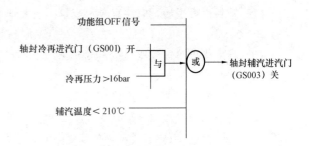

图 6-6 轴封辅汽进汽门关逻辑图

图 6-7 轴封冷再进汽门开逻辑图

图 6-8 轴封冷再进汽门关逻辑图

第三节 故 障 处 理

1. 凝汽器压力上升（凝汽器真空降低）

（1）现象。

1）CRT 凝汽器压力指示上升；

2）"凝汽器真空＞10kPa"光字牌报警；

3）机组负荷降低，凝汽器排汽温度上升；

4）凝结水温度上升；

5）就地凝汽器真空表指示下降。

（2）处理。

1）发现凝汽器压力上升（真空降低），应立即检查下列一些主要环节，迅速找出原因并加以消除，使凝汽器压力恢复正常。

a）真空泵运行正常，其电流、工作液温度、轴承温度、进口压力、分离器水位等参数正常。若真空泵分离器水位过高，应开启其放水门放到正常水位。

b）备用真空泵进口电动门关闭严密。

c）汽轮机大气扩容箱水位调节正常，若水位＜150mm，应确认水位调整门及隔绝门关闭。

d）汽轮机轴封汽压力、温度正常，轴封汽压力调整门、轴封汽排汽门、轴封汽减温调整门调节正常。

e）轴封加热器运行正常，其疏水调节正常，无漏真空现象，汽轮机轴端无蒸汽冒出。

f）凝汽器水位调节正常，凝汽器不满水，钛管无泄漏。

g）凝汽器循环水运行正常，凝汽器循环水量、循环水出水真空及循环水泵运行正常。

h）锅炉炉水回收箱水位正常，若水位过低，确认通往凝汽器的炉水回收泵出口总门（BD004）关闭。

i）现场真空系统无大量泄漏。

j）汽轮机真空破坏门关闭严密，真空破坏门水封正常。

k) 联系检修检查汽轮机及给水泵汽轮机排汽隔膜无破裂、无泄漏。

2) 若不能很快找出原因，或凝汽器压力上升很快，应尽快采取相应措施：

a) 若凝汽器压力升到 25kPa，汽轮机 DEH 开始从 100%减负荷，压力升到 40kPa，负荷减到零，否则，应手动减负荷至零。

b) 若凝汽器压力升到 20kPa，备用真空泵应自启动，否则，应手动启动备用泵。

c) 若凝汽器压力升到 50kPa，汽轮机应自动脱扣，否则，应手动紧急脱扣。

d) 若凝汽器压力升到 70kPa，给水泵（A/B）应自动脱扣，否则，应手动紧急脱扣。

e) 汽轮机脱扣后，仍应尽量保持真空，以使低压旁路能正常开启进行锅炉泄压；若汽轮机脱扣后，凝汽器压力继续上升到 70kPa，低压旁路自动脱扣。

f) 若两台循环泵跳闸，或循环水确已中断，应立即脱扣汽轮机。同时关闭凝汽器循环水出口门，以防汽轮机隔膜破裂。

2. 真空系统故障实例

该电厂 2×600MW 超临界机组，2005 年 11 月 19 日夜班，2 时 38 分，1 号机负荷 320MW 时，BTG 盘"凝汽器背压＞10kPa"报警（当时无任何操作），1 号机组值班员检查发现 CRT 显示真空值快速下跌，立即汇报值长，同时紧急启动备用真空泵 1A，进一步检查发现 CRT "DT"画面上汽轮机大气扩容箱水位为－56mm，1 号机汽轮机大气扩容箱疏水调整门 1TD002 已在关闭状态，汽轮机大气扩容箱疏水隔绝门 1TD013 在闪光状态，凝汽器背压仍在上升，于是立即对 1TD013 发出手动关闭及闭锁指令，并且将汽轮机大气扩容箱减温水调整门手动开大，向汽轮机大气扩容箱中注水以补充扩容箱水位，减缓空气漏入。凝汽器真空下跌得到控制，背压逐渐恢复正常。

此次汽轮机大气扩容箱调整门开启较突然，而且凝汽器背压由 4.5kPa 升至最高值 15.7kPa，过程仅 30s，情况非常危险！由于值班员发现报警后，不但正确地判断出凝汽器背压上升的原因，而且还果断采取了正确的处理措施（机组负荷因真空下降，最低降至 280MW），避免了一起因凝汽器背压快速上升导致汽轮机跳闸的严重后果。

当时根据机组运行工况分析，判断是 1 号机汽轮机大气扩容箱水位下降过低引起凝汽器真空泄漏，但考虑到汽轮机大气扩容箱水位调整门及其隔绝门均在关闭状态，就地检查相关阀门也未发现异常，因此待汽轮机大气扩容箱水位恢复至正常水位 747mm、凝汽器背压降至正常值 4.2kPa 时，将汽轮机大气扩容箱疏水隔绝门 1TD013 重新开启，继续观察其疏水调门及扩容箱水位变化情况。汽轮机大气扩容箱疏水调门在 2 时 52 分再次全开，大气扩容箱水位急剧下跌，并致机组真空快速下降。值班员当即不等汽轮机大气扩容箱疏水隔绝门 1TD013 自动关闭，便提前手动发出关闭指令（事前已作预想，考虑到 1TD013 阀门行程较长，约 30s），当 1TD013 全关后，凝汽器背压最高仍升至 21.2kPa，情况非常危险！

机组巡操员再次对 1 号机汽轮机大气扩容箱疏水调整门 1TD002 仔细检查后，发现该阀门的定位器连杆因紧固螺帽崩落而脱开，导致该调门全开后无法参与调节及关闭。机组巡操员将情况及时汇报值长并做好安措后联系检修人员进行现场消缺处理。

思 考 题

1. 凝汽器内真空是怎样建立和维持的？

2. 轴封系统有哪几个汽源？系统流程？

3. 水环真空泵的作用及结构特点是什么？其工作原理如何？

4. 真空系统的作用是什么？

5. 什么是凝汽器的极限真空和最佳真空？

6. 汽轮机真空下降的危害有哪些？

7. 真空严密性试验如何进行？注意事项有哪些？

8. 轴封系统的作用是什么？

9. 轴封系统有何特点？

10. 发现凝汽器真空降低应如何处理？

11. 轴封供汽带水对机组有何危害？应如何处理？

12. 投入轴封系统的具体步骤是什么？

13. 停运轴封系统的具体步骤是什么？

14. 投、停轴封系统有何注意事项？

15. 汽轮机轴封压力及温度如何调节？机组停用后关于轴封有何规定？

16. 汽轮机轴封系统压力高、低的危害有哪些？

17. 真空破坏门有何作用，如何动作？机组停用真空破坏后的注意事项有哪些？

第七章

汽 轮 机 疏 水 系 统

一、概述

汽轮机组在各种运行工况下，当蒸汽流过汽轮机和管道时，都可能积聚凝结水。例如：机组启动暖管、暖机或蒸汽长时间处于停滞状态时，蒸汽被金属壁面冷却而形成的凝结水；正常运行时，蒸汽带水或减温喷水过量的积水等。当机组运行时，这些积水将与蒸汽一起流动，由于汽、水密度和流速不同，就会对热力设备和管道造成热冲击和机械冲击。轻者引起设备和管道振动，重者使设备损坏及管道发生破裂。一旦积水进入汽轮机，将会造成叶片和围带损坏、推力轴承磨损、转子和隔板裂纹、转子永久性弯曲、静体变形及汽封损坏等严重事故。另外，停机后的积水还会引起设备和管道的腐蚀。为了保证机组的安全经济运行，必须及时地把汽缸和管道内的积水疏放出去，同时回收凝结水，减少汽水损失。

汽轮机疏水系统包括主机本体疏水，再热蒸汽冷、热段管道疏水，各抽汽管疏水，高中压缸主汽门和调节汽门前后疏水，高中压缸缸体疏水及给水泵汽轮机缸体疏水等。上述疏水管道、阀门和疏水扩容箱等组成了汽轮机的疏水系统。这些疏水的控制对于保证汽轮机的安全启停与正常运行是非常重要的。

在机组启动过程中通过疏水系统对主蒸汽管道、再热蒸汽管道进行充分暖管，如果主蒸汽管道、再热蒸汽管道暖管不充分，就可能在汽轮机冲转时对管道产生过大的热应力及造成水冲击，并直接导致汽轮机进冷水、冷汽事故。

汽轮机在启动和停机过程中都要通过疏水系统进行疏水，其主要作用如下：

（1）从汽轮机或管道中及时排出凝结水，防止或避免发生水锤现象。

（2）通过疏水使管道和设备升温。

（3）保持管道和设备的温度，确保其运行时无凝结水产生，或在汽轮机启动时不产生过大的热应力。

水锤：水锤是指在压力管道中，由于液体流速的急剧变化，从而造成管道中液体的压力显著、反复、迅速的变化，对管道有一种"锤击"的特征，称这种现象为水锤（也叫水击）。

二、汽轮机疏水系统构成

汽轮机疏水系统去向分两个部分：第一部分疏水进汽轮机大气扩容箱减温减压后进入凝汽器；第二部分疏水进凝汽器大气扩容箱减温减压后进入凝汽器。这些疏水装置都采用了疏水立管控制的方式，所有疏水点都装设在管道及设备的最低点，故称其为低点疏水，如图7-1所示。所有疏水调整门都是由电磁阀控制的气动门，作为保护措施，这些疏水调整门都设计成在电源、汽源和信号中断时打开（电磁阀常带电，通电充气，阀门关闭；失电失气，阀门打开），只有主蒸汽管路上的疏水门（MS001）设计成在电源、汽源和信号中断时关闭。这是因为机组正常运行

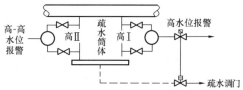

图 7-1 低点疏水装置示意图

中主蒸汽管疏水门一旦误开，大气扩容箱无法承受高温高压蒸汽的热冲击。由于采用了立管低点疏水排放的方法，不但在机组事故及启停情况下，而且在机组正常运行时如有疏水积聚，疏水立管水位达到一定高度后，疏水都能及时排放。无论机组在启停或正常运行状态，所有疏水调整门前的隔绝门（MS002 除外）必须保持打开状态，以确保疏水的畅通。所有疏水调整门可根据机组的运行情况由汽轮机疏水功能组程序控制自动开关（自动方式），也可由值班员手动开启。疏水功能组包括汽轮机疏水去大气扩容箱功能组、汽轮机疏水去凝汽器扩容箱功能组。

机组启动过程中要排出暖管、暖机的凝结水。大容量机组由于采用单元制蒸汽管道系统，长期热备用管道和设备较少，管道的保温性能好，机组又实现滑参数运行方式，所以机组正常运行时总的疏水量较少。本机组在启动过程中，当机组负荷小于 15％MCR（约 90～100MW）时，所有的疏水调整门保持开启状态；当机组负荷大于 15％MCR 时，除高压加热器 7 号、8 号抽汽以外的所有低点疏水门调整门自动关闭（7 号、8 号高压加热器在 210MW 左右才投用）；机组正常运行时某一点疏水筒体水位高时疏水调整门自动开启。所有疏水进入汽轮机大气扩容箱或凝汽器扩容箱，从而保证了机组安全运行，又能实现对工质的回收利用。

(1) 进入汽轮机大气扩容箱的疏水（疏水调整门）包括：

1）主蒸汽管低点疏水（MS001）；

2）再热器热段 A 侧低点疏水（HR001A）；

3）再热器热段 B 侧低点疏水（HR001B）；

4）再热器冷段母管低点疏水（CR004）；

5）除氧器进汽管低点疏水（ES035）；

6）七抽逆止门前低点疏水（ES031）；

7）七抽逆止门后低点疏水（ES033）；

8）给水泵 B（A、B 共用）冷再进汽门前低点疏水（ES029）；

9）给水泵 A 冷再进汽门后（高压主汽门前）低点疏水（ES038A）；

10）给水泵 B 冷再进汽门后（高压主汽门前）低点疏水（ES038B）；

11）轴封辅汽低点疏水（轴封辅汽进汽门 GS003 前）（GS005）；

12）1、2 号机冷再进汽连通门前低点疏水（ES064）；

13）高压主汽门后低点疏水（TD011）。

(2) 进入凝汽器扩容箱的疏水（疏水调整门）包括：

1）一级抽汽 A 侧低点疏水（ES022）；

2）一级抽汽 B 侧低点疏水（ES021）；

3）轴封母管低点疏水（无疏水调整门）；

4）轴封冷再进汽逆止门后低点疏水（无疏水调整门）；

5）二级抽汽低点疏水（ES001）；

6）三级抽汽逆止门前低点疏水（ES002）；

7）三级抽汽逆止门后低点疏水（ES005）；

8）四级抽汽逆止门前低点疏水（ES006）；

9）四级抽汽逆止门后低点疏水（ES007）；

10）五级抽汽逆止门前低点疏水（ES010）；

11）五级抽汽逆止门后低点疏水（ES012）；

12）六级抽汽逆止门前低点疏水（ES016）；

13）六级抽汽逆止门后低点疏水（ES019）；

14）八级抽汽逆止门前低点疏水（ES023）；

15）八级抽汽逆止门后低点疏水（ES026）；

16）高压调门后低点疏水（MAL10）；

17）中压调门后低点疏水（MAL20）；

18）高压缸排汽逆止门A前低点疏水（CR003A）；

19）高压缸排汽逆止门B前低点疏水（CR003B）；

20）给水泵汽轮机A缸体低点疏水（XAL12）；

21）给水泵汽轮机B缸体低点疏水（XAL22）；

22）给水泵A五级抽汽进汽门后低点疏水（ES032A）；

23）给水泵B五级抽汽进汽门后低点疏水（ES032B）；

24）给水泵汽轮机A低压主汽门前低点疏水（ES037A）；

25）给水泵汽轮机B低压主汽门前低点疏水（ES037B）。

三、疏水调整门的控制

1. 主蒸汽管疏水

主蒸汽管路上的疏水调整门（MS001），除了排放主蒸汽管道的疏水以外，主要是机组启动时加热主蒸汽管道。由于高压旁路的接口安装在锅炉末级过热器出口，因此主蒸汽管道的加热就需依靠这个疏水管。如果疏水量过小，主蒸汽管道的加热速度就慢，就会延长机组启动时间；而如果疏水量过大，又会使汽轮机的大气扩容箱承受不了热冲击。

主蒸汽管路上的疏水调整门（MS001）专设一控制器对其进行控制，它共有三个状态，即全关状态、20％开度状态及自动控制状态。

机组启动时，值班员将主蒸汽管疏水调整门控制投入自动，主蒸汽管疏水调整门控制即由阀位控制转入主蒸汽管升温率控制。主蒸汽管升温率控制分为两个部分，当主蒸汽管温度在344℃以内时，其升温率控制在3.89℃/min；当主蒸汽管温度大于344℃后，升温率控制在1.67℃/min。当主蒸汽温度达到399℃时，主蒸汽管疏水调整门又自动切换至20％阀位控制。另外，当汽轮机复置后且主蒸汽温度大于399℃时，主蒸汽管疏水调整门自动开至20％开度。

当机组启动至机组负荷大于15％MCR时，主蒸汽管疏水调整门即自动关闭。另外，当机组发生汽轮机脱扣、RUNBACK、MFT时，该疏水调整门自动关闭。

主蒸汽管疏水调整门是电磁阀控制的气控门，为了确保设备的安全性，这个疏水门与其他疏水门不同，其设计成在电源、汽源和信号中断时关闭。

2. 抽汽管疏水

本机组除七级抽汽管的疏水外，一级至八级抽汽管共十三个抽汽管低点疏水都排至凝汽器扩容箱加以回收，它们除了去向一致外，疏水调整门的控制也相同，设计成一个功能组在这个疏水阀功能组中，这些疏水阀只要符合下列条件之一，便会自动开启：

（1）该级加热器水位高高。

（2）该级抽汽管低点疏水立管水位高。

（3）该级抽汽阀未全开。

（4）机组负荷小于15％MCR。

（5）汽轮机脱扣。

3. 高压缸排汽逆止门前疏水

高压缸排汽逆止门前（A/B）低点疏水阀的控制与抽汽管疏水基本相同，所不同的是当机组用自启停程序进行停机时，会闭锁汽轮机脱扣及机组负荷小于15％MCR的信号，即在用自启停程序停机时，负荷及脱扣信号不参与疏水阀的控制。由于机组自启停程序没有投用，这样高压缸排汽逆止门前（A/B）低点疏水阀的控制与抽汽管疏水阀就完全相同。

4. 给水泵汽轮机缸体疏水

给水泵汽轮机（A/B）缸体低点疏水阀的开关，只取决于给水泵汽轮机的转速，当转速小于2000r/min时开启，大于2000r/min时关闭。

5. 再热器热、冷段疏水

再热器热段（A/B）侧低点疏水阀及再热器冷段母管低点疏水阀的控制与高压缸排汽逆止门前（A/B）低点疏水阀相同。

6. 七抽逆止门前后疏水

七抽逆止门前后疏水阀控制与三至六级及八级抽汽管疏水阀基本相同，所不同的是机组自启停程序也对其负荷小于15％MCR信号及汽轮机脱扣信号进行闭锁。

7. 除氧器进汽管疏水

除氧器进汽管低点疏水阀的动作只取决于立管疏水水位的高低。

四、汽轮机疏水系统的运行

（1）机组启动前检查确认所有抽汽逆止门前、后疏水隔绝门及调整门均已开启。

（2）一旦出现疏水立管水位高报警时，运行人员必须到现场确认，疏水调整门实际位置是否正常开启。如疏水调整门已全开，高水位报警还不能复位，应通知检修人员检查处理，同时加强监视。如果疏水调节门不开，应立即手动开启，并联系检修处理。

（3）汽轮机大气扩容箱水位调节及减温水调节必须正常，减温水调节器温度设定80℃，水位调节在正常水位，一旦低水位出现，确认向凝汽器排放的电动隔绝门（TD013）自动关闭。

（4）汽轮机复置后，如发现高、中压主汽门阀室温度不上升或上升过于缓慢，应立即到现场确认高、中压主阀室疏水门和疏水管是否正常工作，如发现管子是冷的，应立即脱扣汽轮机，通知检修人员处理。如有任一低点疏水门不能正常开启，则汽轮机不允许启动。

（5）汽轮机复置后，确认主汽管疏水隔绝门（MS002）开足，调整门（MS001）在自动方式并已开启，机组负荷增加到15％MCR（90～100MW），确认除高压加热器七、八级抽汽以外的所有抽汽管道逆止门前、后低点疏水门及高、中压进汽室疏水门等自动关闭，如在CRT上不能确认，应到现场进行检查确认。机组负荷在15％MCR（90～100MW）左右，不应长时间停留，以免疏水调整门频繁开、关。

（6）机组启动负荷达到50％MCR时，及时将主蒸汽管疏水隔绝门（MS002）阀关闭。

（7）停机时，当负荷减到15％MCR（90～100MW），确认所有加热器抽汽管道的低点疏水门自动打开。

思 考 题

1. 汽轮机疏水系统作用是什么？
2. 汽轮机疏水系统主要阀门位置？
3. 什么是水锤？水锤有什么危害？
4. 进入汽轮机大气扩容箱的疏水有哪些？
5. 进入凝汽器扩容箱的疏水有哪些？
6. 汽轮机疏水系统运行注意事项有哪些？
7. 汽轮机大气扩容箱水位如何调整？

第八章

发电机辅助系统

第一节 发电机氢气系统

大容量机组一般采用水氢氢冷却方式，所谓水氢氢冷却方式，是指定子绕组水冷、转子绕组氢冷和定子铁芯氢冷。我们知道发电机在运行时，由于强大的转子电流和高速旋转，将在转子绕组上产生大量的热量，使发电机温度升高而影响绝缘。为了使发电机能得到良好的冷却，要求建立一套专门的氢气冷却系统。采用氢气为冷却介质对转子绕组进行冷却，主要是因为氢气的热传导性能好，对设备无腐蚀，且制氢技术已很成熟。但由于氢气是易燃易爆气体，当氢气与空气混合达一定浓度时会发生爆炸。实验测定，空气里氢气的体积若达到混合气总体积的 $4.0\%\sim74.2\%$ 时，点燃就会发生爆炸，这个范围叫氢气在空气中的爆炸极限。另外，氢气在发电机内循环过程中会漏入冷却水或溶于密封油中，造成氢气损失，使机内氢气的压力、纯度下降，从而降低冷却效果。因此，氢气系统应能保证给发电机充氢和补氢，自动监视和保持发电机内氢气的压力、纯度以及氢冷却器出口氢温在规定的范围内。

当氢气系统运行时，一定要特别注意防火、防爆、防漏。

一、氢气的特性

（1）在标准状态下，氢气的密度是 $89.87g/m^3$，比空气小 14.3 倍（空气的密度是 $1293g/m^3$），故发电机采用氢冷能使通风损耗大为降低。

（2）氢气的传热系数比空气大 1.51 倍。汽轮发电机的损耗形成的热量可由氢气快速带走，这样就提高了发电机的容量和效率。

（3）氢气不会产生电晕，也不会使发电机绝缘老化。

（4）氢气的渗透能力很强，它能很容易地从发电机轴承、法兰盘、发电机引出线的青铜座板和磁套管、机壳的焊缝处扩散出来，造成氢压和纯度的降低。

（5）氢气是无色、无味、无毒的可燃性气体，氢气的着火点能量很小，化学纤维织物摩擦所产生的静电能量，都能使氢气着火燃烧。氢气和空气的混合气体存在发生爆炸的可能性。

电解制氢实际上是一个水的电解过程，将直流电加于电解槽中的两个电极上，就可在阳极上得到 O_2，在阴极上得 H_2，反应式为

阴极反应：$\qquad\qquad 4H_2O+4e=\!=\!=2H_2+4OH^-$

阳极反应：$\qquad\qquad 4OH^-=\!=\!=H_2+2H_2O+4e$

总反应：$\qquad\qquad 2H_2O=\!=\!=2H_2+O_2$

《电业安全作业规程》规定：发电机氢冷系统中的氢气纯度按容积计不应低于 96%；制氢设备氢气系统中，气体含氢量不应低于 99.5%。

电业规程中还规定：禁止在制氢室中或氢冷发电机与储氢罐近旁进行明火作业或做能产生火花的工作。工作人员不准穿有钉子的鞋。如必须在氢气管道附近进行焊接或点火的工作，应事先

经过氢量测定，证实工作区域空气中含氢量小于3％并经主管生产的副厂长（或总工程师）批准后方可工作。

氢气作为发电机冷却介质的优缺点分别为：

优点：氢气相对密度小，通风损耗小，可提高发电机效率；氢气扩散性强，可大大提高传热能力；氢气比较纯净，不易氧化，发生电晕时不产生臭氧，对发电机绝缘起保护作用，氢气不助燃。

缺点：需要一套复杂的制氢设备和气体置换系统，由于氢气渗透力强，对密封要求高，需要有一套密封油系统，由此增加了机组运行操作和维护的工作量；氢气是易燃的，有着火的危险，遇到电弧和明火，就会燃烧，氢气与空气（氧气）混合到一定比例时，遇火将发生爆炸，威胁发电机的运行安全。

二、氢气系统流程及特点

本机组氢气系统流程如下：

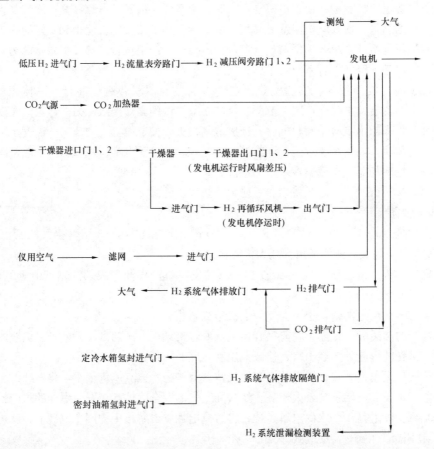

由系统流程可以看出发电机氢气系统中不但有氢气，还有二氧化碳和仪用压缩空气。由于氢气和空气不能直接触，所以发电机充氢时先用二氧化碳置换发电机氢气系统中的空气，然后再用氢气置换发电机氢气系统中的二氧化碳，完成发电机的充氢过程。反之，发电机氢气系统排氢时，须先用二氧化碳置换氢气，再用仪用空气置换二氧化碳（规程规定：CO_2在发电机内停留不超过24h）。

现在都不采用发电机定冷水箱氢封和密封油箱氢封的方式。定冷水箱上部空间目前充以氮气，使水与空气隔绝；发电机密封油箱上设有排烟机，不采用氢封。

氢气系统主要特点为：

（1）氢气由化学制氢站储氢罐提供，当发电机内氢气溶于密封油回油被带走而使氢压下降或发电机内氢气纯度下降需要进行排污换气时，可通过调节阀手动补氢；

（2）设置一只氢气干燥器，以除去发电机内氢气中的水分，保持发电机内氢气的干燥和纯度；

（3）设置一套气体纯度分析仪及气体纯度计，以监视氢气的纯度；

（4）在发电机充氢或置换氢气的过程中，采用二氧化碳作为中间介质，用间接方法完成，以防止发电机内形成空气与氢气混合的易爆炸气体；

（5）设有氢泄漏检测装置和发电机进水保护。

本机组高压储氢罐的氢气经过减压后送入发电机氢气冷却系统，减压阀为手动控制，减压阀将高压氢气减至 7～8bar。在发电机氢气进气母管上装有一个安全阀，动作压力为 6bar，是为防止氢气冷却系统内氢气压力超压而设。氢站过来的氢气在进入发电机氢气冷却系统前还要进行再一次减压，使氢气压力降为正常工作压力 4.2bar，再从发电机的顶部送入发电机内。排出发电机的氢气管道也装在发电机的顶部，进入和排出二氧化碳的管道装在发电机的底部。氢气在发电机内部循环、冷却，并始终保持有一部分氢气通过氢气干燥器进行干燥。为了氢气冷却系统充氢及排氢时的安全运行，还设置了一套完善的 CO_2 置换系统。

氢气温度是由氢气冷却器冷却水（冷却水为闭冷水）出水调整门来控制的。以氢气冷却器出口的氢气温度作为控制信号，控制进入 4 组氢气冷却器的冷却水流量，以保证氢冷却器出口的氢气温度稳定在 45℃。每组氢冷器有进出水隔绝门、空气门和放水门。

发电机正常运行时，发电机内的氢气是通过发电机转子的同轴风扇进行强制循环，CRT 有风扇进出口氢气差压显示。循环的氢气对转子线圈进行冷却，氢气被加热后经过氢气冷却器进行冷却，再送到发电机内部冷却发电机转子。在氢气冷却系统运行时，需始终保持一部分氢气通过氢器干燥器进行干燥。当发电机停止运行时，氢气循环则由 1 台电动的氢气循环风机来实现，使发电机内的气体通过干燥器进行干燥处理。这是为防止氢气湿度过高，影响转子绕组的绝缘水平。氢气干燥器是用硅胶对氢气进行干燥。机组运行时需经常检查硅胶的颜色（正常为蓝色），如果硅胶的颜色改变（受潮后呈粉红色，利用干燥器出口氢气的露点指示来辨别干燥剂是否失效，其值为 $-25℃～0℃$），说明硅胶已失去干燥能力，应对硅胶进行再生操作。再生后的硅胶可反复使用，其再生周期会越来越短，必要时应更换干燥气内的硅胶。

三、氢气纯度检测

大容量氢冷发电机内要求保持高纯度的氢气，其主要目的是提高发电的效率，从经济方面考虑，氢气混入空气或纯度下降时，混合气体的密度随氢气纯度的下降而增大，使发电机的通风摩擦损耗也随着氢气纯度的下降而上升。据美国 G.E 公司介绍，一台运行氢压为 0.5MPa、容量为 907MW 的氢冷发电机，其氢气纯度从 98% 降到 95% 时，摩擦和通风损耗大约增加 32%，即相当于损失 685kW。一般情况下，当机壳内的氢气压力不变时，氢气纯度每降低 1%，其通风摩擦损耗约增加 11%。我国发电机运行规程规定："当氢气纯度降低到 92% 或者气体系统中的氧气超过 2% 时，必须立即进行排污。"这说明机组运行的氢气纯度在 92%～96% 之间时，除对效率有所影响外，并无严重危害。当然，长期运行在这个氢气纯度范围内是不经济的。为了保证氢气冷却系统安全运行及冷却效果，必须对发电机内的氢气纯度进行连续监测。氢气系统装有纯度测量仪，在现场和控制室均给出氢气纯度指示，并当氢气纯度低于 95% 时，BTG 盘光字牌"氢气纯度低"发出报警。用于检测纯度的氢气来自氢气再循环风机出口，经氢气测纯进气总门、氢气测纯手动减压阀减压后，送到氢气纯度测量仪，而后排入大气。纯度检测不仅仅要测量发电机内部的氢气纯度,当发电机充氢气和排氢气时,还要测量二氧化碳在氢气中和二氧化碳在空气中的纯度,以确定置换是否已满足要求。

发电机在运行中氢气纯度下降的主要原因是:密封瓦的氢侧回油带入溶解于油的空气或密封油箱的油位过低时补充油中(手动补油)混入空气。氢气纯度的降低,其中的有害杂质主要是水分和空气中的氧气。

四、氢气泄漏检测

发电机漏氢的途径归纳起来有两种:一是漏到大气中,二是漏到电机密封油或定冷水系统中和封闭母线外壳内。前者可以通过各种检漏方法找到漏点加以消除,如发电机端盖、出线罩、发电机机座、氢气管路系统、测温元件接线柱板等处的漏氢;后者基本属于"暗漏",漏点具体位置不明,检查处理较为复杂,且处理时间较长,比如氢气通过密封瓦漏入密封油系统、通过定子线圈漏入定冷水系统中等,为此要求在安装阶段就要特别把好质量关。由于氢气是易燃、易爆的气体,氢气系统发生泄漏,将直接威胁人身和设备的安全。为此在氢气系统中采取了下列措施:

(1)在一级氢气减压阀后装一个快速关闭电磁阀,当快关阀后的氢气流量装置测得较大流量时,认为氢气系统发生泄漏,立即将此阀关闭,切断气源,并发出报警(此管路现不用)。

(2)在氢气压力调节阀(即二级减压)后,同样装有氢气流量测量装置,当测得较大流量时发出报警。

(3)氢气系统有一根联通管将氢气系统与定冷水系统和密封油系统相联通,氢气被送到定冷水箱,使水箱上部充满略高于大气压力的氢气,以防空气进入定冷水系统。另外,发电机正常运行时,发电机内的氢气压力始终保持高于冷却水压力。如果发电机内部定子冷却水管道发生泄漏,结果将使氢气进入定冷水侧,这必然造成冷却水水箱上部的氢气压力上升。设在氢气排气联通管上的2个泄漏定压阀将开启,氢气通过这2个阀排入大气。泄漏定压阀后的氢气流量计一旦测到氢气流量,即发出报警,运行人员可判断发电机内部定子冷却水管已发生泄漏。

五、二氧化碳置换系统

二氧化碳置换系统的作用是防止发电机内部充氢和排氢时发生空气与氢气直接接触。不论是充氢,还是排氢,均必须先用二氧化碳将发电机内的原有气体置换掉。

二氧化碳气源为储气钢瓶,在厂房内的钢瓶架上一次可放18瓶二氧化碳。从二氧化碳钢瓶来的高压二氧化碳,经一个手动压力调节阀降压,控制调节阀压力略高于发电机内部压力。在调节阀前有一个安全门,确保系统不超压。二氧化碳在进入发电机前经过一台电加热装置将其加热至150℃,防止低温二氧化碳进入发电机内发生结露。在电加热装置后二氧化碳进入发电机母管上还有一个安全门,其动作值为3bar。

二氧化碳系统也与气体纯度测量装置相连接,以便确认置换过程中二氧化碳在空气中及氢气的纯度。

六、几个基本概念

(1)绝对湿度:是指单位体积气体中所含水蒸气的质量,单位为 g/m^3。

(2)相对湿度:是指在某一温度下,每立方米气体所含水蒸气的质量与同温度下每立方米气体所能含有的最大水蒸气质量(即饱和水蒸气的质量)之比,相对湿度常用百分数表示。

(3)露点:是指气体在水蒸气含量和气压不变条件下,冷却到水汽饱和(出现结露)时的温度。气体中的水蒸气含量越少,使其饱和而结露所要求的温度越低。反之,水蒸气含量越多,降温不多就可出现结露。因此,露点的高低是衡量气体中水蒸气含量的一个尺度。

七、氢气湿度过高对发电机的影响

发电机内氢气湿度过高时,一方面会降低氢气纯度,使通风摩擦损耗增大,发电机效率降低；另一方面，不仅会降低发电机绕组绝缘的电气强度，而且还会加速发电机转子护环的应力腐蚀，特别是在较高的工作温度下，湿度又很大时，应力腐蚀会使转子护环出现裂纹，而且会快速发展。

氢气湿度过高的原因：

（1）高压储氢罐出口的氢气湿度过高；

（2）氢气冷却器发生泄漏。对于水氢氢冷却方式发电机，还有可能是定子、转子绕组的冷却系统泄漏；

（3）密封油的含水量过大或氢侧回油量过大。如果氢侧回油量大，再加上油中含水量大，从密封瓦的氢侧回油中出来的水蒸气就会严重影响发电机内氢气的湿度；

（4）氢气干燥器工作不正常。

八、氢气温度变化对发电机的影响

如果发电机的负荷不变，当发电机入口氢温升高时，发电机绕组和铁芯温度相应升高，会引起绝缘加速老化、寿命降低。这里所指的温度不是绕组的平均温度，而是最热点的铜温，因为只要局部绝缘遭到破坏，就会发生故障。根据上述温度变化与绝缘老化之间的关系可知，当冷却介质的温度升高时，为了避免绝缘的加速老化，要求降低汽轮发电机的负荷运行，降负荷的原则是：使发电机绕组和铁芯的温度不超过在额定方式运行时的最大监视温度。对于水氢氢冷型汽轮发电机，冷端氢温不允许高于制造厂的规定值，也不允许低于制造厂的规定值，在这一规定温度范围内，发电机可以按额定出力运行。故当氢气温度高于额定值时，按照氢气冷却的转子绕组温升条件限制出力。本超临界机组发电机氢气系统进口氢气温度保护内容：当发电机进口氢温到50℃时CRT报警；当发电机出口氢气温度到100℃时，BTG光字牌"氢气温度高"报警；当发电机出口氢气温度大于105℃（4取2）时，发电机出口中间继电器（86-5）动作跳发电机，对机组来讲即不带厂用电的FCB。

九、氢气压力变化对发电机的影响

随着氢气压力的提高，氢气的传热能力增强，氢冷发电机的最大允许负荷也可以随之增加。但当氢压低于额定值时，由于氢气传热能力的减弱，发电机的允许负荷也随之降低。氢压变化时，发电机的允许出力由绕组最高点的温度决定。即该点的温度不得超过发电机在额定工况时的温度。当氢压高于额定值时，对水氢氢冷发电机的负荷不允许增加，这是因为定子绕组的热量是被定子线棒内的冷却水带走，所以提高氢压并不能加强定子线棒的散热能力，故发电机允许负荷也就不能增大。当氢压低于额定值时，由于氢气的传热能力减弱，必须及时补氢，否则降低发电机的允许负荷。氢压降低时，发电机的允许出力，应根据制造厂提供的技术条件或容量曲线运行，以保证绕组温度不超过额定工况时的允许温度。

十、氢气纯度变化对发电机的影响

氢气纯度变化时，对发电机运行的影响主要是安全和经济两个方面。众所周知，在氢气和空气混合时，若氢气含量降到5％～75％，便有爆炸危险，所以在机组正常运行中，首先要保证发电机内的混合气体不能接近这个比例。一般都要求发电机运行时的氢气纯度应保持在96％以上，低于此值时应进行排污补氢。从经济性角度上看，氢气的纯度越高，混合气体的密度就越小，通风摩擦损耗就越小。当发电机内氢气压力不变时，氢气纯度每降低1％，通风摩擦损耗约增加11％，这对于高氢压大容量的发电机是很可观的。所以，对于那些容量较大的发电机，采取多排几次污，多耗费一些氢气，保证使运行时的氢气纯度不低于97％～98％。特别要指出的是，对于大容量氢冷发电机，不允许在发电机内为空气或二氧化碳介质时启动到额定转速甚至进行试验，以防止风扇叶片根部的机械应力过高而损坏设备。

十一、氢气系统的投、停及运行

1. 氢气系统投入的条件

(1) 发电机充氢前确认汽轮机房内停止一切动火工作。

(2) 充氢现场必须清理干净，围好红白安全带，挂好警告牌。

(3) 现场消防设备完好。

(4) 发电机严密性试验合格。

(5) 发电机密封油系统正常运行。

(6) 发电机检漏装置投入。

(7) 现场、CRT有关信号显示正常，报警准确。

(8) 控制室BTG盘上有关报警正常。

(9) 根据生产调度会要求，由值长发令，发电机方可充氢。

2. 发电机充氢

(1) 发电机检修结束后，按发电机充氢操作卡先进行充CO_2置换空气操作。

(2) 充氢时，先将CO_2从机壳底部管道送入发电机内，迫使空气从机壳顶部经排气控制阀排向大气，当CO_2含量超过95％以上时，可认为置换空气结束。按发电机充氢操作卡进行充H_2置换CO_2操作。

(3) 通过机壳顶部向发电机内充氢，使CO_2从发电机底部经排气控制阀排向大气。当氢气的含量达到98％时便可按发电机充氢操作卡进行H_2升压操作，H_2压力升至4.0bar左右时充氢气结束。

(4) 发电机充CO_2和充H_2操作，必须严格按操作卡要求的流量规定不超过$100m^3/h$；特别是充H_2操作时，必须缓慢，防止出现意外。

3. 氢气系统的运行

(1) 氢气系统正常运行时，必须加强巡检，发现问题应及时处理。

(2) 机组正常运行时，发电机内H_2压应为0.42MPa左右（以就地压力表MKG45CP001为准），当H_2压下降低到0.37MPa左右，联系化学运行后及时补氢至0.42MPa，补氢升压应缓慢，保证"氢减压阀旁路门1"后流量表指示$< 25m^3$。补氢结束，联系化学及时关闭供氢门。

(3) 机组正常运行时，发电机H_2温度控制投自动，温度设定45℃。机组停用后，随H_2温下降，及时关闭氢冷器调整门和氢冷器调整门出口门，以防发电机过冷。

(4) 正常运行时，发电机内H_2纯度应在99％以上，如发现H_2纯度下降，应严密注意，并寻找原因，纯度下降至97％时，必须及时汇报厂部领导。

(5) 发电机充氢结束，应按操作卡投入氢气干燥系统，并经常检查干燥器内的干燥剂颜色为蓝色，氢气露点温度的控制范围为$-25℃\sim 0℃$。每月至少一次或发电机内H_2露点温度$>0℃$，应进行干燥剂再生，再生操作应按再生操作卡进行，要求每次再生还原操作前后必须用CO_2进行置换。

1) 每月一次的发电机氢气干燥剂例行再生工作由指定日早、中班值执行，再生时间为$8\sim 10h$。

2) 每月指定日早班当班值按运行部"发电机氢气干燥剂再生"标准操作卡要求投入氢气干燥剂再生装置，在机组交接班记录本上记录再生装置投用时间，并以氢气干燥剂再生方式交班。中班值在干燥剂得到充分再生后按"发电机氢气干燥剂再生"标准操作卡的要求停用再生装置，将氢气系统投入正常干燥状态，并记录再生结束的时间。

3) 干燥剂再生期间运行人员要加强氢气系统现场设备的检查和CRT上有关参数的监视，保证再生装置正常工作，氢气压力纯度稳定。

4）若每月一次的再生无法满足发电机氢气露点温度≤0℃的要求，则当月早中班增加一次氢气干燥剂再生，要求同上。

5）要求每次再生还原操作前后必须用 CO_2 进行置换。

（6）发电机氢气系统正常运行后，若需投用自动补氢，运行人员交接班时应按时检查并记录流量表（MKG24，CF001）的读数，根据自动补氢量，判定氢气泄漏情况，若 24h 补氢量＞ $9m^3$，应及时汇报。

（7）发现发电机检漏装置报警，应对检漏装置进行放水操作，并查找原因，及时处理和汇报。

4. 氢气系统运行注意事项

（1）发电机启动前必须充氢，且要求压力、纯度、温度、湿度等参数正常；

（2）从发电机充氢气开始，密封油系统应连续运行不准中断，密封油系统排烟机应保持经常运行；

（3）发电机密封油与氢气差压正常，以防空气进入发电机内；

（4）若发电机运行中氢气压力降低，应及时补氢；

（5）若发电机运行中氢气纯度降低，应及时排污补氢；

（6）发电机不允许冲空气运行，更不允许空气带压力运行；

（7）发电机运行中防止氢气温度不超限。

5. 发电机排氢

（1）发电机停用后，如发电机及辅助系统有检修工作，必须在停机后排 H_2，用 CO_2 置换 H_2，然后用仪用气置换掉 CO_2，方可进行有关检修工作。

（2）发电机排氢及置换操作，必须按发电机排氢操作卡进行。

（3）若汽轮发电机停用后无动火工作，并且发电机及辅助系统没有任何检修工作，则发电机可不必排氢，但停机后应维持氢压、氢纯度正常，氢气切为氢再循环风机干燥，现场仍应禁止动火工作。氢通过氢再循环风机干燥的操作规定如下：

1）氢干燥器进/出口三通阀（MKG52AA001/AA002）放"运行"位置。

2）氢干燥器进口一/二次门（MKG51AA002/AA001）开足。

3）氢再循环风机进/出气门（MKG54AA001/AA002）开足。

4）氢干燥器出口二次门（MKG53AA001）关闭。

5）氢干燥器进出口连通门（MKG51AA021）关闭。

6）氢干燥器排气门（MKG53AA021）关闭。

7） CO_2 与 H_2 干燥器连通门（MKG51AA022）关闭。

8）启动氢气再循环风机（MKG54AN001）。

9）机组启动前，恢复至发电机正常运行时的氢气干燥状态。

10）若汽轮发电机停用后，现场需动火，可将氢压泄放到零，然后用 CO_2 置换 H_2，CO_2 纯度达到 97％以上，即可进行动火工作。注意 CO_2 在发电机内最长可停留 24h。

11）只要发电机内有 H_2 或 CO_2，发电机密封油系统就不能停止运行。

12）汽轮发电机停用后，排氢及置换工作结束，为保证发电机干燥，仪用气通过再循环风机（MKG54AN001）和干燥器（MKG52AT001）进行循环干燥。阀门操作要求与发电机停机后不排氢的干燥要求相同。注意仪用空气干燥时，发电机检修人孔门不能开启。

十二、系统故障处理

（1）出现下列紧急事故之一，必须立即停机，发电机紧急排氢：

1) 发电机氢气系统爆炸。

2) 发电机氢气系统着火。

3) 发电机密封油系统着火。

4) 发电机密封油系统故障中断。

(2) 发电机紧急排氢，必须在汽轮发电机脱扣后进行。

(3) 发电机紧急排氢，应确认发电机氢排气门（MKG44 AA002）开足，然后开启气体排放门（MKG80 AA011）先至 45%位置，半分钟后全开（操作时应注意：适当缓慢开启，防止排氢流速过快产生摩擦造成意外）；监视发电机排放门前 H_2 压力表压力下降，快速将发电机内氢压排放至零。

(4) 发电机内氢压到零后，按操作卡用 CO_2 置换 H_2，然后用空气置换掉 CO_2。

第二节　发电机密封油系统

为防止氢冷发电机内部氢气向外泄漏或漏入空气，在发电机两端大轴穿出机壳处，静止与转动部分之间需装有密封瓦并供以比氢压高一些的压力油形成油密封，密封油系统通过在高速旋转的轴与静子的密封瓦之间注入一层连续的油流，形成一层油膜来封住气体，使发电机内的氢气不外泄，发电机外面的空气不能侵入机内，同时密封油也对发电机密封瓦和轴承起到润滑和冷却作用。

发电机密封油系统的作用：

(1) 有效地密封发电机轴端，防止氢气泄漏，保证氢气压力不变。

(2) 防止空气、氢气接触，保证氢气纯度正常。

(3) 润滑和冷却发电机密封瓦和轴承。

无论发电机内部是否充有气体，只要汽轮机盘车运行，密封瓦都要供密封油，以防密封瓦干磨烧瓦；另外，当汽轮机盘车不运行，发电机内充气体时，也要向密封瓦供油，以防发电机内部气体自密封瓦外漏时夹带的颗粒状机械杂质粘在密封瓦上，造成运行时密封瓦损坏；因此，密封油系统的可靠性运行十分重要。

采用油进行密封的原理是：在高速旋转的发电机轴承与静子的密封瓦之间注入一连续的油流，形成一层油膜来封住气体，使发电机内的氢气不外泄，外面的空气不能侵入发电机内。为此，油压必须高于氢压，才能维持连续的油膜，一般只要密封油压比氢压高 0.03~0.08MPa。为了防止轴电流破坏油膜、烧伤密封瓦和减少定子漏磁通在轴封装置内产生附加损耗，轴封装置与端盖和外部油管法兰盘接触处都需加绝缘垫片。目前在大容量机组上应用的密封油系统足以使发电机内氢压达 0.4~0.6MPa。

本机组密封瓦装在发电机两端，支撑轴承的内侧，为三流环式，通有三路密封油。靠发电机内侧，与氢气直接接触的一路油叫氢侧密封油；靠发电机外侧，与空气接触的叫空侧密封油；密封瓦中间一路叫真空侧密封油。

密封油系统，除密封瓦、密封瓦进出油管及进油滤网外，所有的设备都组装在一个密封油单元中，它使设备相对集中，运行管理比较方便。

近几年我国投运的大容量机组大多采用单流环密封油系统，此系统相对于三流环式密封油系统比较简单，运行管理方便。但存在着氢气泄漏量相对较大的缺点。

一、空侧密封油

本机组空侧密封油流程如下所示。

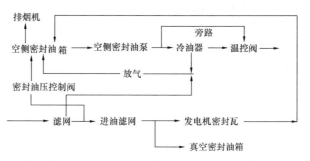

空侧密封油系统主要由空侧油箱、2台交流空侧油泵 $2 \times 100\%$（一用一备）、一台直流空侧油泵 100%（事故备用）、冷油器、滤网及差压控制阀组成。空侧密封油油箱容量为 $4m^3$，装有油位表，并有油位开关，当出现高油位或低油位时，控制室 CRT 发出报警（原来有空侧密封油油箱油位低连锁脱扣发电机保护，现此保护已取消）。空侧密封油箱上装有一台排烟机（电源来自保安母线），机组正常运行时排烟机必须连续运行，使油箱处于微负压运行，一般来说，密封油系统运行中，排烟机不能停，因为氢侧密封油的溢流回到空侧密封油箱，而氢侧密封油中含有氢气，必须及时排放。

空侧密封油泵出口到冷油器。冷油器为 $2 \times 100\%$，冷油器设有旁路，旁路管和冷油器出口处装有三通式油温调节阀，通过调节进入冷油器的油量大小，以保证调节阀出口的油温在 45℃，冷油器的冷却水来自闭冷水。冷油器出口有两台 $2 \times 100\%$ 的滤网，滤网由三通阀切换，可以一台运行，也可以两台同时运行。滤网进出口装有差压表和差压开关，运行人员可以通过差压的大小了解滤网的工作情况，差压大到一定值时，应及时联系检修人员进行清洗。在两个冷油器和两个滤网上都装有放气管路去空侧密封油箱，再由密封箱排烟机排入大气。

滤网出口的母管上装有两个差压调整阀，这是确保空侧密封油油压的重要设备。正常运行时，一个差压控制阀工作，另一个备用，差压控制阀是控制回油量的大小来保证空侧密封油的压力，回油接到空侧密封油箱，差压控制阀为弹簧隔膜式，测取一个氢气压力，接到隔膜上部，再测取一个空侧密封油的进油压力，接到隔膜下部，空侧油压＝氢气压力（本机组氢压为 4.2bar）＋弹簧力＝4.2bar＋0.5bar＝4.7bar，达到平衡，差压为 0.5bar，当差压增加，差压控制阀开大，回油量增加，使差压恢复，差压减少，动作与此相反。空侧密封油的压力是随氢压变化的，但差压 0.5bar 保持不变，也就是说空侧密封油压始终比氢压高 0.5bar。当差压增加到 0.8bar，将发出报警，差压降到 0.3bar，交流备用空侧油泵自启动（4s 延时），直流备用空侧油泵自启动（7s 延时），如果此时差压还小于 0.3bar（三取二），延时 15s，汽轮发电机脱扣。在驱动端空侧密封油发电机入口处有空侧密封油与氢气差压测点。在控制室有"氢/密封油差压低"光字牌报警。

空侧密封油有一路去真空侧油箱，作为真空侧系统的用油。最后，空侧密封油分别经过两个发电机进油滤网，进入发电机两端的空侧密封瓦，滤网装有差压表和差压开关，可监视空侧密封油的干净程度。当差压大，将会发出报警（CRT）。

空侧密封油的回油回到空侧油箱，以次往复循环。

有关控制逻辑

（1）交流空侧密封油备用泵自启动逻辑，如图 8-1 所示。

（2）交流空侧密封油备用泵自停逻辑，如图 8-2 所示。

（3）直流空侧备用泵自启动逻辑，如图 8-3 所示。

（4）直流空侧备用泵自停逻辑，如图 8-4 所示。

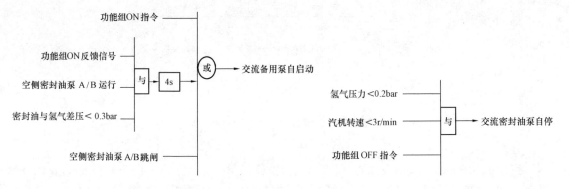

图 8-1　空侧密封油备用泵自启动逻辑图　　　图 8-2　交流空侧密封油备用泵自停逻辑图

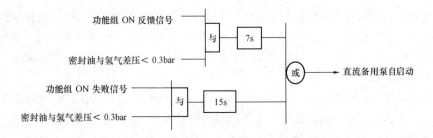

图 8-3　直流空侧备用泵自启动逻辑图

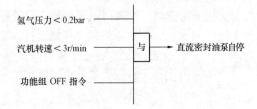

图 8-4　直流空侧备用泵自停逻辑图

二、氢侧密封油

本机组氢侧密封油流程如下所示。

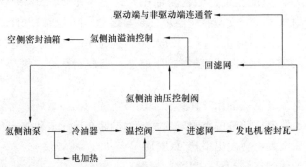

氢侧密封油系统主要由两台氢侧油泵（电源来自保安母线）、冷油器、差压控制阀组成。氢侧密封油有两台100％的交流油泵，分别供发电机两端的氢侧密封瓦。采用这种方式的原因是因为发电机两端的氢气压力不等，所以采用两个回路分别供油。

密封瓦的氢侧回油经回油滤网，进入氢侧密封油泵入口，经氢侧密封油泵，打入氢侧密封油冷油器，冷油器的冷却水为闭冷水。氢侧密封油泵的出口装有泄压阀，以保护氢侧密封油泵。冷油器有一个旁路，旁路管上装有电加热器，当氢侧密封油油温<27℃时，电加热器自动投入；当氢侧密封油油温>32℃时，电加热器自动停运。油温高时通过冷油器冷却，冷油器出口有油温控制阀，可以控制通过冷油器的油量，维持油温在45℃。

在氢侧油的供油与回油管之间装有氢侧密封油差压控制阀，差压控制阀是保证氢侧密封油的供油压力，氢侧油压＝空侧油压＋0.1bar＝4.7bar＋0.1bar＝4.8bar，差压控制阀的隔膜取两个信号，隔膜上是氢侧回油压力，隔膜下是氢气压力，隔膜的上、下动作带动下面的阀门，控制氢侧密封油回油量的大小，保证氢侧密封油供油压力在4.8bar。氢侧密封油的供油通过一个氢侧密封油进油滤网，进入密封瓦的氢气侧，供油滤网有差压表和差压开关，差压高将发出报警。氢侧密封油的回油到氢侧油泵的入口，在发电机非驱动端，氢侧密封油的回油管上接有一个氢侧密封油回（溢）油差压控制阀及旁路管，接到空侧密封油箱，这个差压控制阀上部接氢气压力，下部接回油管压力，通过控制回油量，确保回油管在这个控制阀处始终有4m的液柱、如果超过4m，差压控制阀打开，将氢侧回油放到空侧密封油箱；如恢复到4m，差压控制阀关闭，以保证氢侧密封油泵的正常运行。在发电机驱动端，氢侧密封油回油管与非驱动端氢侧密封油回油管之间有一连通管，使发电机驱动端与非驱动端氢侧密封油回油管油位一致。氢侧密封油回油管上还装有液位开关，当液位大于规定值时，控制室 CRT 将发出氢侧密封油油位高报警。

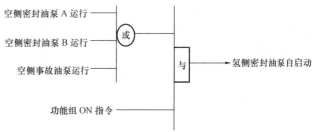

图 8-5　氢侧密封油泵自启动逻辑图

氢侧密封油泵自启动逻辑，如图 8-5 所示。

氢侧密封油泵自停逻辑，如图 8-6 所示。

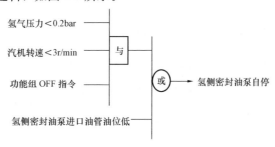

图 8-6　氢侧密封油泵自停逻辑图

三、真空侧密封油

本机组真空侧密封油流程如下所示。

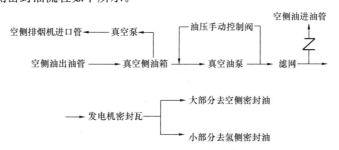

真空侧密封油系统实际上是空侧密封油的增压系统，真空侧密封油进发电机密封瓦空侧与氢侧之间，其压力等级为：真空侧油压＝空侧密封油压＋0.1＝4.7bar＋0.1bar＝4.8bar。真空侧密封油系统主要由真空侧油箱、真空侧油泵、真空油箱真空泵、真空密封油压力控制阀等组成。

空侧密封油的供油管接出一根管道到真空侧油箱，管道上有一个液位控制阀，当真空侧油箱油位高时，此供油控制阀关小，油位低时开大，真空侧油箱装有油位表和油位开关，会发出高、低油位报警（CRT），油箱上有一个真空油箱真空泵（排烟机），电源来自保安母线，通往空侧油箱排烟机入口，与其串联使用，使真空侧油箱也处于微真空，因为真空侧油与氢侧油压力等级相同，很可能有一部分混合，故必须将油中逸出的氢气排掉。

油箱下来的油到真空侧密封油泵（电源来自保安母线），油泵出口有泄压阀、油压控制阀，油压控制阀是手动调整的，通过调整回油量的大小，使真空侧密封油的供油压力在4.8bar。真空侧密封油泵出口分为两路，经过两个真空密封油进油滤网，分别到发电机两端的真空侧密封瓦，进口滤网也有差压表和差压开关，真空侧密封油没有单独的回油管，它的压力和氢侧密封油压相同，比空侧密封油压力高0.1bar，所以它的大部分油通过密封瓦与轴的间隙，流到空侧密封油中去，和空侧密封油回油一起进入空侧密封油箱。在发电机入口真空侧密封油与空侧密封油之间有一连通管，连通管上有一个逆止门，由于真空侧密封油压比空侧密封油压高0.1bar，所以有一部分真空侧密封油直接流入空侧密封油进油管中。仅仅有一小部分真空侧密封油通过密封瓦与轴的间隙进入氢侧密封油，而氢侧密封油多余的回油通过氢侧密封油回油控制阀回到空侧油箱，所以真空侧密封油不是完全独立的系统。

真空侧密封油泵自启动逻辑，如图8-7所示。

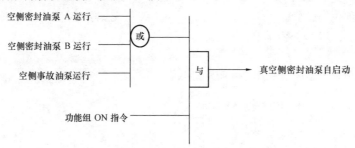

图8-7　真空侧密封油泵自启动逻辑图

真空侧密封油泵自停逻辑，如图8-8所示。

四、密封油系统的启、停及运行

1. 启动前的准备

(1) 确认有关连锁、保护均校验正常。

(2) 确认密封油系统各差压控制阀均调整正常，以保证空侧密封油与氢气差压在0.5bar左右，真空侧和氢侧密封油压与空侧密封油压差在0.1～0.2bar。

(3) 确认空侧油箱油位在700～800mm，真空侧油箱油位在500mm左右，氢侧油泵进口管油位约4m左右，无高、低位报警。

(4) 确认闭冷水等系统运行正常。

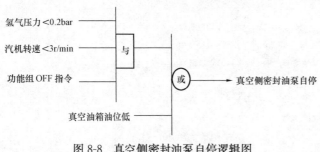

图8-8　真空侧密封油泵自停逻辑图

（5）按密封油系统检查卡检查操作完毕。

（6）密封油系统应在发电机充 CO_2 或充 H_2 前，以及汽轮机投盘车前投运。

2. 密封油系统的启动

（1）确认真空侧、氢侧密封油泵启动许可条件均满足，空侧油箱油位正常。

（2）将备用空侧密封油泵、事故空侧密封油泵暂放"闭锁"位置。

（3）用功能组启动密封油系统，检查空侧密封油泵、驱动端和非驱动端氢侧密封油泵、真空侧密封油泵及空侧油箱排风机、真空油箱真空泵均启动正常。

（4）如不用功能组启动，应先启动空侧密封油泵正常后，再逐台启动真空侧密封油泵、两台氢侧密封油泵及空侧油箱排风机和真空油箱真空泵。

（5）当空侧密封油与氢气的差压正常（在 0.5bar 左右）后，将备用空侧密封油泵和事故空侧密封油泵解锁，投入备用。

3. 密封油系统运行

（1）各泵组在运行中有明显的不正常异声，振动明显增大，电流超限时，应立即启动备用泵（空侧密封油泵），停用故障泵。

（2）各密封油泵轴承温度正常，不大于 90℃。

（3）空侧密封油温度自动控制正常，约 45℃，空侧密封油冷油器一组正常运行，另一组作备用。若油温升高，可投用备用组冷油器，并分析原因，及时处理。

（4）氢侧密封油温度自动控制正常，约 45℃。氢侧密封油电加热器自动投、停正常。

（5）空侧油箱油位正常，无高油位（980mm）和低油位（370mm）报警，若油位升高或降低，应分析原因，及时处理。

（6）真空油箱油位正常，自动补油阀动作正常，无高油位（650mm）和低油位（380mm）报警。

（7）氢侧密封油泵进口管无高、低油位报警，若油位高报警，应立即打开油位控制阀旁路门（MKW40AA004），并分析原因，及时处理。

（8）空侧密封油与氢气差压正常，在 0.5bar 左右，若差压小于 0.3bar，应检查备用空侧密封油泵或事故空侧密封油泵自启动，若自启动不成功，应立即手动启动。并分析差压小的原因，及时处理。若差压小于 0.3bar，延时 15s，汽轮机保护动作脱扣。

（9）氢侧和真空侧密封油压力正常，分别比空侧密封油压力高 0.1～0.2bar。

（10）若氢侧、真空侧密封油泵故障停用，只要空侧密封油泵运行正常，可维持汽轮发电机组运行。

（11）真空油箱真空泵运行正常，真空泵油位指示正常，油位降低时应及时补油。真空油箱的真空应在 −0.8bar 左右。

（12）空侧密封油滤网差压正常，若差压 >0.8bar 报警，应切换备用组滤网运行，联系检修清洗滤网，清洗完毕后投入备用。

（13）发电机驱动端和非驱动端空侧、真空侧、氢侧密封油进口滤网差压正常，若差压 >0.8bar 报警，并安排停机、清洗。

4. 密封油系统的停用

（1）若备用空侧密封油泵切换，应先手动启动备用泵正常后，再停用原运行泵，密切注意密封油与氢气差压正常。

（2）确认汽轮机转子已停止，发电机内 H_2 或 CO_2 放尽后，才可停用密封油系统。

（3）用功能组停用密封油系统，检查空侧、氢侧、真空侧密封油泵及氢侧油箱排风机、真空侧油箱真空泵均停止。

第三节 发电机定冷水系统

一、概述

发电机正常运行时，存在着导线和铁芯的发热损耗、转子转动时的鼓风损耗、励磁损耗和轴承摩擦损耗等能量损耗。若发电机在额定输出功率时效率为98.97%，那么就有1.03%的能量损耗，这些损耗最终都转化为热能，使发电机的定子和转子等部件发热，如不及时把这些热量排走，将会使发电机绝缘材料超温而老化和损坏。为保证发电机在允许温度内正常运行，必须设置发电机的冷却设备。目前，对于大容量汽轮发电机组，多采用水氢氢冷却系统。所谓水氢氢冷却方式，是指发电机定子绕组水冷、转子绕组氢冷和定子铁芯氢冷。发电机定子冷却水系统就是为发电机定子绕组和引出线不间断地提供冷却水，简称定冷水系统。发电机定子绕组采用水冷方式，是因为水冷的效果是氢冷的50倍。水冷定子绕组的导体既是导电回路又是通水回路，整个定冷水系统为一闭合回路。系统由定冷水泵、冷却器、滤网、发电机定子水冷绕组、定冷水箱、发电机出线终端连接部、离子交换器等构成基本回路。对大容量水氢氢冷汽轮发电机定子绕组水冷系统有如下基本要求：

（1）供给额定的定冷水流量；

（2）控制进入定子绕组的冷却水温度符合要求；

（3）保持高质量的冷却水质（除盐水）。本600MW超临界机组定冷水水质标准如表8-1所示。

表8-1　　　　　　　　　　　　　　定冷水水质标准值表

pH 值	含铜量	含铁量	电 导 率	溶氧量
5.5～7.0	$<20\mu g/L$	$<20\mu g/L$	$<0.3\mu S/cm$	$<20\mu g/L$

1. 用水作发电机冷却介质的优缺点

（1）用水作发电机冷却介质的优点有：

1）水的热容量大，有很高的导热性能和冷却能力；

2）水的化学性能稳定，不会燃烧；

3）高纯度的水具有良好的绝缘性能；

4）获取方便，价格低廉，调节方法简单，冷却效果均匀。

（2）用水作发电机冷却介质的缺点有：

1）需要一套较复杂的管路系统，对水质要求高，运行中易腐蚀铜导线和发生漏水，降低了发电机的运行可靠性。

2）发电机定冷水压力不能高于氢气压力。若发电机定冷水压力高于氢气压力，则在发电机内定冷水系统有泄漏时会使水漏入发电机内，造成发电机定子接地，对发电机安全运行造成威胁。

2. 定冷水系统的基本组成部分

本机组定冷水系统基本组成部分包括：

（1）定冷水箱（发电机顶部）；

（2）两台100%容量的定冷水泵（额定扬程5.7bar，额定流量105m³/h）；

（3）两只100%的冷却器；

（4）过滤器（滤网）；

（5）离子交换器；

（6）进入定子绕组的冷却水温度调节器；

（7）一些常规阀门和检测仪表。

二、系统流程

本机组定冷水系统流程如下所示。

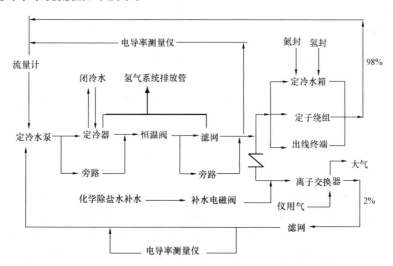

定子冷却水经过两台并联布置的分别为 100％容量中的一台定冷水泵升压后，一部分定冷水进入两台并联布置的分别为 100％容量中的一台定冷器冷却后和一部分通过冷却器旁路的定冷水，经过自耦式恒温调节阀混合后，维持定冷水水温 45℃。然后，恒温的定冷水进入主回路滤网，滤网设有旁路阀，经过滤网的定冷水被节流孔板限流，98％流量中的大部分定冷水进入发电机定子水冷绕组冷却定子线棒；剩余部分分成两路，一路经节流孔板进入定冷水箱维持水箱水位；一路进入发电机出线终端连接部冷却连接件。而后三路冷却水并成一路经定冷水回水母管返回定冷水泵进口，完成定冷水冷却回路的循环。另外，被主回路（冷却回路）节流孔板限流的 2％流量定冷水经定冷水离子交换器再生后返回定冷水泵进口，完成定冷水再生回路的循环。定冷水离子交换器出口设有滤网，并设有旁路。在定冷水离子交换器出口母管上及发电机进出口母管上均设有定冷水电导率测量仪，以检测发电机运行中定冷水的电导率及再生定冷水电导率。

定冷水系统的补充水来源于化学除盐水，由补水电磁阀经离子交换器进一步除去金属离子后入系统。为保证离子交换器在额定容量下正常工作，补水电磁阀后接一机械式泄压阀，以稳定补水压力。

定冷水系统在定子绕组进、出口环形管上各引出一只放水阀，在离子交换器后管路上设有三只放水阀，作系统放水用。

定冷水冷却器由闭冷水提供冷却用水。

离子交换器上的仪用气管道，其作用为离子交换器调换新树脂后，用于搅拌混合。

两台定冷水冷却器和冷却器出口滤网都设有自动放气门，其作用是排除定冷水中逸出的气体（主要是氢气）。

三、系统主要特点

（1）对定冷水水质要求高。为了达到高水质要求，系统中设置了连续运行的离子交换器。当系统中定冷水箱水位降至低水位时，由化学除盐水系统来的除盐水，经减压阀和补水电磁阀先进入本系统的离子交换器后，再进入定冷水系统。

（2）为了防止运行中定冷水被污染，定冷水系统中的所有设备和管道阀门均由防锈材料制成。此外在定冷水箱上部空间充以氢气或氮气，使水与空气隔绝，防止发电机定子线棒内壁和管道内壁被氧气及渗入的二氧化碳腐蚀。目前本机组定冷水箱上部空间充的是氮气，因定冷水箱内充有氮气，故定冷水系统中只溶有氮气，而无空气，不会造成氢氧混合，系统内不会造成氧化，氢氮混合也不会有任何危险。定冷水箱内氮气压力低于氢冷系统压力，差压为 0.5bar。这样，即使定子绕组发生泄漏，由于定冷水系统压力低于氢冷系统压力，只能是氢气进入定冷水系统，而不会发生水进入发电机腔内。

（3）由于定冷水箱安装在发电机顶部（17.6m），而定冷水系统布置在主厂房底层（0 米处），在发电机定子出水环形管回流至水箱时，可能产生虹吸作用，由于虹吸压力低于大气压力，致使出水环形管处产生负压，80℃的水温下容易造成空心导线出水端可能发生汽化，造成线棒内汽阻塞，影响冷却效果。为了消除这种危险现象，系统中设计了一根防虹吸管道。该管的一端接至出水环形管的上部，另一端接至水箱的顶部，使出水环形管经常保持正压，防止虹吸发生。由于定冷水箱置于整个定冷水系统的最高位置，并充有 50kPa 氮气压力，所以发电机定子绕组出水母管处不会出现负压，在出水温度下不会产生水的汽化。

（4）防漏报警：水氢氢冷发电机由于氢压高于水压，当定子绕组发生渗漏时，水难于渗出，而氢则会渗入定冷水系统。当水中溶解的氢达到饱和时，会在定冷水箱上部空间释放出氢气，使水箱压力逐渐升高，本机组是当定冷水箱的压力超过 50kPa 发出报警信号。另外，设在氢气排气联通管上的两个泄漏定压阀将打开，氢气通过这两个阀排入大气。泄漏定压阀后的氢气流量计一旦测到氢气流量，即发出报警，运行人员据此可判断发电机内部定子绕组或进、出水端已发生泄漏。

四、定子冷却水系统的温度控制及主要测点

（1）定冷水系统的温度控制，是由自耦式恒温调节阀调整通过定冷器旁路的定冷水流量和通过定冷器定冷水流量而实现的。通过自耦式恒温调节阀，即使发电机负载变化，发电机入口定冷水温度也可保持在恒定值 45℃。

（2）定冷水系统在定冷水回水母管上装有一流量测点，接有三只流量表，分别用作 CRT 显示、控制、报警、保护动作。BTG 盘有"发电机定子冷却水流量低"报警。

1）当第一台定冷水泵启动后，定子冷却水流量仍小于 75t/h（三取二），经 2s 延时，另一台备用泵自启动。

2）当定子冷却水流量大于 75t/h（二取二）时"功能组"反馈出"ON"，即表示定子水冷系统正常运行。

3）当运行定冷水泵故障，备用泵应自启动。如果定子冷却水流量低于 75t/h，备用泵在 2s 后自启动。

（3）在离子交换器再生回路上设置有一流量测点，用作补水及再生流量监视。

（4）定冷水系统温度测点有多处，它们的作用有：

1）在主回路滤网出口的温度测点用作 CRT 显示、报警。

2）在定冷水回水母管上有两个温度测点用作 CRT 显示、报警、保护动作。BTG 盘也有"发电机定子冷却水出口温度高"报警。

3）在发电机定子线棒引出 48 个温度测点用作 CRT 显示、报警；BTG 盘也有"发电机定子温度高"报警。

4）在发电机出线终端连接部出水管上有三个温度测点用作报警。

（5）定冷水系统没有压力控制装置，发电机进出口定冷水压力测点仅用于 CRT 显示、报警。

（6）定冷水系统导电度测点仅用于 CRT 显示、报警，BTG 盘也有"发电机定子冷却水导电度高"报警。机组正常运行中，化学分析人员定期实测定冷水导电度，如发现导电度高，则通知运行人员进行排污换水操作。发电机定冷水的导电度过高，可能会引起沿定子绕组内壁发生闪络。

1）在定冷水系统主回路滤网后引出的导电度测点，用于 CRT 显示、报警，原设计带有保护，现已取消。

2）在离子交换器再生回路出口有一个导电度测点，仅用作 CRT 显示、报警。

（7）定冷水系统定冷水箱液位测点用作报警、自动补水电磁阀动作及保护动作。BTG 盘有"发电机定子冷却水水箱水位低"报警。

五、定冷水系统保护内容

（1）发电机定冷水箱水位低 1/4（左右）延时 2s（三取二），动作结果：汽轮机脱扣。

（2）发电机定冷水流量低 70t/h 延时 2s（三取二），动作结果：汽轮机脱扣。

（3）发电机定子冷却水出口温度高 80℃（二取二），动作结果：跳主变压器出口 500kV 开关、励磁开关、厂总变 6kV 开关，汽轮机空载运行。

（4）发电机出线引出端漏水，动作结果：汽轮机脱扣。

（5）发电机定子冷却水导电率高（大于 $0.8\mu s/cm$），手动故障停机。

六、定子绕组进水量和进水温度变化对发电机的影响

当定冷水流量在额定值的 ±10% 范围内变化时，对定子绕组的温度实际上不会产生多大的影响。当大量增加定冷水时，则会导致入口压力过分增大，在由大截面流向小截面的过渡部位可能发生汽蚀现象，使水管壁损坏，所以过分增加定冷水流量是不恰当的。降低定冷水流量，将使定子绕组进出口定冷水温差增大，绕组出口定冷水温度增高。可能导致定子绕组温差增大和温度超限；定冷水量过小，还有可能使定冷水温升过大而产生汽化，这都是不允许的。一般而言，绕组入口的水温与额定值的偏差，其允许范围是 ±5℃。

机组正常运行中，当运行定冷水泵流量降低时，则备用泵自启动，如流量仍小于保护定值，则发电机跳闸，汽轮机空载运行。对于定子绕组冷却水温度，在任何情况下，绕组出口的定冷水温不应超过 80℃，以防止定冷水发生汽化和定子线圈超温。

当定子绕组进水温度在额定值（45±5）℃ 范围内时，可满足发电机额定出力时的冷却要求。当定子绕组入口水温超过规定范围上限时，应适当减小发电机出力，以保持定子绕组出水温度和定子铁芯及线圈的温度不超过允许值。发电机入口定冷水温也不允许低于额定值，以防止定子绕组和铁芯的温差过大或可能引起进、出水环形管表面的结露现象。

七、有关控制逻辑

（1）定冷泵启动许可条件逻辑，如图 8-9 所示。

（2）定冷泵自停逻辑，如图 8-10 所示。

（3）定冷泵自启动逻辑，如图 8-11 所示。

（4）定冷水箱补水电磁阀自动开逻辑，如图 8-12 所示。

图 8-9 定冷泵启动许可逻辑图　　　　图 8-10 定冷泵自停逻辑图

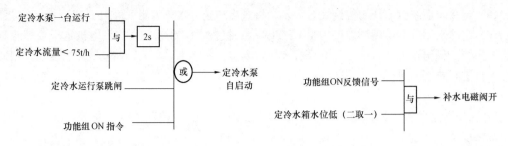

图 8-11 定冷泵自启动逻辑图　　　　图 8-12 定冷水箱补水电磁阀自动开逻辑图

（5）定冷水箱补水电磁阀自动关逻辑，如图 8-13 所示。

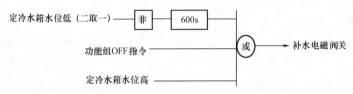

图 8-13 定冷水箱补水电磁阀自动关逻辑图

八、定冷水系统的启、停及运行

1. 启动前的准备

（1）确认有关连锁、保护均校验正常。

（2）确认化学除盐水供给泵已投运，定冷水箱补水水源正常，闭冷水、仪用气等系统运行正常。

（3）按定冷水系统检查卡检查操作完毕，确认定冷水箱水位正常。

2. 定冷水系统的启动

（1）确认定冷泵启动许可条件满足。

（2）将备用定冷泵暂放"闭锁"位置，用功能组启动定冷泵，检查定冷泵启动正常。

（3）定冷泵启动后，检查其启动电流及返回时间正常，电流不超限。

（4）当定冷水流量正常（约 100t/h）后，将备用定冷泵解锁，投入备用。

3. 定冷水系统的运行

（1）泵组在运行中若有明显的不正常异声，振动明显增大，应立即启动备用定冷泵，停用原运行泵。

（2）运行定冷泵电流不超限。

（3）定冷泵轴承油杯油位正常，各轴承温度小于 90℃。

（4）定冷水温度控制正常，约 45℃，定冷器正常运行一组，另一组作备用。若定冷水温度升高，可将备用定冷器投用，并分析原因，及时处理。

（5）定冷水压力正常，定冷泵出口压力 6bar 左右，发电机进口定冷水压力 2.5bar 左右。

（6）定冷水流量正常，为 100t/h 左右。若流量低于 75t/h，应检查备用定冷泵自启动，若自启动不成功，应立即手动启动。若定冷水流量＜65t/h（三取二），延时 2s，发电机自动解列。

（7）定冷水箱水位正常，无高、低水位报警。若水位低报警，应检查补水电磁阀自动打开，联系化学确认除盐水供给泵运行正常，若自动补水失灵，应手动补水至正常水位。若定冷水箱水位高报警，应检查补水电磁阀自动关闭或手动关闭，若电磁阀泄漏或不能关闭，应联系检修人员处理，必要时可暂将电磁阀隔绝门关闭。当出现定冷水箱低低水位报警（三取二），延时 5s，发电机解列，延时 60s，定冷泵自停。

（8）机组正常运行时，应保持定冷水再生回路运行。化学人员定期化验水质，保证定冷水电导率不大于 $0.5\mu S/cm$。

（9）检查定冷水滤网差压正常，若滤网差压＞0.8bar 报警，切旁路，立即联系检修人员清洗，清洗完毕后投入运行。

（10）定冷水箱含氢量达 3％时，若 120h 不能消除，应停机。当含氢量达 20％时立即紧急停机。

关于定子线棒层间温差及出水支路引水管出水温差的规定：定子线棒层间测温元件的温差和出水支路的同层各定子线棒引水管出水温差应加强监视。温差控制值应按制造厂规定，制造厂未明确规定的，应按照以下限额执行：定子线棒层间最高与最低温度间的温差达 8℃或定子线棒引水管出水温差达 8℃时应报警，此时应降低出力，及时查明原因。定子线棒温差达 14℃或定子引水管出水温差达 12℃，或任一定子槽内层间测温元件温度超过 90℃或出水温度超过 85℃时，应立即减负荷，确认测温元件无误后，应立即停机处理。

4. 定冷水系统的停用

机组停用后，根据需要及时停用定冷水系统，以防发电机过冷。停定冷水系统时，用功能组停用定冷泵。

九、系统典型异常判断处理

1. 定子冷却水系统故障处理

（1）定子冷却水流量低，首先检查系统及运行泵、滤网等的工作情况是否正常，查明原因，采取相应措施，必要时切换至备用泵运行。当发电机入口定子冷却水流量低至跳闸值时，机组应跳闸，否则手动脱扣停机。

（2）定子冷却水箱水位低，应及时补水至正常水位。若系统管道、阀门、法兰、定子冷却水冷却器等泄漏，应做好隔绝措施并联系检修处理。

（3）发电机定子冷却水出口温度＞75℃时发出报警信号，应查明原因并处理，并适当降低发电机出力，当出水温度超过 80℃时，断水保护动作机组跳闸。如果保护不动作，立即手动脱扣停机。

（4）若定子冷却水电导率超过 $0.5\mu S/cm$，通知化学人员取样化验电导率，通过补入合格除盐水，开启定子冷却水进水管放水门排污换水，控制电导率进一步升高，检查两台定子冷却水冷却器闭式水侧压力应低于定子冷却水压力，否则关小闭式水侧供水门进行调整，若无效，则切换定子冷却水冷却器。若处理无效，冷却水电导率超过 $8\mu S/cm$，应立即脱扣停机。

2. 定子冷却水压低的原因及处理

（1）定子冷却水泵出力不足或跳闸，切至备泵运行并通知检修处理。

（2）定子冷却水滤网差压高，切至备用滤网并通知检修清洗。

（3）管道、阀门等泄漏，在保证安全运行的前提下设法隔离，隔离无效并无法维持机组正常运行时，应减负荷停机。

（4）定子冷却水箱水位发出低报警信号，应确认除盐水泵运行正常并补水至正常水位。

3. 发电机定子线圈泄漏及处理

（1）现象。

1）定子线圈内冷水压升高；

2）氢气漏气量增大，补氢量增大，氢压降低；

3）内冷水箱氢含量升高；

4) 发电机油水继电器可能报警。

(2) 处理。

1) 从发电机油水继电器放出液体化验，判断是否为内冷水泄漏；

2) 检查内冷水箱压力升高是否由发电机定子线圈或引水管漏水引起；

3) 若确认发电机定子线圈或导水管漏水属实，则应立即解列停机；

4) 注意监视发电机各部位温度、振动，化验氢气露点、纯度，及时补排氢。

4. 定子冷却水电导率高及处理

(1) 当定子冷却水电导率高于 $0.5\mu S/cm$ 时，应对水冷箱排污换水，直至水质合格。

(2) 机组运行时，若定子冷却水电导率逐渐增大，也可能是去离子装置树脂失效，则应及时予以更换。

(3) 若除盐水水质不合格，则禁止向定子冷却水箱补水。

(4) 若确认定子冷却水电导率已达 $8\mu S/cm$，应故障停机。

5. 发电机定子线圈漏水故障

(1) 现象。

1) 主变压器出口 500kV（5021 开关、5022 开关）开关跳闸；

2) 厂用 6kV1A、1B 母线常用电源开关跳闸，自合闸开关自合；

3) 发电机灭磁开关跳闸、汽轮机跳闸；

4) 发变组保护（86-A1、86-B1）动作，光字牌报警。

(2) 处理。

1) 及时发现 500kV 开关、发电机灭磁开关、6kV 厂用电开关跳闸；

2) 检查确认厂用母线电源开关自合成功，6kV、400V 厂用电正常并复置跳闸开关及自合闸开关；

3) 到发变组保护室检查保护动作情况（端子箱过量液体保护动作）；

4) 汇报值长，讲明保护动作情况、电源开关跳闸情况及自合情况；

5) 就地检查检漏仪内是否有液体，并对液体取样保存待化验；

6) 通知检修人员查找故障点并及时消除故障；

7) 值长汇报调度并得到调度许可，将发变组改检修并测定子绝缘。

思 考 题

1. 什么是水氢氢冷却方式？

2. 氢气系统主要流程？包括哪些主要设备？

3. 氢气系统主要作用是什么？

4. 氢气系统主要巡检项目有哪些？

5. 氢气作为发电机冷却介质的优、缺点有哪些？

6. 氢气系统主要特点有哪些？

7. 氢气冷却器出口的氢气温度是如何控制的？

8. 如何辨别氢气干燥剂是否失效？失效后的干燥剂如何再生？

9. 运行中发电机氢气纯度下降的主要原因有哪些？

10. 什么是绝对湿度？

11. 什么是相对湿度？

12. 什么是露点？

13. 为什么发电机运行时氢气纯度要保持在 96％以上？

14. 如何判断发电机检漏仪液位高报警？如何处理？

15. 氢气系统运行时应注意哪些问题？

16. 发电机密封油系统流程？包括哪些主要设备？

17. 发电机密封油系统作用是什么？

18. 发电机密封油系统主要巡检项目有哪些？

19. 发电机内氢气采用油进行密封的原理是什么？

20. 什么是空侧密封油、氢侧密封油、真空侧密封油？它们之间有何关系？

21. 发电机密封油系统运行中注意事项？

22. 定冷水系统主要流程？包括哪些主要设备？

23. 定冷水系统主要作用是什么？

24. 定冷水系统主要巡检项目有哪些？

25. 用水作发电机冷却介质的优、缺点是什么？

26. 定冷水系统有哪些保护？

27. 定冷水系统的补水取自何处，如何补水？

28. 定冷水系统投入前应做哪些检查？

29. 定冷水系统如何投入运行？

30. 发电机断水保护动作的条件是什么？

31. 定子冷却水系统运行中监视内容有哪些？

32. 定子冷却水系统的冲洗作用是什么？

33. 定子冷却水电导率高如何处理？

34. 定子冷却水箱换水的操作步骤是什么？有何注意事项？

35. 水冷发电机在运行中要注意什么？

36. 一般发电机内定子冷却水系统泄漏有哪几种情况？

第九章

汽 轮 机 油 系 统

第一节 汽轮机油系统及净油系统

一、概述

汽轮机润滑油系统必须在汽轮机盘车、启动、运行、停机惰走时不间断地供给各轴承清洁足量的润滑油。同时必须使润滑油温度、压力保持在规定的范围内，从而使汽轮机各轴承温度及润滑油回油温度不超限。

1. 汽轮机润滑油系统的作用

1）向汽轮机各轴承输送符合要求的润滑油，使汽轮机的各轴颈在运行中与轴瓦之间建立油膜润滑条件，同时带走摩擦产生的热量和高温转子的传导热量。

2）在机组处于盘车和启动初期，润滑油系统向各轴承供给高压顶轴油。

2. 汽轮机油系统组成

本机组汽轮机润滑油系统主要由主油泵、交流辅助油泵、直流事故油泵、顶轴油泵、冷油器、润滑油箱、油滤网、润滑油箱排烟风机、恒压阀、温度控制阀等设备和一系列管道组成。汽轮机润滑油系统可分成两个油路：润滑油油路、顶轴油油路。

汽轮机油系统主要性能参数为：

容量：30m³

润滑油箱（1个）：2450mm×1950mm×6250mm

主油泵（1台）：汽轮机轴通过减速齿轮带动

额定流量：50L/s

额定压力：4.9bar

额定转速：1308r/min

交流辅助油泵（1台）：额定流量：55L/s

额定压力：4.85bar

额定转速：2900r/min

直流事故油泵（1台）：额定流量：17L/s

额定压力：1.31bar

额定转速：1500r/min

顶轴油泵（4台）：额定流量：0.24L/s

额定压力：350bar

额定转速：1450r/min

冷油器（2台）：水侧并联（设计压力）：6bar

油侧串联（设计压力）：4.9bar

汽轮机油系统中的主要设备都集中布置在一个密封的汽轮机油室中，位于汽轮机机头前平台下方。这样布置的目的是：如果油系统着火，也只会在此小室中缺氧闷烧，并且在汽轮机油室中设有自动灭火装置，能很快将火扑灭。

二、汽轮机润滑油系统特点

机组正常运行时，汽轮发电机各轴承的润滑油是由主油泵供给的。主油泵是齿轮泵，安装在汽轮机前轴承座内，由与汽轮机同轴旋转的传动齿轮装置带动，主油泵的入口从润滑油箱油位下接出，入口带有滤网，主油泵不需要注油，额定运行时主油泵的最大吸入高度为 5.5m，它能将润滑油箱中的油直接打出，供各轴承润滑、冷却用。主油泵出口设有逆止门，主油泵出口连接至汽轮机冷油器及油温控制阀入口。

在启、停过程中，汽轮机转速小于 2700r/min 时，主油泵还不能正常工作，此时需借助辅助油泵才能保证充足的润滑油供给。辅助油泵为交流电动泵，属重要辅机，电源来自保安母线。辅助油泵装在润滑油箱油位下，有入口滤网和泵体放气孔板，出口设有逆止门，辅助油泵出口也连接至汽轮机冷油器及油温控制阀入口。当汽轮机转速大于 2700r/min 时，主油泵开始正常工作，辅助油泵自动停运。

为了使汽轮机能安全停机，防止汽轮机在惰走过程中辅助油泵有故障而失去润滑油，在汽轮机润滑油系统中还设有一台直流事故油泵。直流事故油泵也装在润滑油箱油位下，有入口滤网和出口逆止门，直流事故油泵供油不经冷油器和油温控制阀直接供给汽轮机各道轴承。据制造商介绍，即使辅助油泵和事故油泵运行时双双发生故障，因断油而造成汽轮机轴承损坏的可能性也非常小，因为主油泵将连续有效地供油，直至汽轮机转子停止转动。

主油泵和辅助油泵打出的润滑油进入汽轮机冷油器。汽轮机的润滑油必须保持一定的温度，油温高则起不到冷却效果；油温低则油黏度大，可能引起汽轮机震动。为此用冷油器来吸收润滑油在工作中获得的汽轮机轴承摩擦发热、转轴的传导热、油流与系统管路摩擦耗功所产生的总热量。润滑油经过冷油器时与钢管内的闭冷水进行表面式热交换，使油温得到调节。本机组不采用调节冷却水门来控制油温，目的是保护冷油器。因为冷却水门开度太大会冲蚀管束，而冷却水门开度太小会沉积垃圾，影响传热效果，腐蚀管束。冷油器有两台，均为立式、100%容量，油侧串联布置，水侧并联布置，其优点是润滑油冷却均匀，冷却效果好，可使用一台，另一台备用，也可以两台冷油器并列使用。缺点是油侧发生泄漏时无法隔绝检修。两台冷油器有一个大旁路，冷油器出口与旁路管的出口有一个三通阀型式的油温控制阀，它以改变走旁路的油流量大小来控制润滑油温度为 45℃ 左右。

油温控制阀出口的油进入两个滤网，均为 100%容量。滤网进出口并联有过压旁路阀，当滤网脏时，差压增大到一定数值，一方面润滑油走旁路阀；另一方面，滤网前后装有差压显示（红绿牌比例），当差压大时，差压显示会显示红牌，运行人员可以切换至备用滤网运行，切换滤网时要注意：先将备用滤网注满油（油压显示正常），然后再进行切换，以防油压在切换时突降。差压大的滤网由检修人员清理后投入备用。

滤网出口去汽轮机各轴承的供油母管上，装有一个限压阀，作用是保证各轴承供油压力恒定，它是通过控制泄油量的大小来达到控制润滑油供油压力的。当供油压力升高时限压阀开大，泄油至润滑油箱，从而使各轴承润滑油压恒定在 1.5bar。

在润滑油供油管上还设有三个带压力变送器的测量试验回路，每个回路上都有节流孔、油压表、带接点的油压变送器及试验阀。3 个回路的回油回到油箱，这 3 个测量试验回路均安装在汽轮机油室润滑油箱上，它们的作用分别是：

（1）润滑油油压<60%额定压力（三取二），即 0.9bar 时，辅助油泵自启动，延迟 30s 后，

事故油泵自启动；

（2）润滑油油压＜40％额定压力（三取二），即 0.6bar 时，辅助油泵与事故油泵立即自启动；

（3）润滑油油压＜40％额定压力（三取二），即 0.6bar 时，辅助油泵与事故油泵立即自启动，同时汽轮机脱扣。

在机组每次大小修结束，机组启动前均应做油压测量试验回路校验，试验合格后机组才允许启动，并做好记录。在机组正常运行时，这些试验如无特殊情况，一般不做。

在润滑油箱上装有两台 100％容量的排烟风机，其中一台运行，一台备用。其作用是使油箱、疏油管和轴承座中产生一个真空。这样不仅使油气能有效地排出油箱，还能防止轴承座油挡漏油。

在润滑油温低的情况下，油箱内的电加热器能自动投入运行，以使油泵能正常工作（润滑油箱内润滑油温＜25℃，油箱电加热自动投入；＞30℃，油箱电加热自动切除）。

润滑油箱的溢油进入净油机，通过净油机净化后的润滑油再由净油泵打入润滑油箱，从而实现主机润滑油连续不断的净化。

低压旁路泄漏油箱（主要是收集低压旁路控制系统来的疏油）的油由低压旁路泄漏油泵根据泄漏油箱油位打入汽轮机轴承回油母管，最终回到润滑油箱。

三、顶轴油系统

在大型汽轮机重负载的轴承上，为了防止轴与轴承金属之间的接触，一般都设有顶轴油系统。在机组启动和盘动汽轮机转子时，用高压油顶起汽轮机转子，这样汽轮机轴与轴承之间摩擦系数大大降低，盘车的启动力矩也显著降低。本机组在汽轮机的第 3、4、5、6 号轴承上设有顶轴油且各自设有顶轴油泵，4 台顶轴油泵的电源均来自保安母线。顶轴油泵的型式是三级内齿轮泵，它的额定出口压力为 350bar。

顶轴油系统非常简单紧凑，它除了电动机以外，所有部件及管道都装在轴承座内。顶轴油的进油直接从进该轴承的润滑油供油母管喷嘴前引出。系统上设有一只恒压阀，它将系统的压力恒定在 350bar。另外还设有一只启动阀。顶轴油泵刚启动时，启动阀疏油口随着油泵出口压力的升高而逐渐关闭，使油泵有一定的通油量，确保油泵的冷却和润滑。如果不设启动阀，那么从顶轴油泵启动到汽轮机转子被抬起之前的一段时间内油无出路，顶轴油泵会打闷泵，没有足够的润滑油冷却，会造成顶轴油泵损坏。

另外当润滑油压力低于 0.3bar 时，顶轴油泵将停止运行，这是为了防止顶轴油泵无油运行。在机组检修期间润滑油系统还未复役的情况下，如检修人员需用顶轴油泵调整汽轮机转子位置，那么可在汽轮机轴承室内使用辅助油泵临时充油。只要轴承室油位高于顶轴油泵吸入口 30mm，顶轴油泵就可手动投入运行。

四、净油系统

为了净化和贮存主机润滑油和给水泵汽轮机润滑油，机组需配有一套净油系统。该系统分成贮油和净油两个部分。图 9-1 为机组贮油箱系统

贮油部分主要由贮油箱、输油泵、输油管道阀门等设备组成。贮油箱是用来贮存润滑油的，它布置在汽轮机房外（一号机凝补水箱旁），正常运行时，可用来提供汽轮机和给水泵汽机 A/B 润滑油箱补充油，补油可以补至净油机，由净油机油泵打入润滑油箱；也可以用输油泵直接补至润滑油箱。一旦汽轮机或给水泵汽轮机润滑油系统发生火灾事故需要润滑油箱紧急放油时，可将汽轮机润滑油箱或给水泵汽轮机润滑油箱的存油放入贮油箱，贮油箱容积很大，设计容量能存放下汽轮机与给水泵汽轮机的正常用油以及事故时全部设备及管道的油量。

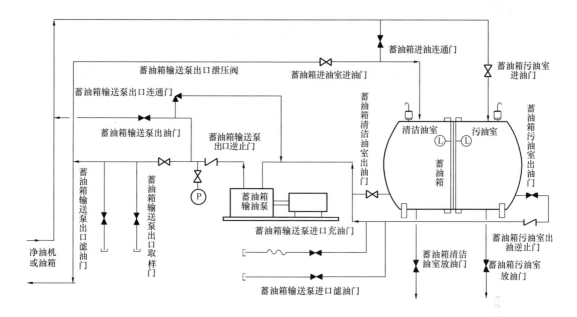

图 9-1 贮油箱系统图

贮油箱一隔为二，一侧存放干净油，另一侧存放脏油，两侧都有油位计。贮油箱是两台机组公用，与两台机组的净油机和润滑油箱都有连接管。

贮油箱下有一台输油泵，进口分别从干净侧和脏油侧底部接出，输油泵为齿轮泵，出口有安全阀，干净侧和脏油侧都可以通过输油泵打循环，机组大小修后，汽轮机润滑油系统进油（或补油）可以通过输油泵直接送到汽轮机润滑油箱或给水泵汽轮机 A/B 润滑油箱，也可以先打入净油机，经净油机净化后由净油机油泵打入汽轮机润滑油箱。汽轮机润滑油箱放油时，可以放入净油机，也加以放入贮油箱。但净油机容量有限，一般情况下放油至贮油箱。进行进油或放油操作时必须按"汽轮机润滑油系统进油或放油操作卡"执行。

净油机系统主要由净油机、净油机油泵、净油机排烟风机、净油机进油电磁阀等设备组成，如图 9-2 所示。

净油机的作用是机组运行中连续过滤汽轮机或给水泵汽轮机的润滑油，一台机组配有一台净油机。它的入口接自汽轮机或给水泵汽轮机润滑油箱的正常溢流，经过过滤净化后的润滑油由净油机油泵重新打入润滑油箱。

净油机的容量为 8m³，净油机内分成三个部分：沉淀室、过滤室和精过滤室。从汽轮机或给水泵汽轮机润滑油箱溢流来的油经净油机进油电磁阀进入净油机沉淀室，净油机进油电磁阀开关受精过滤室的油位控制，当油位升高到满油位时，净油机进油电磁阀自动关闭，当油位降低至净油机上玻璃油位计 4/5 左右时，净油机进油电磁阀自动打开。油从沉淀室的网状滤网自下而上流动，将油中垃圾杂质留在底部，沉淀室设有油水分离器，调整好后可将滤出的水分离出来。油从沉淀室溢流进入过滤室，过滤室有许多布袋滤网，油从布袋外进入到布袋内，再从布袋夹上的喷嘴进入净油机精过滤室。精过滤室有一定的油位，从底部接出管子进入净油机油泵，经过净油机油泵升压后，再经过由纤维丝做成的筒式滤网过滤，回到汽轮机或给水泵汽轮机润滑油箱。当精过滤室油位升高到下玻璃油位计 2/3 左右，净油机油泵自启动，油位降低至下玻璃油位计 1/3 左右，油泵自停。

净油机上还装有排烟风机，保证净油机内为微负压运行。

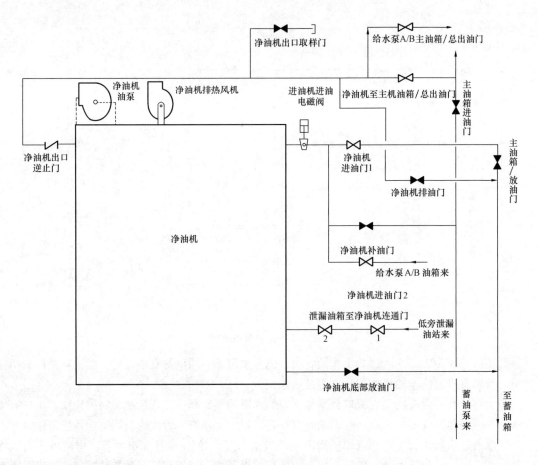

图 9-2　净油机系统图

五、有关控制逻辑

（1）辅助油泵自启动逻辑，如图 9-3 所示。

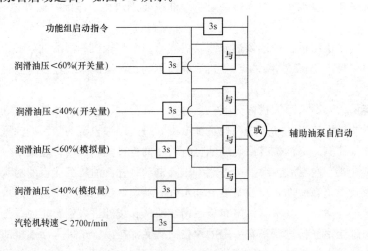

图 9-3　辅助油泵自启动逻辑图

（2）事故油泵自启动逻辑，如图 9-4 所示。

（3）辅助油泵自停逻辑，如图 9-5 所示。

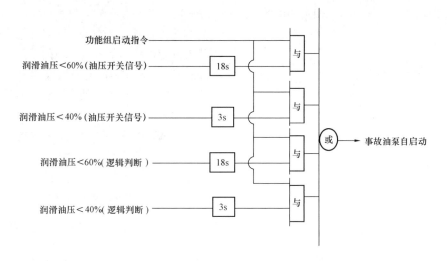

图 9-4　事故油泵自启动逻辑图

（4）事故油泵自停逻辑，如图 9-6 所示。

图 9-5　辅助油泵自停逻辑图　　　　　　　　图 9-6　事故油泵自停逻辑图

（5）顶轴油泵自启动逻辑，如图 9-7 所示。

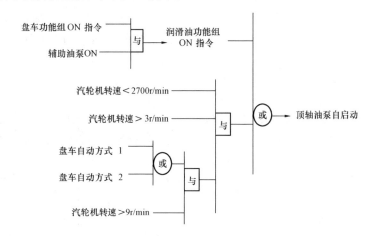

图 9-7　顶轴油泵自启动逻辑图

在机组正常运行中，辅助油泵例行试验启动时，顶轴油泵会自启动，这属于正常现象。因为盘车功能组"ON"信号一直存在，当辅助油泵启动后，二者相与出"1"，发出润滑油功能组"ON"指令，使顶轴油泵自启动。这一现象出现时，运行人员只要在辅助油泵停下（例行试验结束）后，顶轴油泵会自停。

（6）顶轴油泵自停逻辑，如图9-8所示。

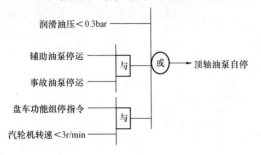

图9-8 顶轴油泵自停逻辑图

汽轮机转速＞2700r/min，顶轴油泵自停，不是靠汽轮机转速信号去实现的，而是当汽轮机转速＞2700r/min时，辅助油泵自停，此时事故油泵也在停运状态，顶轴油泵自停是辅助油泵停与事故油泵停相"与"的结果。

六、汽轮机润滑油及净油系统的运行

1. 汽轮机润滑油系统的投运

（1）汽轮机润滑油箱内润滑油温＜30℃，确认油箱电加热自动投入；＞30℃，确认自动切除。

（2）汽轮机润滑油箱内润滑油温＜15℃，不允许启动润滑油泵。

（3）汽轮机润滑油系统正常运行时，润滑油箱油位保持80％左右（1700mm），处于小流量溢流状态，使净油机连续运行，如油位低于70％，应通过贮油箱清洁油室、输送油泵、净油机进行补油。

（4）启动汽轮机润滑油系统必须使用润滑油功能组，如润滑油功能组不正常，不允许启动汽轮机润滑油系统。启动润滑油功能组之前，必须确认汽轮机润滑油箱油位正常。汽轮机润滑油系统投入后，再次确认润滑油箱油位，如有必要，应进行补油。

（5）汽轮机润滑油系统中某一台油泵或风机试转，只允许采用单个设备手动启动，不允许使用润滑油功能组启动。

（6）润滑油系统启动后，确认功能组始终在"ON"的状态，一旦功能组"自动方式ON"的信号失去，必须及时处理，如机组还没有启动，则不允许再启动；如机组在正常运行中，在处理的同时，必须由专人监视汽轮机润滑油压正常。

（7）汽轮机润滑油压额定值为1.5bar左右，一旦油压降低到60％，即0.9bar，应确认辅助油泵立即自启动，同时汽轮机脱扣，延迟30s后，事故油泵自启动；油压降到40％，即0.6bar，辅助油泵与事故油泵立即自启动，同时汽轮机脱扣。上述过程不能自动进行时，运行人员必须手动进行。

（8）汽轮机冲转时，润滑油温应≥25℃。汽轮机转速达到1500r/min时，润滑油温应≥30℃。汽轮机转速达到3000r/min，润滑油温应≥40℃。

（9）机组正常运行时，检查汽轮机润滑油供油管油温在40～45℃之间，润滑油压在1.5～2.0bar之间。润滑油滤网翻红牌或差压≥0.8bar应立即进行切换，并及时通知检修人员清洗。清洗后的滤网必须投入备用。

（10）如汽轮机盘车功能组不能正常启动，润滑油系统油压正常后，可以手动启动A、B、C、D顶轴油泵。

2. 汽轮机润滑油系统的停运

（1）汽轮机润滑油系统停止，应采用功能组方式停。

（2）汽轮机盘车停止运行后，润滑油系统（包括顶轴油泵）才可停止运行，如轴承金属温度＞100℃，不允许停润滑油系统。

（3）汽轮机在无润滑油、无顶轴油的情况下，严禁盘动转子。

3. 净油机的投用

（1）汽轮机油箱、给水泵A、给水泵B润滑油箱不能同时与净油机串联运行，只能分别与净油机串联运行。机组正常运行时，保持汽轮机油箱和净油机串联运行，当给水泵 A 或给水泵 B 润滑油质不好时，可将汽轮机油箱与净油机隔开，将给水泵 A 或给水泵 B 润滑油箱与净油机串联运行。

(2) 若汽轮机油箱与净油机串联运行，则开足汽轮机油箱进油旁路门（OT037）、净油机进油门 1（OT018）、净油机至汽轮机油箱出油门（OT022）；并关闭净油机进油门 2（OT016）和净油机至给水泵 A、B 润滑油箱出油门（OT023）。

(3) 若给水泵 A 润滑油箱与净油机串联运行，则开足给水泵 A 润滑油箱进油旁路门（OT038A）、给水泵 A 润滑油箱放油门（OT030A）、净油机进油门 2（OT016）、净油机至给水泵 A、B 润滑油箱出油门（OT023）；关闭净油机进油门 1（OT018）和净油机至汽轮机油箱出油门（OT022）。

(4) 若给水泵 B 润滑油箱与净油机串联运行，则开足给水泵 B 润滑油箱进油旁路门（OT038B）、给水泵 B 润滑油箱放油门（OT030B）、净油机进油门 2（OT016）、净油机至给水泵 A、B 润滑油箱出油门（OT023）；关闭净油机进油门 1（OT018）和净油机至汽轮机油箱出油门（OT022）。

(5) 启动净油机排烟风机，检查其运行正常。

(6) 将净油机油泵开关放"自动"位置，检查净油机油泵投入正常运行。

(7) 确认净油机油循环正常，观察汽轮机油箱或给水泵 A、B 润滑油箱溢流窥视窗溢油油流正常。

(8) 缓慢打开净油机抽水器进口门，自动抽水器投入运行。注意关闭抽水器溢水杯放水门。

4. 净油机运行监视

(1) 汽轮机油箱或给水泵 A、B 润滑油箱保持正常油位，维持油箱小流量溢油。

(2) 净油机精过滤室油位正常，在下玻璃油位计 1/3～2/3 位置，当油位升高到满油位时，净油机进油电磁阀应自动关闭；当油位降低至上玻璃油位计 4/5 左右时，净油机进油电磁阀自动打开。发现油位升高或降低，应分析原因，及时处理。

(3) 净油机油泵自启、停正常。当精过滤室油位升高到下玻璃油位计 2/3 左右时，油泵自启动，油位降低至下玻璃油位计 1/3 左右时，油泵自停。

(4) 净油机自动抽水器工作正常。沉淀室油箱的油、水分离面应在其油位计的红线处，当抽水器溢水杯有水存积后，打开溢水杯放水门，将水放尽后再关闭，并记录放水量。发现油、水分离面冲破，溢水杯存积油时，应关闭抽水器进口门，重新在沉淀室内注水，建立油、水分离面后，再投用抽水器。

(5) 检查净油机油泵的进出口压差正常，若压差大于 1.3bar 或"过滤筒滤网脏"报警灯亮，应停用净油机，联系检修清洗滤网。

(6) 运行中如需要净油机加油，可打开净油机补油门（OT017），启动输油泵进行加油，加油完毕，关闭补油门（OT017），停输油泵。

(7) 机组正常运行时储油箱清洁侧应保持正常油位，脏侧应保持空油位，以便净油机加油、放油。

5. 净油机的停用

(1) 将净油机油泵开关放"OFF"位置，检查油泵停止。

(2) 将净油机排烟风机放"OFF"位置，检查排烟风机停止。

(3) 关闭净油机的进、出油门及补油门（OT018、OT016、OT22、OT023、OT017）。

(4) 根据需要打开净油器放油门。

七、润滑油系统的故障处理

1. 汽轮机润滑油压降低

(1) 汽轮机正常润滑油压为 0.15MPa，若降低到 0.09MPa，汽轮机将脱扣，故润滑油压低于 0.15MPa 时，运行人员应立即检查：

1）汽轮机主油泵无故障；

2）汽轮机润滑油系统无大量漏油；

3）汽轮机润滑油箱油位正常，主油泵吸入高度足够；

4）汽轮机润滑油等压阀工作正常；

5）汽轮机润滑油冷油器工作正常，油温不高。

(2) 发现润滑油压降低，应立即寻找原因，若油压降低较快，应立即手动启动辅助油泵；若油压仍不能维持，应立即紧急停机，同时破坏真空。

(3) 若润滑油管破裂，大量漏油，应立即紧急停机，破坏真空。

(4) 若润滑油压缓慢降低，应立即寻找原因，尽快消除，同时，严密监视汽轮机运行情况，特别是轴承油压、轴承金属温度及各轴承回油量和回油温度，一旦轴承金属温度达到脱扣限额，应确认机组自动脱扣，并破坏真空。

(5) 润滑油压低引起的紧急停机，应尽可能维持油系统运行，以保证汽轮机盘车；若油管破裂，或油系统着火，系统已无法运行时，禁止在断油的情况下投盘车。

(6) 若遇厂用电失去，应立即手动启动事故油泵，此时，汽轮机盘车投不上，但仍应维持油系统运行，定期手动盘车，汽轮机转子翻转 180°。

2. 油系统着火

(1) 若火势不大，应尽快组织人员灭火，并及时报火警。

1）若能及时灭火，对机组运行无任何威胁，则维持机组正常运行；

2）若对机组有危险，能安全停机时，应快速减负荷，按故障停机处理；

3）若火势很大，严重威胁机组安全，应按紧急停机处理。

(2) 如为油系统着火，按紧急停机处理时，应停止液压油泵，润滑油功能组 OFF；若有必要，可手动启动事故油泵，维持停机过程中的轴承供油。

(3) 如为油箱着火，应立即打开事故放油门（OT029），将润滑油箱存油及时排掉。

第二节　汽轮机液压油系统

一、概述

汽轮机液压油系统也就是液压调节系统，也叫汽轮机 EH 油系统。有些电厂汽轮机的调节油、润滑油合为一个汽轮机油系统，本 2×600MW 超临界机组汽轮机液压油系统为一个独立系统，只是和汽轮机润滑油共用一个油箱（透平油）。液压油系统的作用是向汽轮机电液调节系统、汽轮机电液保安系统、低压旁路控制系统提供符合要求的压力油。图 9-9 为汽轮机液压油油源系统。

汽轮机液压油系统分为液压油油源系统和用户系统两大部分。液压油油源系统主要由液压油泵、液压油滤网、蓄能器、定压阀、润滑油箱等设备组成。用户系统包括汽轮机电液调节系统、汽轮机电液保安系统、低压旁路控制系统。

汽轮机液压油系统由两台交流液压油泵向液压油系统供油，两台交流液压油泵容量分别为 100%，一台正常运行，另一台备用，并定期切换。如果液压油系统压力低于正常压力 90%，汽轮机液压油系统通过压低压力开关信号启动备用液压油泵。

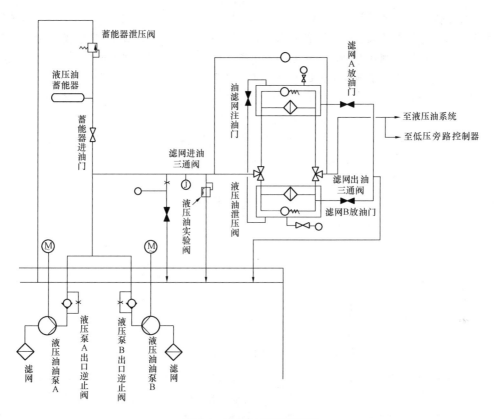

图 9-9　液压油油源系统图

　　和汽轮机润滑油泵一样，两台液压油泵也安装在润滑油箱内，液压油泵打出的油经液压油限压阀、液压油滤网后去液压油用户。液压油系统无油温调节装置，润滑油箱油温即液压油供油温度，在液压油泵出口母管上装有油温表，在液压油滤网出口装有油压表，分别显示液压油温度、压力。

　　在液压油泵出口设有液压油蓄能器和液压油蓄能器泄压阀。

　　蓄能器的作用是：用来吸收油泵出口的高频脉动分量，稳定系统油压，当供油总管油压瞬间下降时，高压蓄能器释放压力，维持系统压力正常。

　　液压油限压阀的作用是保持系统压力恒定。它是通过控制泄油量的大小来达到控制液压油供油压力的，当液压油供油压力升高时限压阀开大，泄油至润滑油箱，从而使液压油压力恒定在 4.1MPa。

　　和汽轮机润滑油滤网一样，两个液压油滤网均为 100％容量，滤网进出口并联了过压旁路阀，当滤网差压增大到一定数值时，一方面液压油走旁路门；另一方面，滤网前后装有差压显示（红绿牌比例），当差压增大时，差压显示会显示红牌，运行人员可以切换至备用滤网运行，切换滤网时要注意：先将备用滤网注满油（油压显示正常），然后再进行切换，以防油压在切换滤网时突降。差压大的滤网由检修人员清理后投入备用。

　　本机组在液压油泵出口母管上还装有一个液压油压力试验阀，该试验阀在每次机组大小修后，启动前要做备用液压油泵自启动试验如下：液压油 A 泵运行，开大液压油压力试验阀，当系统压力降至 37bar 时，备用泵 B 自启动，关闭液压油压力试验阀。然后手动停用液压油泵 A，再次开大液压油压力试验阀，当系统压力降至 37bar 时，备用泵 A 自启动。试验合格后机组才允许启动，并做好记录。在机组正常运行时，如无特殊情况，此试验一般不做，只做每月一次的液压油泵定期切换试验。

二、汽轮机数字电液调节系统（DEH）

汽轮机数字电液调节系统是以汽轮机为控制对象，通过计算机、自动控制及液压控制理论的运用，完成汽轮机的控制和保护，它是大型汽轮机必不可少的控制系统，是电厂自动化系统最重要的组成部分之一。汽轮机数字电液调节系统的任务是使汽轮机的输出功率与外界用户负荷保持平衡。即当外界用户负荷变化、电网频率（汽轮机转速）改变时，汽轮机的调节系统相应地改变汽轮机的功率，使之与外界用户负荷相适应，建立新的平衡，并保持转速偏差不超过规定值。另外，在外界用户负荷与汽轮机输出功率相适应时，保持汽轮机稳定运行。当电网或发电机本身故障造成汽轮机甩掉负荷时，调节系统关小汽轮机调门，控制汽轮机转速升高值低于危急保安器动作值，保持汽轮机空载运行。

汽轮机数字电液调节系统的简化方框图，如图 9-10 所示。

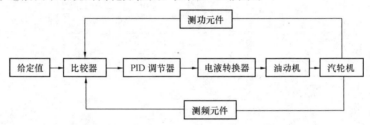

图 9-10　汽轮机电液调节系统简化方框图

机组正常运行时，给定值就是机组负荷，可手动设定，也可自动设定。手动设定是由运行人员根据调度指令在 CRT 上手动输入负荷指令；自动设定是由汽轮机数字电液调节系统自动执行调度系统给定的负荷指令（AGC 运行方式）。在机组启动时，给定值是汽轮机转速，可手动设定，也可自动设定。手动设定是由运行人员根据机组状况手动给定目标转速及升速率升速至目标转速（3000r/min）；自动设定是由汽轮机数字电液调节系统根据机组状况按设定好的升速率及目标转速自动升速至目标转速。

汽轮机的实际值与给定值经比较器比较，其偏差经 PID 调节器，再经电液转换器，电液转换器是将电压信号转变成相应的液压信号的装置。电液转换器在汽轮机的调节系统共有两只，一只控制高压调门油动机（4 只），另一只控制中压调门油动机（2 只）。电液转换器的液压信号控制调门的执行机构——油动机，油动机是通过改变液压油的进油量实现改变汽轮机调门开度的，靠弹簧力来实现调门关闭，从而实现改变汽轮机的进汽量来改变汽轮机的转速或负荷。

三、汽轮机电液保安系统

汽轮机电液保安系统是保证机组安全可靠运行的关键部分。当电网或机组本身设备故障，汽轮机失去全负荷时，如果没有汽轮机电液保安系统，根据能量守恒定理，失去的这部分负荷的能量就要转变成汽轮机的机械能，使汽轮机的转速飞升，汽轮机金属部件的应力因此会大大超过所承受的机械应力，造成机组损坏。汽轮机电液保安系统能保证汽轮机金属部件受到尽可能小的应力的同时，在很短的时间内使汽轮机转速维持在允许的转速范围内。

汽轮机电液保安系统的大部分功能由液压元件来完成，也有一小部分功能由电子元件来完成。汽轮机电液保安系统以数字开关量的原理工作，即不是全压运行就是无压运行。

安全油来自安全回路隔离继电器，安全油分别送到高压主汽门油动机（2 只），中压主汽门油动机（2 只）和高、中压电液转换器。安全油压一建立就表示汽轮机复置成功，高、中压主汽门在安全油的作用下自动打开。高、中压电液转换器有了安全油后具备了工作的最基本条件。一旦电液转换器接到电信号就向高、中压调门发出控制油信号，各调门开启，汽轮机冲转运行。一且安全油压消失，高、中压主汽门立即自动关闭，高、中压电液转换器停止工作，高、中压调门也即关闭。

1. 高、中压阀门松动试验

为保证汽轮发电机组安全经济运行，确保汽轮机高、中压主汽门及调门动作正常且能完全关闭，机组正常运行中规定要对高、中压主汽门及调门进行定期试验。这些试验包括：高、中压主汽门部分行程松动试验，每月2次；高压调门全行程松动试验，每月1次；高压主汽门和调门联动试验，每3月1次；中压主汽门和调门联动试验，每月1次。

原则上，高、中压阀门松动试验安排在夜班低谷时进行，要求350MW以下负荷保持稳定，在机组"功率控制"方式下进行，联系并确认热工人员在现场将4个高压调门试验电磁阀插头插上。高、中压阀门松动试验由值长发令并负责监护，机组值班员执行操作。进行高、中压阀门松动试验时，现场必须派巡操员监控确认。

试验的注意事项如下：

(1) 当每一项试验结束，确认机组运行工况稳定后，才可进行下一项试验。

(2) 高、中压阀门试验时，应严密监视机组负荷和汽轮机振动，若负荷和振动有较大波动，影响机组安全运行时，应立即中止试验。

(3) 一旦发生有一个或几个阀门不能关闭，有卡涩现象，应立即汇报上级领导，同时应申请减负荷停机。

(4) 试验结束后，在CRT和现场均需确认相应的试验阀门恢复到原有状态。

2. 低压旁路阀液压油系统

低压旁路隔绝阀及低压旁路调整门的执行机构液压油也由汽轮机液压油提供。低压旁路液压执行机构包括油动机、电液转换器等。电子控制装置输出阀位指令信号到电液转换器，由电液转换器输出的压力油接通相应的油路，推动油动机的活塞移动，旁路阀相应地打开或关闭。

由于低压旁路阀的液压油由汽轮机液压油提供，为此在机组启动初期（汽轮机复置前）或机组在停机不停炉运行期间，汽轮机液压油系统不能停止运行，否则会造成MFT，工厂连锁保护：汽轮机跳闸且所有低压旁路关闭。

四、低压旁路泄漏油箱

低压旁路泄漏油箱如图9-11所示。它的作用是收集低压旁路控制系统来的疏油。该油箱中的油经过低压旁路泄漏油泵打入汽轮机轴承回油母管，最终回到汽轮机润滑油箱。低压旁路泄漏油泵只有一台，没有备用泵，为防止低压旁路泄漏油泵因热偶动作或失电不能正常工作，导致低压旁路泄漏油箱大量溢油至汽机房地面。低压旁路泄漏油泵接有一溢油管道至净油机，这样即使低压旁路泄漏油泵故障停运，低压旁路泄漏油箱内润滑油通过溢油管溢油至净油机，不会造成低压

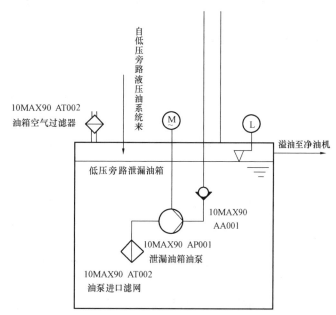

图 9-11 低压旁路泄漏油箱示意图

旁路泄漏油箱大量溢油的后果。

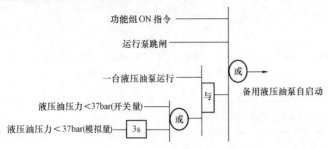

图 9-12　备用液压油泵自启动逻辑图

低压旁路泄漏油泵为交流油泵，出口有球形逆止门，入口有滤网。泄漏油箱上有油位计和油位开关，低压旁路泄漏泵的启、停根据油箱油位高低动作。

五、有关控制逻辑

（1）备用液压油泵自启动逻辑，如图 9-12 所示。

（2）液压油泵自停：

功能组 OFF 指令──→液压油泵自停

（3）低压旁路泄漏油泵：

低压旁路泄漏油箱油位开关二取一"高"──→低压旁路泄漏油泵自启动

低压旁路泄漏油箱油位开关二取一"低"──→低压旁路泄漏油泵自停

六、液压油系统的启停及运行

1. 液压油系统的投运

（1）汽轮机油箱油温≥15℃时，允许启动液压油泵。油温≥30℃时，液压油泵允许投入连续运行。

（2）启动液压油泵之前，选择第一台运行泵，备用泵暂"闭锁"，用功能组启动液压油泵，确认液压油泵出口油压达 40bar，备用泵解锁。当油压≤36bar 时，备用泵应能自启动，否则应手动启动备用液压油泵。

（3）正常运行时，检查液压油压力为 40bar，液压油温度在 50℃＋10℃／－5℃。液压油滤网一旦翻红牌或滤网差压≥0.8bar 时，应立即切换滤网，及时通知检修人员清洗后投入备用。

（4）检查液压油蓄能器正常投用。

（5）液压油系统投入运行后，检查确认低压旁路泄漏油泵启、停正常。

2. 液压油系统的停运

液压油系统在停机后，低压旁路全关，方可停止运行。液压油系统停止，应采用功能组方式停运。

3. 运行中汽轮机油品的化学监督

汽轮机正常运行中每由化学专业人员定期对汽轮机油进行取样检测，检测内容包括：

（1）外观、水分、机械杂质（1 次/2 周）。

（2）外观、水分、机械杂质、酸值、颗粒度、闪点、黏度、破乳化度（1 次/1 季度）。

（3）液相锈蚀（1 次/半年）。

（4）泡沫特性、空气释放、氧化安定性（1 次/年）。

当发现油系统严重漏水或出现油质严重劣化现象时，应增加试验项目和次数，并查明劣化原因，采取有效措施。另外，机组大小修后，在启动前后均需对用油进行检测。

思 考 题

1. 汽轮机润滑油系统流程？包括哪些主要设备？

2. 汽轮机润滑油系统作用是什么？

3. 汽轮机润滑油系统巡检项目有哪些？

4. 顶轴油系统的作用是什么？

5. 净油机的主要结构及作用是什么？

6. 净油机运行中应注意什么问题？

7. 汽轮机润滑油滤网切换操作步骤怎样？

8. 汽轮机润滑油系统运行注意事项？

9. 汽轮机润滑油冷油器串、并联运行各有哪些优缺点？

10. 汽轮机运行中，造成润滑油压降低有哪些主要因素？

11. 主机液压油系统流程？包括哪些主要设备？

12. 主机液压油系统作用是什么？

13. 主机润液压系统巡检项目有哪些？

14. 汽轮机电液调节系统的任务是什么？

15. 汽轮机电液保安系统作用是什么？

第十章

机 组 辅 助 系 统

第一节 工 业 水 系 统

一、概述

本机组工业水的原水取自循环水出水母管，机组循环水为长江水，由于江水中含有大量的泥沙、微生物等杂物，原水先经加药消毒杀菌处理（加次氯酸钠），然后由 3 台工业水原水泵（每台出力为 $282m^3/h$，二用一备），打入 2 台工业水澄清池，进行混凝处理（加混凝剂：聚合硫酸铁），主要是除去江水中悬浮物和胶体。工业水澄清池出水进入消防水池（容量为 $2000m^3$），消防水池一直保持满水位状态，消防水池溢流进入工业水池，工业水池容量为 $2000m^3$。工业水由三台工业水泵（一用二备，每台出力为 $210m^3/h$）经全厂工业水管网系统送工业水用户。

本机组工业水系统流程如下所示。

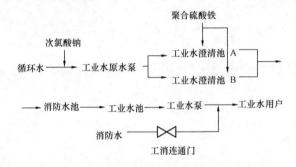

工业水系统比较简单，三台并列运行的工业水泵在出口母管上设有一个压力调整门（基地式气控门）和手动工业水泵出口再循环门，起到工业水系统压力调整及工业水泵初次启动时保证工业水泵最小流量的作用。

工业水泵 A 出口管道上有一路消防水系统来的消防水，由工消母管连通门连接，一方面在工业水故障中断时，可开启工消连通门，用消防水为工业水系统用户服务；另一方面在消防水故障中断时，通过工消母管连通门工业水也可为消防水系统用户服务；实现了工业水与消防水的互为备用。1、2 号炉锅炉排水坑工业水冷却水分别设有基地式自动温控调整门（WS012），以控制锅炉排水坑排水温度符合排放要求。系统中其他工业水用户的压力、温度控制均为手动控制。在控制室有"工业水压力低"、"工业水池水位低"光字牌及 CRT 报警。

1. 工业水主要用户

工业水的用途很广，可作为冷却、润滑、清洗、喷淋等使用，其用途包括如下：

（1）循环泵轴承密封水，循环泵电动机及轴承冷却水。

（2）循环泵旋转滤网冲洗水泵冷却水。

（3）重油冷却器冷却水。

（4）汽轮机房工业水水冲洗。

（5）锅炉炉底工业水冲洗。

（6）锅炉炉坑泵冷却水。

（7）锅炉排水坑冷却水。

（8）锅炉电除尘工业水冲洗。

（9）化学楼工业水的用水。

（10）煤场工业水的用水。

（11）危险品仓库工业水的用水。

（12）废水楼工业水的用水。

（13）输煤系统转运塔工业水冲洗。

（14）干灰库水冲洗。

电厂以前通常采取水力除渣方式。目前电厂几乎全部更改为干排渣方式，因此工业水用量大幅减少（只是出渣时用少量加湿用水和偶尔的打焦用水，以及少量的清洁用水）。如今工业水的用水大户仅是循环泵房、煤场、化学楼等。

2. 机组干排渣改造后工业水用水情况

以本机组（2×600MW）干排渣改造后的工业水用水情况为例，分析改造后的节水情况。

从上面的系统流程我们知道，工业水水池和消防水水池是相连的，因为工业水和消防水两个系统中都没有总的流量表来分别计量，为此只能将工业水系统和消防水系统两个系统合并考虑。因此，这里指的"工业水量"是工业水和消防水两个系统的用水量之和。

2008年初机组干排渣改造前，工业水用量基本稳定在350～400t/h这个区间内，随着两台机组锅炉干排渣系统的先后投入运行，如今工业水用量基本稳定在110t/h左右。

根据2006年10月华东电力试验研究院测定的数据显示，消防水系统的泄漏量为39.8t/h。经过将近两年时间的运行，现阶段的泄漏量只会更大。所以，现在110t/h的工业水用量中，至少有一半是消防水系统泄漏消耗的。

电厂两台机组锅炉干排渣更改项目投运以来，每天可节约工业水将近6200t，每年可节水2 263 000t，以电厂通常的制水成本1.50元/m³计算，一年将节约制水成本支出将近340万元。若消防水系统改造完成，以50t/h的泄漏量计算，每天可节水1200t，一年可节水438 000t，同样以电厂通常的制水成本1.50元/m³计算，一年将节约制水成本支出约66万元。

另外，由于工业水用量大幅下降，现在三台工业水原水泵已不再运行，工业水原水由循环水静压进入工业水澄清池。工业水泵也由原来的两台运行改为单泵运行。2010年电厂对工业水泵A进行了变频改造，所有这些对电厂厂用电率下降也作出了贡献。

二、工业水系统的运行

（1）循环泵启动前工业水系统应投运正常。

（2）按工业水系统检查卡检查操作完毕，确认工业水池水位＞60％（2.0m），工业水泵电动机轴承油位正常、油质良好，工业水泵出口门、再循环隔绝门开足，再循环调整门控制投入自动，压力设定为0.9～1MPa左右。

（3）闭锁备用工业水泵，启动变频工业水泵A，检查其电流、振动、声音、轴承温度、冷却油油质等均正常。

（4）当CRT上工业水泵A变频器频率、输出电压、输出电流稳定无不在上升时，将备用工业水泵B/C解锁备用；注意工业水泵再循环调整门动作正常，以维持工业水母管压力为0.8MPa左右。

（5）工业水系统正常运行时保持工业水泵 A 变频运行，工业水母管压力定值设为 0.8MPa（对应变频器输出 25%），工业水泵 B/C 备用。当工业水泵 A 检修时，保持工业水泵 B 或 C 单泵运行，直至工业水泵 A 复役。

（6）工业水泵自启动压力定为 0.65MPa。运行中加强工业水系统压力的变化情况，若发现工业水压力<0.65MPa，备用泵应自启动，否则立即手动启动备用泵。

（7）由于用户或天气原因，工业水用水量发生变化时，运行人员可手动调整工业水泵 A 变频器设定值，维持工业水母管压力为 0.8MPa 左右。

（8）运行人员巡检若发现工业水池水位下降或工业水母管压力下降，应及时分析、检查，找出原因，设法解决。当工业水泵运行时有异声、振动明显增大、轴承温度大于 104℃或电流严重超限时，应立即停泵。

（9）若工业水池水位迅速下降，可联系化学暂停除盐水制水，澄清池水源全部供工业水池。工业水池水位<20%（1.0m），检查工业水泵将自停，否则应手动停用。

（10）工业水泵停用后，应检查泵无倒转。

（11）锅炉炉底干排渣消防水进水门正常运行中必须关闭。当机组工业水系统消缺停用时可开启锅炉炉底干排渣消防水进水门，同时关闭锅炉炉底干排渣工业水进水门，用消防水供锅炉炉底干排渣用水。

（12）工业水系统正常运行时，每月 5 日、20 日夜班轮流开启工业水泵 B/C 各运行 15min 后停运。

三、工业水系统故障处理

1. 工业水泵 A 变频器故障

当工业水泵 A 变频器发生故障时，变频器指令会自动到 0 后停运，并在变频器面板显示屏上显示一个故障码。机组值班员应确认备用工业水泵自启动正常，否则手动启动，同时至就地工业水泵和变频器处查明故障原因，及时通知检修人员处理。

2. 工业水泵跳闸处理

（1）现象。

1）CRT 上工业水泵电流为 0；

2）CRT 上工业水压力低报警。

（2）处理。

1）确认备用工业水泵已自启动，否则手动启动。

2）派人就地检查备用泵运行情况及工业水母管压力正常。

3）若系工业水水池水位低引发工业水泵跳闸，则：

a）立即将循环泵密封水切至消防水供水并检查运行正常；

b）立即汇报值长，必要时启动 6kV 消防泵，开启消防泵与工业水连通门，由消防泵向工业水系统供水；

c）通知化学运行人员加大工业水制水流量，尽快恢复工业水池水位。

4）及时通知检修人员消除故障。

第二节 循 环 水 系 统

一、概述

在火电厂中，降低汽轮机排汽终参数（排汽压力）是提高机组循环热效率的措施之一，让汽轮机的排汽排入凝汽器中，并用循环水来冷却，使其凝结成水。蒸汽在凝结时，体积急剧减小（在 0.049bar 压力下干蒸汽的体积比水的体积大 28000 倍），因而凝汽器内会形成高度真空。

循环水系统可分为开式循环和闭式循环两种。

在闭式循环水系统中冷却水在凝汽器中吸热后进入冷却塔，将热量传递给周围介质——空气。水冷却后汇集到冷却塔水池，由循环水泵再送入凝汽器中重复使用。这种系统适用于水源不十分充足的地区。

开式循环水系统直接从江、河、海引水，冷却水经过凝汽器受热后再排入江、河、海。当发电厂附近有流量相当的河流，湖泊、水库、互相连通的湖群作为供水水源时，可采用开式循环水系统。

本机组处在长江下游，循环水为长江水。在循环水系统的取水口处，设有格栅滤网，以防大块杂物、水草进入，格栅滤网配有耙草机，以及时清除格栅滤网上的杂物。为进一步清除水中机械夹带物，在循环水入口装有旋转滤网及冲洗水泵。在循环水两个进水管和取水口及循环泵房的进水段设有加氯管道，防止海生物生长。由于循环水管在水和土壤两个不同的介质中敷设，为保护管道，防止腐蚀，循环水管设有阴极保护装置。

二、循环水系统的用户

(1) 供凝汽器对汽轮机排汽进行冷却，使凝汽器形成高度真空；

(2) 供闭冷器冷却水；

(3) 供化学制水；

(4) 脱硫净水站（脱硫工艺水）；

(5) 供煤场喷淋；

(6) 凝汽器小球清洗；

(7) 闭冷器小球清洗；

(8) 生活消防用水。

三、系统流程及主要设备

1. 循环水系统流程循环水系统流程如下所示。

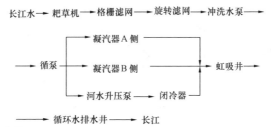

2. 循环水回水虹吸系统

循环水经凝汽器、闭冷器冷却后回水流至虹吸井并随其他用户的回水一起排放到排水井至出水口，进入长江。电厂循环水进凝汽器采用下进上出，利用虹吸原理减小循环水压力损失，节约厂用电。

3. 水室真空泵系统

循环水室附设有抽气管路及一台水室真空泵，便于系统投运时抽出循环水室中的空气，防止水击，并保持出口有一定的虹吸。在机组正常运行时每日启动一次水室真空泵（运行 30min），以抽出循环水室中的空气，确保凝汽器的运行效率。

4. 循环泵

本机组循环泵的主要性能参数为：

电动机功率（电压）	2835kW（6kV）
型式	混流泵
额定流量	38 700m³/h
额定扬程	20mH₂O

循环泵的型式为混流泵。混流泵的性能参数介于离心泵与轴流泵之间，它的流量比轴流泵低，但扬程却高于轴流泵，同时它的抗汽蚀性能优于轴流泵。$Q-H$ 性能曲线较离心泵陡降，即扬程随流量增加而下降的幅度较大。离心泵的 $Q-H$ 性能曲线扬程随着流量的增加而上升，但混流泵的 $Q-H$ 性能曲线扬程随着流量的增加而下降，当然下降的幅度不及轴流泵。混流泵的功率曲线表明，泵的流量等于零时功率为最大。这决定了混流泵启动时出口门应该开启，这样泵的启动电流可以减少。而停泵时应先关小该泵的出口门再停泵，这里需要考虑的是不能使 2 台循环泵的循环水形成倒流引起循环水流量突降而影响凝汽器真空。

循环泵轴承密封（冷却）水主要由工业水供给，因此，循环泵启动前必须首先建立工业水系统。此外，循环泵密封（冷却）水另有一路水源从消防水母管来。机组正常运行时，循环泵房工业水→消防水连通门 1 关闭，循环泵房工业水→消防水连通门 2 常开。如遇工业水系统检修或停用，则开启循环泵房工业水消防水连通门 1，确保循环泵密封水系统运行正常，使循环泵安全运行。循环泵正常运行时轴承密封（冷却）水用的是自身水，对工业水来的密封水压力要求并不高，只是在循环泵启动时需要满足密封水压力＞1.3 bar 的要求。循环泵密封水有一部分还用作循环泵电动机轴承冷却水。目前，电厂工业水压力设定值为 10bar，正常运行一台工业水泵，两台工业水泵备用。循环水系统正常运行时母管压力为 1～1.5bar。

循环水系统每台机组设有两台循环泵，平时两台同时运行，冬季一台运行一台备用。若一台循环泵运行时，运行泵意外跳闸，应确认备用泵自启动，若备用泵未启动，应立即手动启动，若备用泵仍启动不成功，则在跳闸循环泵无明显故障情况下可重新启动一次，否则应紧急停机，同时关闭凝汽器 A、B 侧循环水出口门，尽量维持真空，以防汽轮机低压缸隔膜破裂。

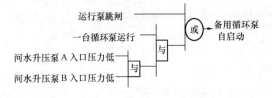

图 10-1　备用循环泵自启动逻辑图

备用循环泵自启动逻辑如图 10-1 所示。

循环泵本身无跳闸信号，只有在循环泵电动机或电源故障时才会导致循环泵跳闸。在控制室有"循环泵 A 跳闸"、"循环泵 B 跳闸"光字牌报警。

5. 凝汽器

本机组凝汽器型式：教堂窗式、双路、双流程、单背压。

（1）凝汽器的作用为：

1）在汽轮机排汽口建立并维持规定的真空度。

2）将汽轮机的排汽凝结成凝结水，回收再用。

（2）凝汽器特点为：

1）冷却水管采用钛管（37608 根），管板采用复合钛板（碳钢体外循环水侧敷一层钛）。其主要优点是耐循环水腐蚀的性能良好。

2）管束采用"教堂窗式"布置，其优点是传热效果好。

3）循环水后水室端盖采用"门式"结构，端盖上还装有快开式孔门，其优点是打开方便、快速，便于检修。

4）凝汽器与低压缸之间采用"狗骨式"橡胶膨胀节连接——挠性连接，凝汽器底部两侧直接刚性地搁在基础上。优点是低压缸的膨胀以及汽轮机平台的负荷不受凝汽器负重的影响。

6. 循环水泄漏检测

凝汽器汽侧为真空状态，循环水侧为正压状态，当钛管发生泄漏时，循环水在压差作用下经泄漏点进入汽侧，使汽侧凝结水含盐量大大增加，因而导致凝结水电导率以及 Na^+ 含量明显增加。所以，检测出凝汽器凝结水的电导率以及 Na^+ 的含量明显增大便可判断钛管已发生泄漏。在机组凝结水泵出口分别装有监测凝汽器泄漏的测点，在控制室有"凝泵出口 K＋H 电导率高"光字牌报警。

7. 河水升压泵

河水升压泵有两台，用于循环水增压后通过三台闭冷器冷却闭冷水。在确认循环水系统已建立时，河水升压泵进口压力应＞0.7bar，可用功能组启动河水升压泵。机组原设计在江水温度较高季节，河水升压泵应保持一台运行，另一台备用，以维持闭冷器出水温度正常。江水温度较低时，两台河水升压泵均可停用，开启河水升压泵旁路门，靠循环水静压冷却闭冷水，维持闭冷器出口闭冷水温度正常。为了实现节能降耗，机组两台河水升压泵都已停行，只是在每月一次进行闭冷器小球清洗及例行试验时启动河水升压泵，运行一段时间。

8. 胶球清洗系统

凝汽器钛管水侧污染直接影响钛管的传热效率，进而影响凝汽器的真空，降低循环热效率，同时增加了水侧压阻，使冷却水流量减少。因该电厂凝汽器冷却水为长江水，江水中含有大量的泥砂、水草、稻草、芦根、果壳等杂物以及小鱼、小虾等水生动物。尽管冷却水进入凝汽器之前已经过了一、二次滤网的过滤，但难免有细小的杂质不能除掉，加之若滤网出现漏洞，则冷却水中杂质更多，这些杂质附着在钛管上即形成水垢。为此需采用胶球清洗系统除垢。

凝汽器 A、B 两侧各有一套单独的胶球清洗系统和与之配套的控制系统。当凝汽器运行时，用比重与水相近的海绵胶球（球径比钛管内径大 1～3mm），投放进收集器（加球室），启动胶球泵，胶球混合在略高于循环水压力的水流中由凝汽器水室进口处进入钛管，并较为均匀地分布到各钛管中。胶球是一个多微孔柔软的弹性体，有较小的压差就可产生弹性变形，可以穿过比它外径小的钛管，与钛管内壁整圈接触。胶球每经过钛管一次，就等于对钛管内壁摩擦一次，清除了钛管内壁的污垢并带出钛管外。同时将钛管内壁上的静止水膜破坏掉，进一步提高钛管的传热效率。胶球继而随水流向循环水出水管，进入收球网，在网壁阻拦下进入网底，再在胶球泵进口负压的作用下经过胶球泵，重新回到收集器，并不断重复上述运动，对钛管进行连续清洗。胶球清洗系统由胶球清洗泵、收球网、胶球收集器（加球室）、胶球、球径监测器、胶球再循环监测器、球形阀、胶球喷射器等组成。图 10-2 为胶球清洗系统示意。

（1）收球网。

收球网是胶球清洗中关键的部件，它安装在凝汽器的循环水的出水管上，将通过凝汽器后的海绵胶球从循环水中分离、收集出来，再循环投用。收球网网板有两块，由网板驱动机构操纵。在胶球投入循环清洗时，两块网板顶部是合拢的，呈现"∧"形状，覆盖了循环水出口管道整个截面，从而分离出循环水中的胶球并分别从两块网板底部排出，进入胶球清洗泵入口管。当收球网上垃圾堆积过多时，收球网前后差压会增高。为避免胶球循环效果降低和网板损坏，当差压超过规定值网板时要进行反洗。反洗时网板在驱动机构操纵下绕驱动轴旋转（驱动轴在网板中部），使网板呈现"上张口大，下张口小"的状态，从而使网板得到水流的反冲洗，除去网板上的垃圾，胶球清洗过程中要避免发生这种情况，因为这会使胶球大部分逃走。

（2）胶球清洗泵。

胶球清洗泵有两台，一台运行一台备用，它是凝汽器胶球清洗装置中使胶球不断循环的动力

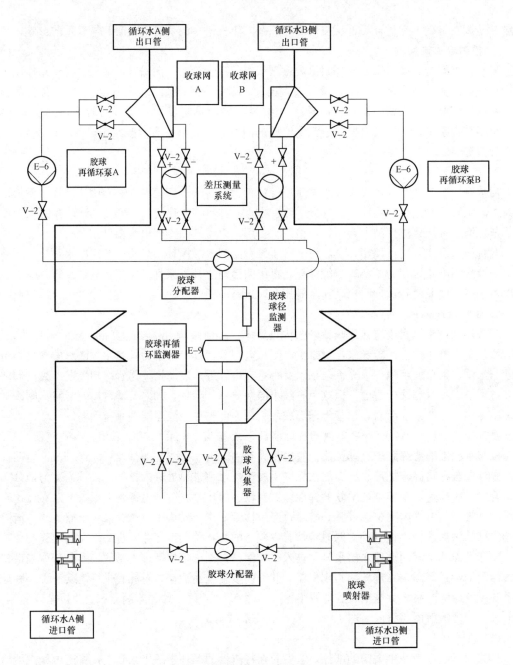

图 10-2　胶球清洗系统示意图

设备，为再循环管路中的工质提供一定的动压头。

（3）胶球收集器。

胶球收集器是胶球清洗系统中用于投球、收球、观察胶球运行情况的一个装置。在胶球循环运行时，胶球随水流一起穿过胶球收集器，当胶球收集器转入"收球"状态时，挡板在电力驱动机构操纵下遮断胶球循环出口，水可穿过挡板上的网孔排走，胶球则被收集在挡板上，便于胶球被取出。

（4）胶球。

该电厂原使用的胶球是制造商 Taprogge 公司提供的，湿胶球的比重与水的比重相近，近似为 1，能在水中保持不沉不浮。在胶球清洗系统故障时能随水流自由移动。胶球最佳分布时应能充满各处，并能连续有效地清洗所有管子。由于胶球价格较高，现改用国产胶球。

（5）球形阀。

在收球器的进、出口等处装有球形阀。当球形阀开启时，水力输送的胶球穿过球形阀芯的中心孔，球形阀关闭时就堵住了水流通道。

（6）胶球喷射器

胶球喷射器的作用是将用来清洗钛管的胶球喷入循环水进口管中，为了保证胶球在系统中的良好分布，喷射器的出口逆向对着循环水流方向。

循环水系统在运行时，胶球清洗每月进行一次，胶球清洗前必须先进行 1h 的凝汽器循环水反冲洗，使用胶球自动清洗可节省人力，增加凝汽器的可用性和经济性。

（7）凝汽器胶球清洗投用条件。

1）确认有关连锁及电动门均校验正常。

2）凝汽器循环水反冲洗停用，凝汽器循环水 A/B 侧均在正常运行位置。

3）循环泵运行正常，循环水母管压力为 1.3bar 左右。

4）凝汽器胶球清洗装置电源送上。

5）按凝汽器胶球清洗操作卡完成投用前有关设备及阀门的检查工作。

（8）凝汽器胶球手动清洗。

1）按凝汽器胶球清洗操作卡完成系统检查工作。

2）加球操作为：

a）关闭胶球清洗泵 A/B 出口门和收集器出口门。

b）开启收集器放空气门和放水门，放尽存水。

c）开启收集器加球门，加入 ϕ26mm 胶球 1000 只。

d）关闭收集器加球门和收集器放水门。

e）开启收集器出口门和胶球清洗泵 A/B 出口门。

f）关闭收集器放空气门，注意空气放尽。

3）胶球清洗投用操作为：

a）将收球网 A/B 放运行位置，"运行"红灯亮。

b）启动胶球清洗泵 A/B。

c）将收集器放运行位置，"运行"红灯亮，胶球进入系统。

d）检查分配器内胶球运行正常

4）胶球清洗停用操作：

a）将收集器放收球位置，"收球"绿灯亮，收球器开始收球。

b）1h 后，收球结束，停胶球清洗泵 A/B。

c）将收球网 A/B 放反洗位置，"反洗"绿灯亮。

d）将胶球清洗手/自动选择开关放"0"位置，即就地启动。

e）检查控制室 CRT 画面上凝汽器胶球清洗"OFF"反馈信号正常。

5）收球操作：

a）关闭胶球清洗泵 A 进口门 1、2 和胶球清洗泵 B 进口门 1、2。

b）关闭喷射器 A/B 进口门。

c）开启收集器放空气门和放水门，放尽存水。

d）开启收集器放球门并存放好收球用容器，将收集器切换手柄切到放球位置，将胶球收入容器内，进行数球、计算收球率并做好记录。

　　e）将收集器切换手柄切到收球位置，关闭收集器放球门。

　　6）凝汽器胶球手动清洗次数规定：每月一次。

　　7）凝汽器胶球清洗注意事项：

　　a）胶球清洗前，应先进行凝汽器循环水反冲洗，同时对胶球清洗管道进行水冲洗。

　　b）投放胶球前要保证完全浸湿（先在容器中浸泡 1h）。

　　c）胶球释放前，观察胶球收集器前后胶球观察窗水流是否湍急；如水流不急或观察窗中只有半管水，则说明胶球清洗管堵塞，要重新对管道进行冲洗。

　　d）胶球释放前，确认收球网板在运行位置，执行机构到位。

　　e）胶球清洗投用时，禁止进行凝汽器循环水反冲洗。

　　f）胶球清洗投用时，应经常检查收球网 A、B 差压正常，约 20～30mbar。当差压大于 50mbar 时，将收集器切到收球位置，收球 1h 后，将收球网切换到反洗位置，收球网反洗 30min 后，再将收球网切换到运行位置，收集器切到运行位置，胶球清洗又重新投入运行；当差压大于 70mbar，收球网立即自动切至反洗位置，同时收集器自动切到收球位置，1h 后，小球清洗又自动投入运行，应注意避免此情况发生，因发生此情况时，胶球将大部分跑掉，需重新加球。

　　g）若发现清洗胶球尺寸变小，应更换新球。

　　h）凝汽器胶球清洗不能两侧同时进行，应一侧做好后再做另一侧。

四、循环水系统启停及运行

1. 启动前准备

　　1）循环泵启动前须确认有关连锁、保护校验、阀门校验及旋转滤网试转等工作均已完成。

　　2）按循环水系统检查卡检查操作完毕，确认有关设备及阀门均在准备启动状态。

　　3）确认工业水系统已建立，循环泵密封水压力正常。

　　4）启动第一台循环泵前，应确认凝汽器至少有一侧具备通水条件。

　　5）在循环泵启动前必须先启动其旋转滤网进行冲洗，待确认旋转滤网运行正常后，再启动循环泵。

2. 6kV 辅机的启动规定

　　（1）6kV 辅机运行满 1h 为热态。

　　（2）6kV 辅机运行启动规定：

　　1）6kV 辅机启动后，应监视电流甩足时间不超过 20s，若超过应立即停用该辅机。

　　2）6kV 辅机第一次冷态启动时，若电流甩足时间不超过 15s，停用后可允许立即作第二次启动。

　　3）6kV 辅机第一次冷态启动时，若电流甩足时间超过 15s，停用后必须间隔 30min，方可作第二次启动。

　　4）6kV 辅机热态停用后只允许启动一次，若需作第二次启动，必须与上次停用时间间隔为 30min 后，方可进行。

　　（3）辅机启动后，在 3s 内转子没有转动，应立即停用该辅机。

　　（4）若辅机停用时间超过 15 天再启动，必须测量其电动机绝缘合格。

3. 循环泵的启动

　　1）确认循环泵启动许可条件满足。

　　2）将备用循环泵放"闭锁"位置。

　　3）启动循环泵，检查循环泵转子转动，并监视启动电流及返回时间正常，电流不超限。

4）检查循环泵出口蝶阀联动开启。注意，第一台循环泵启动，应考虑空管，出口蝶阀应先开 30%左右，开启凝汽器循环水放空气门，待空气放尽，关闭放空气门，再将循环泵出口蝶阀开足。

5）当循环水母管压力大于 0.7bar 后，将备用循环泵解锁，投入备用。

6）检查电动机防潮加热器连锁停用。

7）联系化学运行人员投入加药（加氯）系统。

4．循环泵的运行监视

1）泵组若有明显不正常异声或撞击声，说明泵组振动明显增大，应立即启动备用循环泵，停用原运行泵。

2）监视循环水母管压力在 1.0～1.5bar，凝汽器循环水进出口压差及循环水出水真空正常。

3）监视循环泵电动机电流不超限。

4）监视循环泵电动机油杯油位正常。

5）监视循环泵电动机线圈温度<150℃，推力轴承温度<100℃，若经确认超过此限值，应立即启动备用循环泵，停用原运行泵。

6）循环泵电动机上部轴承冷却水量在 0.03m³/min 左右。

7）循环泵及电动机振动<50um。

8）循环泵电动机冷却水及泵机械密封水压力>1.3bar。

9）当工业水系统发生故障或需停役时，经值长同意，循环泵密封水、冷却水切至消防水供给，开启工消连通门 1、2（工消连通门 1 常开），注意密封、冷却水压力正常。

5．循环水系统运行方式规定

1）循环水系统正常运行时，应维持循环水母管压力>0.7bar（以河水升压泵进口压力为准）。

2）冬季（江水温度 15℃以下），循环泵一台运行，凝汽器 A/B 侧循环水均投入运行，将循环水出水门 A/B（CW003A/CW003B）开至 30%～40%左右，维持循环水母管压力在 1.0～1.5bar。若循环水母管压力<0.7bar，检查备用循环水泵自启动，若自启动失败，应立即手动启动。如手动启动仍然失败，应立即检查失败原因。经检查原运行循环泵无明显故障后，可以再次启动一次。

3）其他季节（江水温度 15℃以上），循环泵保持两台运行，凝汽器 A/B 侧循环水门均开足，循环水母管压力在 1.3bar 左右。

4）若凝汽器循环水侧需半面隔绝，则凝汽器运行侧循环水进水门、循环水出水门应开足，循环泵保持一台运行，凝汽器半面运行，机组允许带负荷 450MW。

5）循环水排水渠空气门保持全开状态。

6）循环水泵的密封水，正常时由工业水供给，当工业水系统故障需停役，经值长同意，循环泵密封水切至消防水供给，开足工消连通门 1、2，注意密封水压正常。

7）化学用水原则上由 1 号机循环泵母管供给。根据需要，经值长同意，可切换到由 2 号机循环泵母管供给。

8）如遇机组检修，化学用水须提前切换至运行机组循环泵母管供化学用水。

6．循环泵旋转滤网冲洗

循环泵旋转滤网冲洗有手动和自动两种，该电厂目前只用手动冲洗进行。

1）将旋转滤网、冲洗水门和冲洗水泵放手动。

2）开足冲洗水门，启动冲洗水泵，慢速挡启动旋转滤网，进行手动冲洗。

3) 冲洗约 1h 后（视滤网清洁情况），停旋转滤网，停冲洗水泵，关闭冲洗水门。

4) 旋转滤网冲洗时，决不允许在无冲洗水的情况下投运旋转滤网。

5) 循环泵运行时，旋转滤网手动冲洗规定每班两次。

6) 当长江水草等杂质较多时，应增加旋转滤网冲洗次数及冲洗时间，以防旋转滤网受差压变形损坏。

7. 旋转滤网的运行监视

1) 旋转滤网的电动机运转正常，无异声，链条转动无异常。

2) CRT 显示旋转滤网运行状态正常。

8. 凝汽器水室真空泵投运

（1）启动前准备

1) 确认循环泵至少已有一台启动，凝汽器循环水侧已通水。

2) 按循环水系统检查卡检查操作完毕。

3) 确认水室真空泵冷却器冷却水投入，泵体内注水正常后，关闭注水门。

4) 水室真空泵汽水分离器加水到正常水位。

5) 水室真空泵进气门开足，凝汽器循环水管的汽水分离阀前后隔绝门开启（共 12 只）。

6) 凝汽器循环水管放空气门关闭。

（2）启动与停用

1) 启动水室真空泵，检查水室真空泵运行稳定，电流、振动、分流器水位、工作液温度、泵壳温度及泵进口真空等均正常。

2) 循环水系统建立后初期及每天夜班，水室真空泵应启动一次，每次至少稳定运行 30min。

3) 当循环水系统运行正常后，停用水室真空泵，检查泵停止转动且无倒转。

9. 凝汽器循环水侧反冲洗

1) 确认循环泵两台运行，凝汽器循环水侧正常运行，循环水母管压力在 0.13MPa 左右。

2) 凝汽器小球清洗装置停用，就地手/自动选择开关放自动位置，控制室 CRT 画面上凝汽器小球清洗"OFF"反馈信号正常。

3) 按凝汽器一侧的"反冲洗"按钮，注意凝汽器该侧的循环水进/出水门关，反冲洗进/出水门开。若阀门动作故障，反冲洗条件不成立，则自动恢复到正常回路。

4) 当凝汽器一侧反冲洗阀门正常动作后，再进行另一侧反冲洗操作。

5) 凝汽器循环水反冲洗约 1h 后，按凝汽器一侧"正常"按钮，检查该侧的循环水进/出水门开，反冲洗进/出水门关，该侧反冲洗结束。当凝汽器一侧阀门恢复正常后，再恢复另一侧。

6) 凝汽器循环水侧反冲洗操作次数规定：夏季日历双日夜班反冲洗一次；平时每月 5、20日夜班反冲洗一次。

10. 循环泵的停用

1) 若备用泵切换，应先启动备用循环泵正常后，循环水母管压力＞0.15MPa 时，方可停用原运行泵，注意循环水压力波动对凝汽器运行的影响。

2) 若需停用循环水系统，应先确认无循环水用户后，方可停用循环泵。

3) 停用循环泵前，先关小需停用循环泵的出口蝶阀，待出口蝶阀接近关闭时，再停用循环泵，以防止循环水倒流，影响循环水压力。

4) 循环泵停用后，检查循环泵无倒转，电动机防潮加热器连锁投入。

5) 当两台循环泵均停用后，须注意闭冷水的温度，此时若闭冷水温度高，可采取放水补除盐水的方法来降低闭冷水温度，使闭冷水温度≤40℃。

11. 循环水系统的正常巡检

机组正常运行时，应按巡回检查要求，进行定期检查，发现缺陷应按规定汇报、消除。

1）循环泵轴承温度正常。

2）循环泵轴承振动符合规定。

3）循环泵电动机温升符合规定。

4）循环泵轴承润滑油位、油流正常，无漏油现象。

5）循环泵轴封处温度正常，有少量水流出。

6）倾听循环泵本体及电动机各部无异声或摩擦声。

7）检查循环泵出口压力正常。

8）检查循环泵电动机电流正常。

9）检查循环水系统无泄漏现象。

12. 凝汽器循环水隔绝放水

1）凝汽器单侧循环水隔绝放水

凝汽器循环水侧单侧隔绝，则凝汽器运行侧循环水进水门、循环水出水门应开足，循环泵保持一台运行。停用循环泵前，先关小需停用循泵的出口蝶阀，待出口蝶阀接近关闭时，再停用相对应的循环泵，以防止循环水倒流，影响循环水压力。循泵停用后，检查循环泵无倒转，电动机防潮加热器连锁投入。

停用侧循环泵闭锁并拉电，其进出口门关闭、闭锁并拉电。停用侧旋转滤网、旋转滤网冲洗水泵事先停用，停用侧凝汽器小球喷射泵进水门关闭，闭冷器、凝汽器小球清洗控制盘拉电，水室真空泵停用闭锁，停用侧凝汽器循环水进水门、凝汽器循环水出水门、凝汽器反洗循环水进水门、凝汽器反洗循环水出水门关闭并闭锁、拉电。

开启停用凝汽器循环水侧放气门、放水门。相关设备挂牌。

2）循环水系统隔绝放水

检查确认循环水系统已无用户。停循环泵前通知化学运行人员，停止加氯系统运行；关闭停用机组去煤场喷淋供水总门；化学用水切换到运行机组；河水升压泵 A/B、旋转滤网 A/B、滤网清洗泵 A/B、循泵 A/B 轴承密封进水（冷却水）门、凝汽器小球喷射泵进水门关闭，闭冷器、凝汽器小球清洗控制盘拉电，水室真空泵停用闭锁，凝汽器 A/B 两侧循环水进水门、凝汽器循环水出水门、凝汽器反洗循环水进水门、凝汽器反洗循环水出水门关闭并闭锁、拉电。

开启凝汽器 A/B 循环水侧放气门、放水门。相关设备挂牌。

13. 旋转滤网故障的危害及处理

由于旋转滤网转不动对循泵安全运行产生严重危害。旋转滤网是清理循环水中垃圾，确保循环泵安全运行的重要设备。旋转滤网卡死，长时间开不出，垃圾无法及时清除，将滤网网眼堵塞，循环水巨大的压力会将网板压塌，导轨损坏，最终导致循泵停役。由于旋转滤网停役的时间越长，垃圾累积堵塞的量就越大，因此一旦发生旋转滤网卡死，运行人员应该及时排除故障，使旋转滤网重新投入运行。首先经值长许可并做好相关安全措施后，停运该循环泵数分钟，再次尝试开启旋转滤网，若仍开不出，停旋转滤网，通知检修人员用起重葫芦手动盘旋转滤网，若能将滤网盘动，应立即组织人员清理掉滤网上的垃圾，随着垃圾的清除，旋转滤网越来越轻，直至正常运行，然后通知值长重新开启循环泵。如确认旋转滤网已卡死，采用停循环泵，用葫芦手动盘等方法均不能盘动滤网，则只能停循环泵，根据机组负荷决定抢修旋转滤网的方案。

14. 循环泵轴承加油、换油

循环泵轴承很长（10 米左右），其推力轴承安装在电动机轴承侧，靠稀油润滑，推力轴承处装有一油杯，正常运行巡检若发现油杯油位低时，通知检修机械加油。

换油一般在机组大小修循环泵停运时由检修人员进行。平时由检修的油务监督人员每月检查一次，主要是目测油的颜色、含水量、含颗粒量。每三个月由化学分析人员进行油样分析一次，包括油样成分、黏度、含水等指标。

五、旋转辅机的紧急停用

发生下列情况之一时，应立即启动备用辅机，停用故障辅机。

(1) 旋转辅机发生强烈振动并超过规定值。

(2) 旋转辅机内部有明显的金属摩擦声。

(3) 水泵泵体内漏进空气或汽化，造成出口压力明显下降。

(4) 轴承冒烟或温度超过规定值。

(5) 轴封处大量漏水或冒烟。

(6) 电动机线圈温度超过规定值，经调整无效。

(7) 电动机冒烟或着火。

(8) 运行参数超过脱扣保护定值，保护未动作。

六、系统故障处理

1. 循环泵跳闸

(1) 现象。

循环泵跳闸光字牌报警，循环泵出口压力低（CRT），CRT显示循环泵电流为0。

(2) 处理。

1) 冬季一台循环泵运行方式情况下的处理。

a) 确认跳闸循环泵出口门自动关闭，否则应立即手动关闭。

b) 确认备用循环泵已自启动，出口门自动开启，否则应立即手动启动。

c) 循环泵出口压力正常。

d) 确认相关系统设备运行正常。

e) 及时通知检修人员检查处理。

2) 夏季两台循环泵运行方式情况下的处理。

a) 一台循环泵跳闸，确认其出口门已关闭。

b) 将凝汽器循环水出水门 A/B 关至 30%～40%，维持循环泵出口压力 0.12MPa 左右。

c) 机组负荷应控制在 60% MCR 左右。

d) 确认相关系统设备运行正常。

e) 两台循环泵同时跳闸，若无明显征象，可立即重新启动一次，不成功则应紧急停机，同时关闭凝汽器循环水出口门，以防汽轮机隔膜破裂。

2. 系统事故实例分析（2×600MW 超临界机组）

2008 年 1 月 25 日早班，1 号机组负荷 600MW 稳定运行。

10：14 BTG 盘突发"凝泵出口 K＋H 电导率高"、"凝结水精除盐旁路门开"报警，机组值班员立刻检查"SW"画面，发现凝泵出口 K＋H 电导率显示值达到 1.00μS/cm（正常值为 0.09μS/cm），而此时省煤器进口给水 K＋H 电导率还未有明显变化，仍为 0.06μS/cm。发现这一异常现象后，值班员立刻将情况汇报值长，值长随即联系化学运行人员确认情况。

10：21 机组值班员监盘发现给水 K＋H 电导率也开始缓慢上升。机组值班员立即判断凝汽器存在泄漏。值长通知检修做好凝汽器水侧查漏堵漏的准备工作，同时通知巡操员等待操作指令，做好隔绝凝汽器循环水侧准备。

10：50 由检修向凝汽器循环水侧加入大量木屑，希望可以堵住泄漏点。经过一段时间观察后发现效果并不理想。

凝结水精除盐系统是凝结水进入机组热力系统前的最后一道屏障，起到了过滤凝结水杂质、去除凝结水中各种离子的作用。机组凝汽器泄漏时凝结水中的大量杂质将对精除盐系统产生强烈冲击。如果凝汽器泄漏故障没有在相应的时间内得到处理，那么精除盐很快就会失效，大量穿透的杂质将对机组产生严重威胁。所以在凝汽器出现泄漏时处理一定要及时。机组运行中一旦发现有精除盐球罐失效，应马上切旁路运行，并更换树脂。

凝汽器泄漏时，虽然有了精除盐系统的保护，但仍有大量的离子穿透，危害机组的安全，加速锅炉管道的腐蚀与结垢，恶化汽轮机叶片的积垢状况。

凝汽器泄漏是一个严重的缺陷，因此一旦出现凝汽器泄漏报警，运行人员应该及时采取正确合理的措施进行准确的判断和有效的处理，争取在最短时间内消除缺陷，确保机组的安全运行。

11：20 值长联系调度申请机组减负荷至 450MW（一台循泵运行，凝汽器半面运行，允许带负荷 450MW），隔绝凝汽器循环水 A 侧，发现 K＋H 电导率无明显下降后，恢复 A 侧运行。

13：30 隔绝凝汽器 B 侧。

13：46 开始，凝泵出口 K＋H 电导率出现下降趋势。由此确认凝汽器 B 侧存在泄漏，检修人员进行了捉漏消漏工作，在对泄漏管子进行闷堵后，恢复凝汽器 B 侧运行。

15：30，凝泵出口 K＋H 电导率下降至 $0.20\mu S/cm$，凝结水水质指标恢复正常，威胁 1 号机组安全运行的重大缺陷得以消除，确保了机组安全稳定运行。

第三节　闭冷水系统

循环水系统和闭冷水系统都是冷却水系统。本机组直接用长江水冷却汽轮机排汽，采用开式循环。机组闭冷水系统用的是经化学水处理的除盐水，冷却水在系统内循环使用，向厂用设备提供清洁的冷却水，闭冷水系统闭冷器的冷却水源为循环水。本机组闭冷水系统流程如下所示。

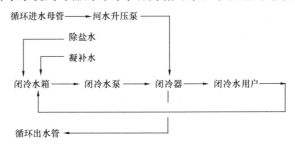

化学除盐水或凝补水进入闭冷水箱，经闭冷水泵升压后，通过闭式冷却水热交换器（简称闭冷器），由循环水将其冷却，然后送到厂用设备的各个冷却器（闭冷水用户）。

一、闭冷水系统的作用及用户

1. 闭冷水系统的作用

确保各运行设备在设备制造厂规定的最高、最低温度范围内连续正常运行。

2. 闭冷水系统用户

（1）引风机电动机油站冷却器及引风机轴承冷却；

（2）送风机电动机油站冷却器；

（3）一次风机电动机油站冷却器及一次风机轴承冷却；

（4）磨煤机电动机油箱冷却水及齿轮油箱冷却水；

（5）空气预热器轴承油冷却器；

（6）炉水回收泵冷却水；

（7）锅炉汽水取样冷却；

（8）给水泵润滑油冷却器、前置泵轴承冷却；

（9）凝泵推力轴承冷却水及凝泵电动机轴承冷却；

（10）仪用、杂用空压机冷却器；

（11）相邻机组仪用、杂用空压机冷却器；

（12）真空泵冷却器；

（13）水室真空泵冷却器；

（14）汽轮机冷油器；

（15）给水泵汽轮机冷油器；

（16）空侧密封油冷却器；

（17）发电机氢气冷却器；

（18）发电机定子冷却器；

（19）发电机 AVR（自动电压调节装置）小室空调；

（20）发电机滑环冷却器；

（21）化学用水及氢站冷却水。

二、闭冷水箱（稳压水箱）

1. 闭冷水箱的作用

（1）维持闭冷水泵入口压力稳定；

（2）起到闭式水系统膨胀缓冲和为闭式水系统补水的作用。

2. 闭冷水箱补水

闭冷水系统的补水有两路，正常补水和紧急补水，均直接补入闭冷水箱。

（1）正常补水。来自凝补水系统的补给水采用大管径、大流量方式，用于闭冷水系统第一启动或机组大、小修后闭冷水箱补水及正常运行时维持闭冷水箱的液位，当闭冷水箱水位 <3300mm 时，正常补水调整门开启。

（2）紧急补水。来自化学除盐水系统的补给水，流量为 10.2t/h。当闭冷水箱水位 <2000mm 时，紧急补水调整门开启。

在闭冷水箱上装有两个液位控制器，分别控制两路补给水的控制阀。闭冷水箱上还装有高、低液位开关。水箱内水位高时（>3450mm），CRT 发出水位高报警；水位低时（<880mm），不但发水位低报警，同时脱扣所有运行闭冷水泵，并且闭锁闭冷水泵启动。在控制室有"闭冷水箱水位低"光字牌报警。

三、闭冷水泵

本机组闭冷水泵为两台离心式水泵，每台容量 100%。机组正常行时，一台运行，另一台备用，当运行泵故障跳闸或闭冷水系统压力低至一定值时，备用泵自启动。控制室 BTG 盘有"闭冷水 A 跳闸"、"闭冷水 B 跳闸"及"闭冷器出口压力低"光字牌报警。由于闭冷水系统未设再循环，故在机组启停闭冷水用户少时，开启氢冷器进/出水母管连通门。以保证闭冷水泵的最小流量，防止闭冷水泵损坏。本机组闭冷水泵参数为：额定扬程为 $43mH_2O$，额定流量为 $2150m^3/h$，效率为 87%，电动机功率/电压为 350kW/6kV。

另外，由于电厂闭冷水泵设计容量偏小，在机组正常运行时，一台闭冷水泵运行，系统压力偏低，在两台机组投产初期，闭冷水泵一直两台同时运行，无备用泵，这给机组运行带来较大风险。经运行分析，在机组启动正常运行后，采用关闭电泵闭冷水进口总门（电泵只是启动泵，不作备用泵。）的方法，以适当提高闭冷水系统压力，以此实现闭冷水泵一台运行，一台备用，可提高系统运行的可靠性与经济性。

四、闭冷器

闭冷器共3组，每组容量为50％，机组正常运行时3组同时运行。闭冷器用循环水作为冷却介质。本机组闭冷水系统在长江水温为20～33℃时，机组运行在VWO（调门全开）工况时，能确保闭冷器的闭冷水侧温度不高于25.1～37.5℃，并保证汽轮机和给水泵汽轮机冷油器出口油温不超过45℃，氢气冷却器出口氢温不超过45℃，发电机定子冷却水出口温度不超过45℃，满足机组运行要求。

机组正常运行中，闭冷水侧压力大于循环水侧压力，当闭冷器发生泄漏时，循环水不会进入闭冷水系统，保证闭冷水系统水质不被污染。

五、闭冷水温度调节

由于闭冷水系统未在供水母管上设置温度调节装置，因而随着季节及机组负荷的变化，闭冷水供水温度也相应变化。机组正常运行中，通过监视闭冷水母管供水温度，判断闭冷水是否满足机组运行要求。但对一些重要的、对温度控制要求比较严格的闭冷水用户，采取了局部基地式温度控制。

发电机氢气冷却器：在氢气冷却器闭冷水出口母管处装有一个自动温度控制阀，这也是电厂闭冷水系统中唯一的一个温度控制阀。该控制阀接受发电机入口氢气温度信号控制，以控制进入氢气冷却器的冷却水量，将发电机入口氢温度控制在45℃。

汽轮机和给水泵汽轮机润滑油冷油器：汽轮机正常运行时要求润滑油供油温度稳定，否则会引起汽轮机转子振动，因此，对润滑油冷油器出口油温控制要求比较严格。电厂对润滑油温的控制不是通过控制冷却水流量来实现的，而是通过改变进入润滑油冷却器旁路的润滑油通流量来控制冷油器出口润滑油温度。另外，在闭冷水侧采用手动关小或开大冷油器冷却水出水门开度控制冷却水流量来实现对润滑油温度的粗调。

发电机定子冷却器：发电机定子冷却水温度控制方法类似于汽轮机和给水泵汽轮机润滑油温度控制方法。

六、闭冷水压力调节

本机组电厂闭冷水系统未设置压力调节装置，尽管借助闭冷水箱可维持闭冷水泵的入口静压，但系统内闭冷水的用量发生变化时，闭冷水系统母管压力是无法控制为定压的。在闭冷器出口供水母管上设有闭冷水压力测点。当闭冷水供水压力高时，CRT发出报警；当闭冷水压力低时，BTG光字牌发报警，同时备用闭冷水泵联启。

七、有关控制逻辑

闭冷水箱水位不低＞880mm（三取二），闭冷水泵启动允许。

闭冷水箱水位低＜880mm（三取二），闭冷水泵跳闸。

备用闭冷水泵自启动逻辑，如图10-3所示。

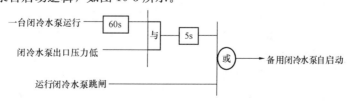

图10-3　备用闭冷水泵自启动逻辑图

八、闭冷水系统的启停及运行

1. 闭冷泵启动前的准备

（1）闭冷泵启动前须确认有关连锁保护及电动门、气控门均校验正常。

（2）按闭冷水系统检查卡检查操作完毕，闭冷泵及电动机轴承润滑油脂加足。

（3）闭冷水系统不带用户循环运行时，应开足氢冷器进出水母管连通门。

（4）保持闭冷器闭冷水侧三组运行。

（5）确认循环水系统、凝补水系统和化学除盐水供给泵等均已投运正常。

（6）闭冷水箱补水正常，水位维持在 3300mm 左右。

（7）开足闭冷泵出口门，缓慢开启闭冷泵进口门向泵体及系统注水，待泵体及系统空气放尽后，关闭所有放空气门，开足闭冷泵进水门，关闭闭冷泵出口门。

2. 闭冷泵的启动

（1）确认闭冷泵启动许可条件满足。

（2）将备用闭冷泵放"闭锁"位置。

（3）启动闭冷泵，检查闭冷泵转子转动，并监视启动电流及返回时间正常，电流不超限。

（4）检查闭冷泵出口门联动开启。

（5）当闭冷水母管压力大于 3.8bar 后，将备用闭冷泵解锁，投备用。

（6）检查电动机电加热器联动停用。

（7）联系化学投入加药系统。

（8）当闭冷水箱水位正常后，投入闭冷水箱水位自动控制，确认水箱水位正常。

（9）闭冷水系统带上用户后，逐渐关闭氢冷器进出水母管连通门，注意闭冷水压力正常。

3. 闭冷水系统的运行

（1）闭冷泵进口压力在 1.0bar 左右，出口压力在 5.0bar 左右，闭冷水母管压力在 4.0bar 左右。若闭冷水母管压力下降至 3.8bar 以下，检查备用闭冷泵自启动，否则立即手动启动。

（2）闭冷水系统不带用户循环运行时（大小修后第一次投运），应开足氢冷进出水母管连通门。闭冷水系统带上用户后，逐渐关闭氢冷进出水母管连通门，注意闭冷水压力正常。

（3）单台闭冷泵运行时，为提高闭冷水压力，关闭电动给水泵冷却水进口总门，电泵及电泵辅助油泵放"闭锁"位置。如需启动电泵，应先启动备用闭冷泵，开启电泵冷却水出水总门，启动电泵辅助油泵，然后再启动电泵。

（4）单台闭冷泵运行时，若闭冷水母管压力不能维持正常，应保持两台闭冷泵运行，并及时分析、处理。

（5）泵组若有明显不正常异声或撞击声，泵组振动明显增大时，应立即启动备用闭冷泵，停用原运行泵。

（6）闭冷泵电流不超限。

（7）闭冷泵电动机线圈温度＜155℃，轴承温度＜100℃，若经确认温度超过限额，应立即启动备用闭冷泵，停用原运行泵。

（8）闭冷水箱水位自动控制正常，水位维持在 3000～3300mm。若水位高于 3450mm 报警，及时分析、处理，以防溢流；水位下降则应及时补水，若水位下降至 880mm 以下，闭冷泵应自停，如自动未停，应立即手动停用。

（9）若闭冷水箱水位正常，而闭冷泵入口压力低于 $5.0mH_2O$ 时，应停用闭冷泵，联系检修人员清洗闭冷泵入口滤网。

（10）若闭式冷却水水质变差，应查找原因并进行排污换水。

4. 闭冷泵的停用

(1) 若备用泵切换，应先启动备用闭冷泵正常后，为了避免停泵后压力波动及备用泵反复自启动，当闭冷水母管压力达 5.0bar 左右时，方可停用原运行泵，注意闭冷水压力及仪用气泵运行正常。

(2) 当仪用、杂用气泵均停用后，以及闭冷水无其他用户后，方可停闭冷水系统。

(3) 闭冷泵停用后，根据需要关闭闭冷泵出口门。

(4) 确认泵无倒转，电动机电加热器自动投入。

5. 闭冷器循环水侧反冲洗

(1) 确认循环水系统运行正常，闭冷器循环水侧正常运行。

(2) 确认河水升压泵进口压力＞0.07MPa，用功能组启动河水升压泵。

(3) 闭冷器胶球清洗装置停用，控制室 CRT 画面上闭冷器胶球清洗"OFF"反馈信号正常。

(4) 按闭冷器的"反冲洗"按钮，注意闭冷器循环水进/出水门关闭，反冲洗进/出水门开足。若阀门动作故障，反洗条件不成立，则自动恢复到正常回路。

(5) 闭冷器循环水反冲洗约 1h 后，按闭冷器的"正常"按钮，检查闭冷器循环水进/出水门开足，反冲洗进/出水门关闭，反冲洗结束。

(6) 用功能组停河水升压泵。确认河水升压泵旁路门（CW008）开启。

(7) 闭冷器循环水侧反冲洗操作次数规定根据规程的规定执行。

6. 闭冷器胶球清洗

闭冷器铜管水侧的污染直接影响其传热效率，同时增加了循环水侧阻力，减少冷却水流量。江水中含有大量的泥砂及杂质。尽管江水进入循环水系统之前已经过了一、二次滤网的过滤，但难免有细小的杂质不能被除掉，加之若滤网出现漏洞，则冷却水中杂质更多。这些杂质附着在铜管上形成水垢，为了清除水垢，提高闭冷器传热效率，闭冷器设有一套胶球清洗装置。胶球清洗装置有自动和手动清洗两种方式，由于自动清洗对设备要求比较高，该电厂一直没有调试好，目前闭冷器胶球清洗采用手动方法。闭冷器胶球清洗仅对投运的闭冷器执行，停运闭冷器的胶球喷射器进口门关闭，投球数量为 100 只/组。

(1) 闭冷器胶球清洗投用条件。

1) 确认有关连锁及电动门均校验正常。

2) 闭冷器循环水反冲洗停用，其循环水门在正常运行位置。

3) 河水升压泵运行正常。

4) 闭冷器胶球清洗装置电源送上。

5) 按闭冷器胶球清洗操作卡完成投用前设备及阀门的检查工作。

(2) 闭冷器胶球手动清洗次数规定：每月一次。

(3) 闭冷器胶球清洗注意事项。

1) 胶球清洗前，应先进行闭冷器循环水反冲洗。

2) 胶球清洗投用时，禁止进行闭冷器循环水反冲洗。

3) 胶球清洗投用时，应经常检查收球网前后差压正常，为 10～20mbar。当差压大于 35mbar，收集器自动或手动切到收球位置，收球 1h 后，收球网自动或手动切反洗位置，收球网反洗约 30min 后，收球网再自动或手动切运行位置，收集器切运行位置，胶球清洗重新投入运行。当差压大于 50mbar，收球网立即自动切至反洗位置，同时收集器自动切到收球位置，1h 后，胶球清洗又自动投入运行，注意发生此情况后，胶球将大部分跑掉，需重新加球。

7. 闭冷器的运行方式

以本机组闭冷器闭冷水出水温度为基准,冬季环境温度降低后,该温度第一次到达15℃时关闭闭冷器C循出门(CW016C),停用闭冷器C循环水侧;当该温度第二次达15℃时,关闭闭冷器B循出门(CW016B),停用闭冷器B循环水侧。

环境温度升高后,当该温度第一次回升到20℃时,开启闭冷器B循出门(CW016B),恢复闭冷器B循环水侧;当该温度第二次回升到20℃时开启闭冷器C循出门(CW016C),恢复闭冷器C循环水侧。

停用部分闭冷器循环水侧期间,运行人员应加强对闭冷水母管温度、压力和各主要用户的监视,特别是在高负荷时段。发现异常情况要及时分析处理,若闭冷器闭冷水出水温度出现快速上升并超过25℃,则立即恢复全部闭冷器循环水侧运行。

注意闭冷器的闭冷水侧仍为三组运行,切勿操作闭冷水进出水门。操作前要求认真核对阀门名称,防止误操作。

九、闭冷水系统故障处理

1. 闭冷水泵运行中跳闸

(1) 现象。

闭冷水泵跳闸光字牌报警,闭冷水泵出口压力低(CRT),CRT上闭冷水泵电流为0。

(2) 处理。

1) 双泵运行时。

a) 尽一切可能维持闭冷水母管压力,如立即关闭备用电泵、备用真空泵冷却水出口门等大用户。

b) 严密监视仪用气压力,若仪用气泵已跳闸,应立即重新启动。

c) 同时通知另一台机组值班员,确认其两台仪用气泵已加载。

d) 若运行机组仪用气压力维持不了(≤0.6MPa),应立即派操作员关闭1/2号机仪用气联通门。

e) 闭冷水泵跳闸时,若无明显象征,应立即重新启动一次,若两台闭冷水泵都启动不成功,则应手动MFT,并停用有关闭冷水用户。

f) 检查公用系统仪用气源正常,否则切换至运行机组。

2) 单泵运行时。

a) 确认备用泵自启动成功,若备用泵未自启动,应立即手动启动。

b) 若备用泵手动启动不成功,对于跳闸闭冷水泵,当无明显象征时,应立即重新启动一次。

c) 若两台闭冷水泵都启动不成功,则应手动MFT,并停用有关闭冷水用户。

d) 严密监视仪用气压力,同时通知另一台机组值班员,确认其两台仪用气泵已加载。

e) 若正常运行机组仪用气压力维持不了(≤0.6MPa),应立即派操作员关闭1/2号机组仪用气联通门。

f) 检查公用系统仪用气气源正常,否则切换至运行机组。

2. 系统事故实例分析(2×600MW超临界机组)

2003年9月11日夜班23:45,二号机组BTG盘的光字牌"闭冷水箱水位低"、"闭冷水母管压力低"、"任一仪用气泵跳闸"同时报警,值班员检查发现两台闭冷泵均跳闸,两台仪用气泵及两台杂用气泵也跳闸,操作员就地检查确认闭冷水泵A/B,仪用气泵A/B,杂用气泵A/B均在停用状态,值班员重新启动闭冷水泵不成功,原因是:闭冷水箱低水位报警信号无法复置,而就地实际水位正常(闭冷水箱水位模拟量信号通信模块故障)。二号机组运行没有冷却水源,时刻面临 MFT。

由于夜间负荷较低，值长与值班员根据机组运行工况分析商量后，决定尽量维持机组运行。一方面快速减负荷；另一方面全面监视机组各运转设备的冷却情况，主要是发电机氢温、定子冷却水温、汽轮机润滑油供油温度以及主要辅机超温情况。一旦有温度接近保护限值，立即脱扣汽轮机或手动 MFT；同时与在电子室处理故障的热工值班人员密切联系，要求尽快复置"闭冷水箱低水位报警"；并让操作员到就地确认一、二号机的仪用气连通门、杂用气连通门均在开启状态，并随时待命关闭连通门，以确保一号机组的安全运行（仪用气压力低带保护）。一号机组值班员严密监视仪用气母管压力在正常运行范围内。

二号机组负荷快速从 320MW 降至 240MW，运行状态平稳。然而，没有冷却水的发电机氢气出口温度已经从 50℃ 上升至 68℃，汽轮机润滑油温度也从 45℃ 上升到 56℃，BTG 盘上的"汽轮机润滑油温度高"报警，机组各系统与闭冷水有关的温度均有不同程度的上升。发电机氢气温度、定子冷却水温度、汽轮机、给水泵汽轮机轴承温度均有保护，一旦上升到保护限额，机组跳闸。而没有冷却水，机组跳闸后，有些温度可能还会上升导致机组设备受损。

23：59 热工值班人员复置"闭冷水箱水位模拟量信号通信模块"成功，闭冷水箱水位低信号消失。值班员立即启动闭冷水泵成功，紧急启动仪用气泵、杂用气泵成功（有冷却水低压力保护），二号机组恢复正常运行。

两台闭冷泵全部跳闸故障，按运行规程规定应立即手动 MFT。运行人员根据机组故障实际情况，凭借工作经验和自身技能，正确而果断地处理，避免了一次机组非停事故。电厂事故处理的成功与否，靠的是运行人员的素质和能力。

第四节　辅　汽　系　统

一、系统介绍

辅汽系统的作用是保证机组在各种运行工况下，为各用汽用户提供参数、数量符合要求的蒸汽。

本电厂辅汽系统的容量是按一台机组启动和另一台机组正常运行的用汽量来设计的。辅汽系统由辅汽母管分段阀 1（1AS003）、辅汽母管分段阀 2（2AS003）将辅汽系统分成两段，即辅汽母管一段及辅汽母管二段，辅汽母管一段主要供一号机组辅汽用户，辅汽母管二段主要供二号机组辅汽用户。辅汽母管分段便于辅汽系统故障时隔绝检修。

辅汽系统的汽源有三个，相邻电厂冷段再热蒸汽、一号机组冷段再热蒸汽、二号机组冷段再热蒸汽。在电厂第一台机组启动时辅汽由相邻电厂冷段再热蒸汽供给，最大可用蒸汽量为80t/h。电厂两台机组正常运行时辅汽由一号机组或二号机组冷段再热蒸汽供给。

辅汽系统的主要用户包括：

（1）除氧器启动时的加热蒸汽；

（2）主汽轮机和给水泵汽轮机轴封蒸汽；

（3）空气预热器吹灰蒸汽；

（4）重油雾化蒸汽；

（5）重油、轻油系统管道伴热；

（6）油泵房、重油箱加热蒸汽；

（7）暖风器加热蒸汽；

（8）电厂暖气通风、蒸汽水热交换器；

（9）化学清洗和加热系统。

辅汽母管的额定压力为 13bar，温度设定值为 270℃。辅汽母管压力是由辅汽进汽调整门（相邻电厂来辅汽进汽调整门、一号机辅汽冷段再热汽进汽调整门、二号机辅汽冷段再热汽进汽调整门）来实现的，调整门接受辅汽母管的压力信号根据设定值 13bar 进行调节，维持辅汽母管压力不变。一旦辅汽母管压力调整门失灵，或由于用户突然减少等引起母管压力上升至 15bar，辅汽母管厂房内的安全门将起座（辅汽母管安全门 1/2 号机各两个，相邻电厂来辅汽母管安全门两个）。辅汽母管的温度由辅汽母管减温装置实现，减温装置后有一温度信号送至减温器喷水调整门，以控制减温水量的大小，保证辅汽温度维持在设定值。辅汽减温水来自凝结水泵出口母管。

为防止辅汽系统在机组启动、正常运行及备用状态下，管道内积聚凝结水，给用户带来危害，在整个辅汽系统设有多处低点疏水。

二、辅汽系统的投、停

1. 辅汽投用前的准备

（1）确认辅汽系统检修工作结束，有关工作票终结。

（2）确认辅汽安全门校验正常（厂房内辅汽安全门动作值为 15bar，相邻电厂来辅汽安全门运作值为 18bar）。

（3）确认有关电动门、气控门等均校验正常。

（4）按辅汽系统检查卡检查操作完毕，确认各辅汽用户隔绝门关闭。

2. 相邻电厂来辅汽投用

（1）联系相邻电厂值长向本厂供汽，注意先暖管到相邻电厂至本厂的辅汽隔绝前。

（2）将相邻电厂来辅汽调整门（OAS001）压力设定值放置 3bar 左右，注意调整门应全开。

（3）确认辅汽母管各疏水门开足，缓慢打开相邻电厂来辅汽调整门前隔绝门 2～3 转左右，辅汽母管开始进行暖管，注意管道无冲击振动。

（4）检查辅汽母管各疏水管逐渐有汽冒出，辅汽压力逐渐上升。当相邻电厂来辅汽调整门后辅汽压力上升到 3bar 左右时，注意相邻电厂来辅汽调整门自动关小，压力自动调节正常。

（5）辅汽母管充分暖管后，将辅汽母管各疏水门关小到调节位置，开足相邻电厂来辅汽调整门前隔绝门。

（6）将相邻电厂来辅汽调整门（OAS001）压力设定到 12bar 左右，检查压力自动调节正常。

（7）根据需要投用各辅汽用户，注意辅汽压力调节正常。

3. 辅汽汽源切至再热冷段操作

（1）确认本厂锅炉已稳定燃烧，再热冷段压力达 16bar 以上。

（2）确认再热冷段至辅汽母管的辅汽调整门后隔绝门（AS013）开足，隔绝门前疏水门开启。

（3）检查辅汽冷段进汽调整门（AS001）压力设定值比辅汽母管压力低 1～2bar，调整门在自动关闭位置。

（4）开足辅汽冷段进汽隔绝门（AS012），然后将辅汽冷段进汽调整门压力设定到 13bar 左右（比相邻电厂来辅汽调整门的压力设定高 0.5～1bar），注意辅汽冷段进汽调整门慢慢开启，自动调节到所需的压力设定值，检查相邻电厂来辅汽调整门自动关闭。

（5）将辅汽减温水调整门（CD113）温度设定到 270℃ 左右，检查调整门自动调节正常。

（6）检查辅汽母管各疏水门在调节位置，辅汽管道、辅汽安全门无泄漏。

4. 辅汽汽源切至相邻电厂来辅汽操作

（1）当本厂锅炉停用后，再热冷段压力降低到 12bar 以下（相邻电厂来辅汽调整门的压力设定值），检查相邻电厂来辅汽调整门自动开启，调节到所需的压力，辅汽自动切至相邻电厂供给。关闭辅汽冷段进汽隔绝门。

（2）如本厂锅炉正常运行时，需将辅汽切至相邻电厂供给，可将辅汽冷段进汽调整门（AS001）压力设定到比相邻电厂来辅汽调整门（OAS001）的压力设定值低 1～2bar，检查辅汽冷段进汽调整门慢慢关闭，相邻电厂来辅汽调整门自动调节到所需的压力设定值，根据需要关闭辅汽冷段进汽隔绝门。切换时应注意辅汽压力正常，尽量减小对用户的影响。

5. 辅助蒸汽系统的停用

（1）如需停用辅助蒸汽系统，应经值长同意，确认无辅汽用户后，方可停用。

（2）关闭辅汽冷段进汽隔绝门、辅汽母管连通门或相邻电厂来辅汽隔绝门。

（3）开足辅汽母管所有疏水门。

辅汽系统的投、停及切换操作，应及时与相邻电厂值长联系。

6. 辅助蒸汽系统的隔绝

辅汽系统的隔绝根据需要采用分段隔绝，隔绝时要注意公用系统的汽源，如油泵房、重油库、化学用汽。

三、辅汽系统运行方式

（1）两台机组同时运行时，原则上辅汽由 1 号机冷段再热汽源供给，压力设定在 13～13.5bar，2 号机汽源放第一热备用，进汽隔绝门开足，调整门压力设定比 1 号机辅汽压力低 0.5～1bar；也可根据机组运行情况，辅汽由 2 号机冷段再热汽源供给，压力设定在 13～13.5bar，1 号机冷段再热汽源供辅汽放第一热备用，进汽隔绝门开，调整门压力设定比 2 号机辅汽压力低 0.5～1bar。相邻电厂来辅汽放第二热备用，调整门压力设定值比第一热备用压力再低 0.5～1bar，同时要注意相邻电厂来辅汽管做到充分疏水、暖管。

（2）若一台机组运行时，另一台机组停用时间为两天以上，原则上辅汽由相邻电厂供给，压力设 13bar，运行机组冷段再热汽源供辅汽放热备用，调整门压力设定比相邻电厂来辅汽压力低 0.5～1.0bar。

（3）若一台机组运行，另一台机组短时间停用，辅汽由运行机组冷段再热汽源供给，相邻电厂来辅汽放热备用，注意相邻电厂来辅汽管做到充分疏水、暖管，以防止切换到相邻电厂来辅汽供汽时引起辅汽管道水冲击。

（4）若相邻电厂来辅汽管要停役，需经值长同意，复役时要注意充分疏水、暖管。

（5）辅汽系统运行方式的切换，原则上由机组运行方式变化而决定，当值值长发令执行，并做好交班记录。

第五节　仪用气及杂用气系统

一、仪用气系统

仪用气系统在电厂中是一个十分重要的系统，机组热力系统中许多设备的控制都是通过仪用气来实现的。例如：锅炉过热汽减温水总门、再热减温水总门；锅炉制粉系统及风烟系统中的所有风门挡板；高能点火器及轻重油枪的执行机构；所有轻、重油三位阀的开关；除氧器水位调整门；汽轮机抽汽管道低点疏水调整门；高、低压加热器疏水调整门；给水泵、前置泵再循环调整门，等等。所以，仪用气系统运行的安全性和可靠性直接关系到整台机组的安全可靠。一旦机组运行时仪用气系统发生故障，将会给整台机组安全运行带来严重的威胁。机组在汽机房仪用气母管上装有仪用气低压力保护（三取二），当仪用气压力低至 4.1bar，延时 2s，机组 MFT 动作。

为了确保仪用气系统运行的安全可靠及满足机组在正常运行和启动时的用气量，每台机组设有两台100％容量的仪用空压机，一台运行，一台备用。备用空压机自启动是根据仪用空压机出口压力开关低气压信号来实现的。当运行空压机故障或人为停运或自动跳闸时，备用空压机自动加载运行。在控制室有"任一仪用/杂用气泵跳闸"、"仪用气压力低"光字牌报警。目前仪用空压机1A/1B、2A/2B自启动压力分别整定为：6.5 /6.3 bar、6.4 /6.2 bar。另外，在仪用气储气筒出口门后母管上有一根来本机组的杂用气连通管，在连通管上装有逆止门和隔绝门（只能杂用气进入仪用气系统），作为本机组仪用气的备用气源。在两台机组正常运行时，一、二号机组的仪用气连通门开启，作为相邻机组仪用气系统故障的紧急备用。

露点：是指气体在水蒸气含量和气压不变条件下，冷却到水汽饱和（出现结露）时的温度。气体中的水蒸气含量越少，使其饱和而结露所要求的温度越低。反之，水蒸气含量越多，降温不多就可出现结露。因此，露点的高低是衡量气体中水蒸气含量的一个尺度。新的干燥器投运后，仪用气露点温度能维持在−80℃左右。

二、仪用气系统流程

本机组仪用气系统流程如下所示。

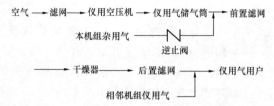

空气通过仪用空压机入口滤网进入仪用空压机，两台仪用空压机将空气压缩后合并入仪用气母管，仪用气自母管流入仪用气储气筒，仪用气储气筒出气进入仪用气干燥器前置滤网过滤后进入仪用气干燥器，通过仪用气干燥器干燥，进入仪用气干燥器后置滤网，再次过滤后进入仪用气供气母管送各仪用气用户，如图10-4、图10-5所示。

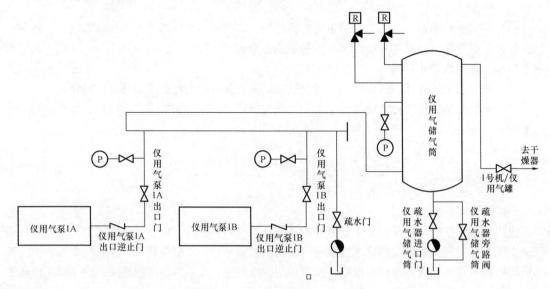

图10-4　仪用气泵及储气筒示意图

三、仪用气用户

仪用气的用户很广，几乎涉及全厂所有的热力系统，归纳起来大致包括：

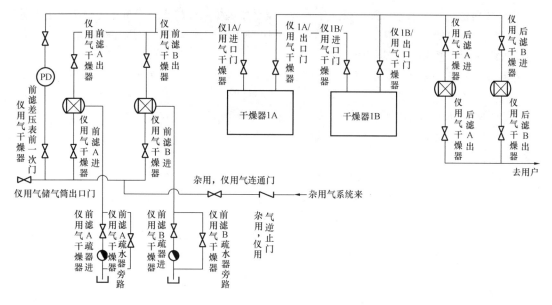

图 10-5　仪用气干燥器示意图

(1) 凝结水系统气控阀用气；

(2) 给水系统气控阀用气；

(3) 汽轮机高排逆止门及抽汽逆止门用气；

(4) 闭冷水系统气控阀用气；

(5) 汽轮机疏水系统疏水调整门用气；

(6) 汽轮机强冷用气；

(7) 汽机房百页窗用气；

(8) 汽机房辅汽、轴封、低压旁路、大气扩容箱减温水调整门用气；

(9) 锅炉过热汽、再热汽减温水总门用气；

(10) 锅炉启动系统调整门用气；

(11) 锅炉制粉系统、风烟系统用气；

(12) 锅炉燃烧系统用气；

(13) 锅炉轻、重油系统用气；

(14) 锅炉吹灰系统用气；

(15) 外围用气（如油泵房、化水间、干除灰、循环泵房）。

四、仪用空压机

电厂使用的仪用空压机为螺杆式压缩机。主要由低压压缩元件和高压压缩元件组成，还附有空气过滤器、消音器、冷却器、去湿器、卸载器、压力调节器、节流阀及逆止阀，等等。仪用空压机由 380V 交流电动机驱动，采用二级压缩、二次冷却。空气经过低压气缸压缩后气压、气温上升，进入一级冷却器，冷却器正常用冷却水为本机组闭冷水，机组检修期间可切换至备用冷却水，在此为相邻机组闭冷水，这样在整个检修期间可不投用本机组的闭冷水及循环水系统，对节能降耗十分有利。经冷却后的气体进入高压气缸再次压缩，然后进入二级冷却器冷却后进入仪用气储气筒供仪用气用户。

压缩元件是空压机的主要部件，共有低压和高压两级，每一级包含有两个螺杆形转子，低压级将空气压力升至中间值，再由高压级将之压缩至系统压力设定值。

在空压机的进口装有空气过滤器，用于滤掉空气中的尘埃，防止空压机系统积灰及尘埃进入用户。空气过滤器是一种纸质元件，空压机运行中 CRT 有差压报警，差压高时由检修维护人员更换新的过滤器，更换时必须停机后进行。

螺杆式空压机的噪声较大，每台空压机上装有三只消音器，分别在低压级入口、低压级出口及高压级出口。

卸载器和压力调节器是控制空压机在预先设定的压力范围内正常运行的装置。当空压机出口管压力超过规定值时，使空压机进入空载运行；当空压机出口管压力降至一定值时，空压机恢复带负荷（加载）运行。

低压级入口节流阀安装在低压级前面的进气腔内，它通过机械机构与卸载排气阀联动，当排气阀打开时，节流阀关闭，切断压缩级的进气，而正常运行时节流阀则保持开启状态。

每台仪用空压机配有三台冷却器，分别是中间冷却器、后部冷却器及排气冷却器，三台冷却器都属于表面式冷却器，以闭冷水冷却被压缩的空气。中间冷却器安装在低压级出口，目的是将低压级出口的压缩空气温度降至高压级入口温度许可范围之内，保证高压级的安全运行；后部冷却器安装在高压级后面，其作用是冷却高压级出口的压缩空气温度，使之满足系统内用户长期安全运行的需要；排气冷却器只有在空压机卸载时才发生作用，目的是将高压级出口的高温压缩空气降温，然后再排入进口节流腔的上游，保护空压机的正常运行。

在中间冷却器和后部冷却器的后面，分别装有去湿器。每个去湿器都有凝水分离器，它带有一个自动疏水浮阀和一个手动疏水阀。

仪用空压机还有一个润滑油系统，主要由油槽、油泵、油冷却器、油过滤器以及管道和阀门组成。其作用有两个：一是润滑；二是作为压力油作用于相关阀门的动作。

电厂仪用空压机的控制方式为加载及卸载方式，空压机的加载及卸载根据用户对仪用气的消耗来投停空压机，目的是将仪用气系统的压力维持在一个压力范围内，也就是维持在加载与卸载压力之间。空压机的运行实际上是一个周而复始的加载卸载过程，这个过程由压力开关、控制回路、电磁阀、卸载器、卸载阀以及节流阀来实现。

仪用空压机的控制为就地程控方式，独立于机组的 DCS 控制系统。在仪用气储气罐出口母管和干燥器出口母管上都装有就地压力表和 CRT 压力测点，便于运行人员监视、判断系统压力变化情况。在仪用空压机罩壳的正面，布置有启、停控制操作按钮，实现对空压机的启、停操作；另外布置有电动机过负荷、低油压、高油温、高气温、冷却水温度高等故障原因指示灯；还布置有高低压级温度表、油温表、油压表、供气温度表、冷却器真空表等，来显示空压机的运行状态。

仪用空压机的边上还有一个程序控制箱，上面有不同的运行方式选择旋钮，运行人员可根据空压机的不同状态，选择不同的程序控制方式。

五、螺杆式空气压缩机

螺杆式压缩机是一种按容积变化原理而工作的双轴回转式压缩机，其工作原理类似于一般的活塞式压缩机，当气体被吸入工作室后，工作室随即关闭及缩小，被压缩的气体经历一个多变压缩过程，当工作室内的气体达到所预期的终压力时，工作室立即与压出管接通，工作室继续缩小，受压缩的气体便被排出至排气管道内。活塞式压缩机的工作室是由活塞和汽缸所组成，而螺杆式压缩机的工作室则是通过一对斜齿的齿轮转动时，齿面互相接触所形成的接触线沿着轴向运行，在齿槽间输送的气体容积逐渐变小，从而达到了被压缩的目的。

（1）与活塞式压缩机相比，螺杆式空气压缩机具有下列决定性的优点：

1）无不平衡的质量力。此优点使压缩机能平稳地运转，振动小，可以实现高转速运行。

2）转速高。转速的提高使螺杆式空压机的体积和重量都得到了减小，与同容量的活塞式空压机相比，重量只有活塞式空压机的七分之一。

3）无磨损。螺杆式空压机的转子是以非接触方式运转的，从而保证了无磨损，使用寿命长。

4）结构简单。螺杆式空压机的零部件相对较少，从而使得螺杆式空压机具有很高的运行可靠性。

5）调节性能好。

6）绝对的无油压缩。与其他空压机相比，螺杆式空压机具有绝对的无油压缩的优点，可用于压缩输送不能受油污染的气体。

（2）与活塞式空压机相比，螺杆式空压机有以下缺点：

1）效率较低；

2）转子支承要求高；

3）噪声较高；

4）转子制造复杂且价格较高。

六、仪用气储气筒

储气筒的作用有两个：一是正常运行时稳压，二是空压机空载或空压机停运时起瞬时气源作用，类似蓄能器。仪用气储气筒上部接有一根仪表管及压力变送器，用于 CRT 画面仪用气压力显示及 BTG 盘"仪用气压力低"报警；仪用气储气筒顶部有两个安全门，防止储气筒超压；底部有疏水器，疏水器可自动疏水，运行人员也可通过疏水器旁路门定期手动放水。

七、微热再生式干燥器

电厂一、二号机组仪用气系统各配备了两台微热再生式空气干燥器，用于仪用气的干燥，两台微热再生式干燥器并联运行。微热再生式干燥器有左、右两个塔，塔中分别装有干燥剂，两个塔按固定的程序循环进行干燥和再生。微热再生式干燥器由前置滤网，后置滤网，左、右干燥塔，电加热器，消音器，液晶控制器等组成。

它的工作过程如下：压缩空气进入前置滤网过滤后，进入左塔，此时右塔进气门关闭，饱和的压缩空气通过左塔内的干燥剂进行干燥，干燥后的气体通过左塔出口进入后置滤网过滤后供仪用气用户。5min 后，右塔再生阀打开，使右塔降压，降压是通过专门的降压阀实现的。同时加热器开始工作，右塔进入热循环阶段，再生空气的温度是由加热器温度控制器来控制的，又热又干燥的再生气体通过右塔再生单向阀从顶部进入右塔进行再生，再生气体带走塔体中干燥剂中的水分，然后通过右塔再生排气阀、消音器排入大气中。约 2.5h 后，加热器关闭，右塔开始冷吹再生使塔体的温度降低，以使其准备开始干燥循环。约 3h 50min 后，右塔再生阀关闭，同时右塔开始升压，使右塔压力升高到系统压力，准备换塔。右塔进气阀打开，同时左塔进气阀关闭。两塔切换，使待干燥气体从左塔换到右塔进行干燥。约 4h 5min 后，左塔再生阀打开，使左塔降压。然后重复循环执行上面的过程。

液晶控制器由可编程序控制器 PLC、液晶显示屏、A/D 模块和温度传感器组成。可编程序控制器 PLC 用于采集干燥器运行过程参数及控制动作的输出；液晶显示屏用于显示过程参数、报警信息，还用于输入操作数据及设备启、停指令等，通过液晶显示屏，显示干燥器的运行状态和相关运行参数，设定或修改加热和冷吹时间等。液晶显示屏正面除了液晶显示窗之外，还有 20 个薄膜开关按键，所有的按键除了具备基本功能外，还能被设定成特殊功能按键，直接完成画面跳转、开关量设定等功能，如果未定义成特殊功能则只能执行基本功能。总之，液晶控制器是一种先进智能的人机接口。

八、杂用气系统

杂用气系统作为空气预热器事故电动机、启动电动机及机组清扫用气，另外由于本电厂原干灰库空压机已废弃不用，干灰库的用气也来自机组杂用气系统（正常运行由一号机组供给）。为了确保杂用气系统的运行安全，每台机组装置了两台100％容量杂用空压机，机组正常运行时一台运行、一台备用。备用空压机自启动是根据杂用气储气筒上压力开关低气压信号来实现的。两台杂用空压机出口管合并入杂用气母管，杂用气自母管流入杂用气储气筒，在杂用气储气筒出口有两路引出管，一路到相邻机组杂用气系统，作为相邻机组杂用气系统故障的备用气源；一路引到本机组仪用气系统，作为本机组仪用气系统故障的备用气源。

杂用气系统流程如下所示。

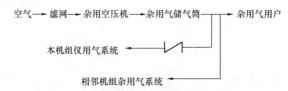

空气通过杂用空压机入口滤网进入杂用空压机，经杂用空压机压缩冷却后进入杂用气储气筒，杂用气系统没有干燥器，杂用气储气筒出气直接供各杂用气用户。

1. 杂用气用户

杂用气用户较多、较杂，可以说分布在电厂生产区的每个角落。主要有下列一些用户：

(1) 空气预热器空气马达用气；

(2) 锅炉房清扫用气；

(3) 汽机房清扫用气；

(4) 化学用气；

(5) 干灰库用气；

(6) 燃料用气；

(7) 检修用气；

(8) 循环泵房用气；

(9) 油泵房用气。

2. 杂用空压机

电厂使用的两台杂用空压机和仪用空压机一样都是螺杆式空压机。杂用空压机和仪用空压机在结构上基本相同，控制方式及运行方式也一样。不同的是工作参数略有不同，仪用空压机采用二级压缩、二级冷却，而杂用空压机采用二级压缩、一级冷却，空气经过低压气缸压缩，进入冷却器，冷却器用闭冷水作为冷却介质，经冷却后的气体进入高压气缸再次压缩，然后直接进入杂用气储气筒供用户。

杂用空压机和仪用空压机的控制方式及运行方式完全相同。

3. 杂用气储气筒

杂用气储气筒和仪用气储气筒结构完全相同，只是容量大小略有差别。仪用气储气筒容积为 $14m^3$，而杂用气储气筒容积为 $13m^3$。杂用气储气筒上部接有一根仪表管及压力变送器，用于 BTG 盘"杂用气压力低"报警。

4. 仪用气及杂用气系统的启停与运行

(1) 空压机的启动前检查。

1) 检查空压机及储气筒外观完整。

2）检查空压机油箱油位正常，必要时联系检修人员加油至油标尺的最大刻度处。

3）检查空压机冷却水进出水门开启，冷却水进出水管放水门关闭。确认闭冷水压力正常。

4）检查关闭空压机中间冷却器和后部冷却器疏水阀。

5）检查空压机出气门在关闭位置。

6）检查开启空压机出口压力表一次门（仅用空压机有）。

7）检查控制盘上切换小开关"空载/正常"在空载位置。

8）检查空压机电源已送上，电源指示灯亮。

（2）空压机的启动。

1）按下"复置—启动"按钮，确认空压机启动正常。

2）空压机启动后检查确认。

a）"自动运行方式"指示灯亮。

b）所有的故障指示灯不亮。

c）油压正常，为2～2.2bar左右。

d）中间冷却器真空正常，空载时约为－0.7bar，加载时约为2～2.5bar。

e）无漏油或漏水现象。

3）缓慢开启空压机出气门。

4）将切换小开关由"空载"切换至"正常"位置。

5）空压机载荷后，确认冷却水电磁阀"开启"，根据冷却水温度和供气温度，可适当调节冷却水流量。

（3）空压机的停运。

1）关闭空压机出气门。

2）将切换开关拨至"空载"位置。

3）按下"停止"按钮，确认空压机正常停运。

4）空压机停运后，确认"自动运行方式"灯灭，电源指示灯和故障指示灯亮。

5）开启中间冷却器和后部冷却器疏水阀。

6）若空压机停运后，环境温度低于零度，应开启冷却水管放水门，关闭进出水门。

（4）干燥器的投用。

1）检查确认仪用空压机运行正常。

2）合上干燥器控制箱内的电源开关，确认干燥器控制屏上显示"干燥器停止"状态。

3）选择干燥器运行方式"常规控制"。

4）检查干燥器参数设定正常。

a）加热时间147min；

b）冷吹时间86min；

c）再生温度150℃；

d）加热温度180℃。

5）保持干燥器旁路阀开启、出口阀关闭，缓慢增加两个干燥器的压力至管路压力值（＞4.5bar）。

6）检查系统是否泄漏。

7）确认吹扫阀在关闭状态。

8）在干燥器控制屏上选择"开机按钮"。

9）确认（其中一个）再生排气阀开启，并泄掉对应侧的腔室压力，开始再生。

10）确认干燥器显示的状态正确，检查再生塔的运行参数正常，加热器温度、再生塔温度缓慢上升。

11）开启干燥器出口阀，使干燥器投入正常运行。

12）关闭干燥器旁路阀。

（5）干燥器的正常停用。

1）在干燥器运转循环的升压阶段或者待机状态，确认两塔压力基本一致时，在干燥器控制屏上选择"停机"按钮。

2）干燥器停用后，确认干燥器的进、出气阀均应自动开启。

（6）干燥器的步进停用（适用于紧急停运）。

1）在干燥器控制屏上选择"时序步进"按钮。确认再生塔的运行状态由"热吹扫"或者"已热"转入到"冷吹扫"状态，并且确认加热器、再生塔的温度缓慢下降。

2）当再生塔的温度下降至60℃以下时，在干燥器控制屏上选择"时序步进"按钮。确认再生塔的运行状态由"冷吹扫"转入到"升压"状态。

3）确认两塔压力基本一致时，在干燥器控制屏上选择"停机"按钮。

4）干燥器停用后，确认干燥器的进、出气阀均应自动开启。

（7）干燥器的紧急停用。

1）在干燥器控制屏上选择"停机"按钮。确认干燥器的进、出气阀自动开启。

2）断开干燥器控制箱内的电源开关。

（8）干燥器运行注意事项。

1）干燥器检修后第一次投运应采用"常规运行"方式，待一周后确认干燥器运行正常，才能切换至"露点控制"。干燥器方式切换可在干燥器运行时切换，"露点控制"方式下，露点设定为-40℃。

2）干燥器投用前，应检查仪用气储气筒的压力不低于4.5bar，否则干燥器的控制阀将无法动作。

3）干燥器投入运行后，应调整吹扫压力至4.0bar。如果吹扫压力、流量不恰当，则会导致：①干燥剂再生不恰当；②干燥剂磨损为很细的粉末；③吹扫逆止阀故障。

4）干燥器运行时，应检查各循环周期内两塔间切换及时、准确，各阀门开关动作正确。

5）干燥器运行时，应检查各塔各阶段的运行状态显示正确，各阀门开关的位置正确。

6）干燥塔工作时，其腔室压力应等于管路压力。

7）正常运行中，应检查干燥器前置过滤器和后置过滤器的压差指示正常。

8）正常运行中，应检查干燥器的露点正常，露点仪的排气正常，露点仪的水分指示器颜色正常。

9）正常运行中，应保持两路干燥器同时并列运行，避免一路干燥器故障时造成机组失仪用气跳闸。

（9）仪用气系统的运行方式。

1）两台机组同时运行时，一、二号机组仪用气连通门应保持开启。公共设备的仪用气由一号机组供气。

2）当一号机组运行，二号机停役检修时，一、二号机组仪用气连通门应保持关闭。

3）当二号机组运行，一号机停役检修时，一、二号机组仪用气连通门应保持关闭。公共设备的仪用气由二号机组供气。

（10）杂用气系统的运行方式。

1）正常运行中，一、二号机组杂用压缩空气系统应分别运行，连通门（2）应保持关闭状态（连通门1开启供精除盐用气）。

2）本机组的杂用气与仪用气系统应并列运行，"杂/仪连通门"保持开启。

3）干灰库用杂用气正常运行时由二号机组杂用气供给，当二号机组检修时，且杂用气系统停役时，由一号机组向干灰库供气。

（11）仪用、杂用空压机程序控制盘控制选择开关的设置规定。

电厂一、二号机组仪用空压机、杂用空压机自启动控制逻辑有如下要求：当空压机程序控制盘（自启动盘）控制的两台空压机中有一台空压机断电停用时，必须将空压机程序控制盘上LEAD COMPRESSOR切换开关置"OFF"位置，才能保证另一台空压机的正常运行。如果此时将程序控制盘上切换开关选择在"1"或"2"位置，则另一台空压机就不能加载运行。根据这一要求，规定如下：

1）正常情况下，1、2号机组仪用、杂用空压机分别投入时钟自动启停切换方式，即程序控制盘上AUTO SEQU时钟控制开关在"ON"位置，LEAD COMPRESSOR切换开关在"1"或"2"位置，空压机A、B按程序每天自动启停切换。

2）当空压机B（或A）有缺陷只能做备用时，则投入空压机程序启停方式，即AUTO SE-QU时钟控制开关在"OFF"位置，LEAD COMPRESSOR切换开关在"1"（或"2"）位置，空压机实现程序启动，其中空压机A（或B）作为第一台，空压机B（或A）作为第二台（备用）。

3）当空压机程序控制盘控制的两台空压机中有一台需断电停役时，必须先将该空压机程序控制盘上的LEAD COMPRESSOR切换开关置"OFF"位置，保证另一台空压机正常运行。在停役空压机复役正常运行后，再将空压机程序控制盘切回时钟自动启停切换方式。

4）正常运行中若有一台空压机意外跳闸（400V开关分闸），运行人员必须立即就地将该空压机程序控制盘上的LEAD COMPRESSOR切换开关置"OFF"位置，确认另一台空压机运行正常及系统压力正常。

5. 仪用气（杂用气）系统的巡检内容

（1）空压机在运行中，应经常检查油箱油位正常，无漏油、漏水现象。

（2）经常检查就地控制盘上各表计读数无异常。

（3）经常检查空压机卸载压力和加载压力动作正确。

（4）定期应对储气筒进行放水。

（5）检查仪用气（杂用气）系统无泄漏。

6. 仪用气泵跳闸运行中的跳闸处理

（1）现象。

CRT上跳闸仪用气泵所有参数报警、CRT上仪用气压力可能降低、仪用气泵CRT电流显示为0。

（2）处理。

1）如一台仪用气泵跳闸，需确认备用仪用气泵自启动，若未启动，应立即手动启动。

2）如两台仪用气泵都跳闸，若无明显象征，应立即就地手动启动一次。

3）严密监视仪用气压力，若两台仪用气泵皆启动不成功，运行机组仪用气压力又维持不了（≤0.6MPa），应立即派操作员关闭1/2号机仪用气联通门。

4）仪用气压力<0.41MPa时，机组应MFT，这时要注意将凝汽器补水调整门、辅汽压力调整门等切至手动调节。

5）检查公用系统仪用气气源正常，否则应切换至运行机组。

1. 工业水系统主要流程（包括制水流程）？包括哪些主要设备？
2. 工业水系统作用是什么？有哪些主要用户？
3. 工业水系统主要巡检项目有哪些？怎样检查？主要阀门在何处？
4. 工业水泵启动前检查内容？主要控制参数有哪些？如何控制？
5. 循环水系统主要流程？有哪些主要用户？
6. 循环水系统包括哪些主要设备？主要作用是什么？
7. 循环泵房巡检主要包括哪些项目？如何进行？
8. 循环泵初次启动前应做哪些准备和检查工作？如何启动？启动后应进行什么工作？
9. 循环泵旋转滤网如何进行冲洗？有哪些注意事项？
10. 凝汽器反洗流程？为什么进行？如何进行？
11. 凝汽器胶球清洗流程？如何进行胶球清洗？注意事项？
12. 循环水系统有哪几种形式？
13. 循环水运行中注意事项有哪些？
14. 凝汽器发生泄漏，有何现象，如何处理？
15. 闭冷水系统主要流程？包括哪些主要设备？
16. 闭冷水系统主要作用是什么？
17. 闭冷水系统主要巡检、监视、调整项目有哪些？
18. 闭冷水系统主要设备、阀门位置？
19. 闭冷水泵启动前检查注意事项？闭冷水泵切换操作现场应检查哪些内容？
20. 闭冷器反洗流程及作用？如何进行？
21. 闭冷器小球清洗如何进行？如何确保胶球收球率？
22. 闭式水水质变差如何处理？
23. 闭式水泵跳闸如何处理？
24. 机侧闭式水用户有哪些？
25. 炉侧闭式水用户有哪些？
26. 空压机冷却水切换注意事项？
27. 辅汽系统主要流程？包括哪些主要设备？
28. 辅汽系统主要作用是什么？有哪些主要用户？
29. 辅汽系统主要巡检项目有哪些？
30. 辅汽系统主要阀门位置？
31. 辅汽系统投、停及运行方式的调整如何进行？
32. 仪、杂用气系统主要流程？
33. 仪、杂用气系包括哪些主要设备？
34. 仪、杂用气系统作用是什么？两系统有何区别？
35. 仪、杂用气泵如何启动？程控方式如何设置？
36. 仪用气干燥器工作原理？如何启动、停止？
37. 机组检修时，仪（杂）用气系统相关阀门如何调整？
38. 仪、杂用气系统主要设备、阀门位置？
39. 仪、杂用气系统例行试验有哪些内容？

第十一章

600MW 机组的启停

第一节　600MW 机组冷态启动

一、设备技术规范

1. 锅炉本体技术规范

(1) 型式：具有螺旋水冷壁，一次中间再热超临界直流锅炉。

(2) 通风方式：平衡通风。

(3) 燃烧方式：燃烧器分段、四角切圆燃烧（偏转二次风）。

2. 汽机本体技术规范

(1) 汽轮机型式：超临界压力、一次中间再热、单轴、四缸四排汽、反动凝汽式。

(2) 高压缸：级数 22，首级为冲动调节级，其余为反动级。转子型式为焊接式。汽缸型式为双层单流结构，内缸采用特别半圆筒形外加 7 只热套环紧固。

(3) 中压缸：级数 2×17。叶片型式为反动式。转子型式为焊接式。汽缸型式为铸造式，内、外缸结构。

(4) 低压缸：级数：1 号机 2×2×5；2 号机 2×2×6。叶片型式为反动式。转子型式为焊接式。末级叶片长度：1 号机 867mm；2 号机 927mm。汽缸型式：外缸为钢板焊接，内缸为钢板组装式，双缸、双流程、四排汽。

3. 发电机技术规范

发电机技术规范如表 11-1 所示。

表 11-1　　　　　　　　　发电机技术规范表

一	发电机型号		50WT23E-128
二	技术数据		
1	额定输出功率	MVA	719.084（氢压 4.6bar，氢温 45℃，$\cos\phi=0.9$）
2	最大输出功率	MVA	747.0（$\cos\phi=0.9$ 时）
3	额定电压	kV	24±5%
4	额定电流	kA	17.298
5	额定励磁电压	V	486
6	额定励磁电流	A	5100
7	最大输出功率时励磁电压	V	521
8	最大输出功率时励磁电流	A	5470
9	额定功率因数		0.9
10	转速	r/min	3000

三	发电机型号	50WT23E-128
11	频率	50Hz
12	接线方式	Y
13	冷却方式	水—氢—氢
14	绝缘等级	F/F（定子/转子）

二、机组启动划分

机组启动分为冷态、温态和热态三种方式。

（1）机组经大小修后且汽轮机高压转子探针温度<100℃，即为冷态。

（2）机组 MFT 后或机组因故临时停役消缺后重新启动且汽轮机高压转子探针温度>350℃，即为热态。

（3）若机组重新启动前汽轮机高压转子探针温度>100℃，而<350℃的情况，称为温态。机组的启动要求可参照冷态或热态启动方式进行。

三、机组启动汽水品质要求

1. 凝结水循环的水质要求

凝泵出口铁>200μg/L 时，精除盐不投用，走旁路；<200μg/L 时投用精除盐装置。

除氧器出口铁>200μg/L 时，排放；<200μg/L 后回收凝汽器；<200μg/L 时允许启动给水泵向锅炉进水。

2. 给水循环的水质要求

汽水分离器进口铁>200μg/L，炉水通过锅炉启动系统排放；

汽水分离器进口铁<200μg/L，炉水回收至凝汽器。

3. 锅炉点火前的给水水质控制标准

省煤器进口含铁量<50μg/L；

K+H 电导率<1μS/cm；

SiO_2 含量<30μg/L；

pH 值 9.2~9.6；

溶解氧<30μg/L。

4. 汽轮机冲转前的蒸汽品质控制标准

K+H 电导率<1μS/cm；

SiO_2<25μg/L；

Fe<50μg/L；

Na^+<20μg/L。

四、机组启动前的相关检查

（1）所有机组系统检修工作票已终结。

（2）机组及其辅机设备现场清洁，通道畅通、无杂物，主厂房孔盖板或防护设备完整，平台、扶梯、栏杆完整牢固。

（3）机组现场各照明完好。

（4）机组现场消防系统应投入。

五、机组启动前确认下列系统已按机组启动检查卡检查完毕或已投运

（1）确认循环水系统已正常投运。

(2) 确认工业水系统已正常投运。

(3) 确认闭冷水系统已正常投运。

(4) 确认仪用气系统已正常投运（包括干燥器 A/B）。

(5) 确认杂用气系统已正常投运。

(6) 凝结水系统按卡检查，有关连锁校验正常并已正常投运。

(7) 给水系统按卡检查，有关连锁校验正常并已正常投运。

(8) 真空及轴封汽系统按卡检查，有关连锁校验正常并已正常投运。

(9) 汽轮机疏水系统按卡检查，有关连锁校验正常并已正常投运。

(10) 加热器系统按卡检查，有关连锁校验正常并已正常投运。

(11) 给水泵 A 本体及油系统按卡检查，有关连锁校验正常并已正常投运。

(12) 给水泵 B 本体及油系统按卡检查，有关连锁校验正常并已正常投运。

(13) 辅助蒸汽系统按卡检查，并已将系统调整到规定运行方式。

(14) 锅炉汽水及启动系统按卡检查，有关连锁校验正常并已正常投运。

(15) 锅炉本体及风烟系统按卡检查，有关连锁校验正常并已正常投运。

(16) 锅炉吹灰系统按卡检查，有关连锁校验正常并已正常投运。

(17) 锅炉轻、重油系统按卡检查，有关连锁校验正常并已正常投运。

(18) 主机润滑油系统按卡检查，有关连锁校验正常并已正常投运。

(19) 发电机密封油系统按卡检查，有关连锁校验正常并已正常投运。

(20) 发电机定冷水系统按卡检查，有关连锁校验正常并可正常投运（定冷水泵暂不投运）。

(21) 发电机氢气系统按卡检查，并已充氢至 0.37~0.38MPa，纯度＞96％（一般在 99％以上）。

(22) 锅炉除灰系统已能正常投运，有关连锁校验正常并已正常投运。

(23) 确认锅炉干排渣系统已具备启动条件，有关连锁校验正常并已正常投运。

(24) 确认厂用电系统已具备启动条件。

(25) 确认锅炉脱硫系统已具备启动条件，烟气旁路运行方式。有关连锁校验正常并已正常投运。

六、凝结水系统进水

(1) 通知化学运行向凝补水箱进水至正常水位 7500mm。

(2) 启动凝补水泵向凝汽器进水，检查声音、振动、油杯油位、轴承温度正常。

(3) 确认凝汽器水位正常，除氧器水位调整门 A/B 手动关闭。

(4) 凝水系统空管启动凝泵前，将凝泵出水门先开 10％左右闭锁，备用凝泵闭锁。

(5) 联系化学运行后启动凝泵，检查转子平稳，启动电流及返回时间、电流不超限，并将凝泵密封水压力调整至 0.2~0.5MPa 左右。

(6) 当凝结水压力≥1MPa 左右时，将凝泵出水门解锁开足。当凝结水压力＞1.8MPa 后，将备用凝泵解锁并将该泵出水门开启，投备用。

(7) 根据需要向除氧器进水，流量控制在 400t/h 左右，精除盐走旁路。

(8) 当凝结水水质：含铁量＞$200\mu g/L$ 排放；＜$200\mu g/L$ 时走循环。

七、汽轮机辅助系统的投运

(1) 确认汽轮机润滑油泵已投运正常，液压油系统已投运正常。

(2) 确认汽轮机盘车投入时间已达到制造厂规定，如表 11-2 所示。

表 11-2　　　　　　　　　　　　　　汽 轮 机 盘 车 时 间 表

序　号	转子停用时间（天）	必须满足盘车时间（h）
1	<1	2
2	1～7	6
3	7～30	12
4	>30	24

若以上盘车时间不能满足，必须在 400～450r/min 范围内暖机 20min。

汽轮机投盘车的注意事项如下：

1）转子停止 4h 以上或轴承有过检修工作，在盘车前必须手动启动顶轴油泵，手动盘转 360°，确认转子转动正常，否则不允许启动连续盘车。

2）盘车投入后，应监视盘车电流正常（就地 8～9A），若盘车保护脱扣或电动机过流，应立即停止盘车，查明原因，否则不允许再次启动。

3）盘车启动方式原则上采用功能组自动方式，手动启动盘车后必须确认盘车功能组在"ON"状态。

（3）确认汽轮机盘车投入后，投用轴封汽系统。投入轴封汽前后，应检查轴封母管疏水系统正常，以防止汽轮机进冷汽、冷水。

1）有关连锁校验正常。

2）手动开启辅汽轴封汽隔绝门。

3）手动开启轴封母管疏水阀（GS005）进行充分暖管。必要时可适当开大除氧器辅汽阀（ES028A/B），以加速暖管。

4）当辅汽压力≥12bar、温度≥225℃时，用功能组启动轴封汽系统。

5）检查轴封汽进汽压力调整门、泄压阀及减温水调整门自动调节正常，参数设定：105～108kPa、150℃。

（4）启动真空系统

1）用功能组启动真空泵，检查第一台真空泵自启动、启动抽气门（DT071）自动开启正常，30s 后第二台真空泵自启动正常。

2）检查真空泵进口电动阀、电磁阀开足，电流正常，运行平稳。

3）当凝汽背压小于 20kPa 后，可停用一台真空泵，检查启动抽气门（DT071）自动关闭。

（5）当真空<70kPa 时，复置低压旁路并投自动。复置前应确认：

1）液压油泵已有一台运行，油压≥4MPa。

2）凝汽器背压<70kPa。

3）凝泵运行正常，凝水压力≥1.6MPa。

（6）低压旁路复置后应确认 CRT 和现场两只低压旁路隔绝阀开启。

八、锅炉辅助系统的投运

（1）通知灰控/脱硫值班员将电气除尘器的振打装置、灰斗电加热器投入；干排渣系统设备置启动准备方式；脱硫烟气旁路运行方式。

（2）启动空气预热器 A、B 正常。

（3）顺序启动引风机 A/B（用变频启动）、送风机 A/B 正常，总风量保持>30％且<40％。

（4）检查火监冷却风机 A、B 送电后自启动正常，送风机启动后可停一台火监冷却风机 B（直流）。

（5）检查泄漏试验条件满足，启动轻、重油泄漏试验，直至泄漏试验成功灯亮。

（6）检查锅炉吹扫条件满足，按下吹扫"启动"，直至吹扫"完成"灯亮。吹扫（8min）完成后，确认 MFT 自动复置。

锅炉吹扫条件：

1）所有重油三位阀关。

2）所有轻油三位阀关。

3）轻油快关阀关。

4）轻、重油泄漏试验成功。

5）所有磨煤机停。

6）锅炉无跳闸指令。

7）所有给煤机停。

8）所有火监无火焰。

9）两台一次风机停。

10）所有辅助风挡板在调节位置。

11）锅炉风量＞35％且＜40％，燃烧器摆角在水平位置。

12）磨煤机所有热风挡板关。

13）电除尘在跳闸位置。

14）锅炉吹扫时的给水流量无要求。但锅炉点火时，给水流量必须大于最低流量，否则轻油枪点火条件不满足。

（7）检查高压旁路应在"启动方式"，最小阀位设定 20％，最大阀位设定 60％，确认高压旁路阀（BP 阀）后温度设定在 300℃，将高压旁路阀（BP_{1-4}）和高旁减温水控制阀（BPE_{1-4}）投自动。

（8）调整轻油雾化空气、重油雾化蒸汽压力符合要求，通知油泵房将重油加热器投入运行，确认重油温度＞140℃。

九、锅炉进水

（1）联系化学做好向锅炉进水的准备工作。

（2）确认包覆闭环形集箱疏水门（HAH31），前屏进口联箱空气门 A/B（HAH59、HAH63），折焰角上联箱空气门（HAD53）和省煤器空气门（HAC26）均已开启。

（3）开启汽水分离器水位控制阀（AA、AN）隔绝阀。

（4）确认锅炉具备进水条件且水质合格，高压旁路 BP 阀后温度设定在 300℃，高压加热器进水三通在正常位置。

（5）启动一台前置泵（A）向锅炉进水，开启给水泵（A）出口门（FW002A），手动调整给水调整门（FW004）开度，保持给水小流量 200～300t/h，向锅炉进水。

（6）锅炉进水时，应尽早投运除氧器加热，尽可能将给水温度控制在 100℃以上。

（7）待汽水分离器见水后，将分离器水位控制投自动。

（8）关闭省煤器及折焰角空气门（HAH26、HAD53）。

（9）汽水分离器出口水质含铁量＞200μg/L 时应排放；含铁量＜200μg/L 时开启炉水回收泵出水总门（BD004）并闭锁，同时解锁炉水回收泵 A/B，观察其自启动正常。

（10）给水泵汽轮机启动准备及冲转：

1）确认汽轮机 A/B 盘车、润滑油系统、液压油系统及轴封、真空系统运行正常。

2）确认 DT2 画面上给水泵汽轮机冷再进汽门前疏水调调整门（ES029）及给水泵汽轮机 A/B 冷再进汽门后疏水调整门（ES038A/ES038B）均在开启状态。

3）确认 1、2 号机组冷再连通门 2 全开，开启 1、2 号机冷再连通门 1 两侧疏水隔绝门（1ES063/2ES063），确认疏水调整门开启。

4）开启给水泵汽轮机 A/B 冷再进汽门（ES039A/ES039B）及给水泵汽轮机 A/B 五抽进汽门（ES040A/ES040B）。

5）确认给水泵汽轮机/除氧器冷再进汽总门（ES058）及其旁路门关闭状态，缓慢开启 1、2 号机冷再连通门 1 旁路门暖管。

6）当 1、2 号机冷再汽两侧压力接近时，就地手动缓慢开启 1、2 号机冷再连通门 1，防止开启过快造成运行机组冷再汽压产生波动及暖管管道水冲击。

7）当 1、2 号机冷再连通门 1 全开后，检查 1、2 号机冷再连通管道及给水泵汽轮机 A/B 冷再汽管道无振动。

8）当给水泵汽轮机 A 入口冷再汽参数满足其冲转要求后，确认热工人员临时解除机组 MFT 跳给水泵汽轮机 A 保护已执行，将给水泵汽轮机 A 复置、冲转。

9）给水泵汽轮机 A 转速到 2500r/min 后，及时调整给水泵 A 转速及给水调整门（FW004）开度，保持省煤器入口流量 500t/h 左右。

10）锅炉点火前将省煤器入口流量增加至启动流量 645t/h 左右。

11）锅炉点火后，及时将给水泵汽轮机 B 复置。发电机并网后将给水泵汽轮机 B 冲转。

十、锅炉点火

（1）由值长发令，锅炉点火。确认锅炉启动给水流量至 645t/h，启动 AB 层轻油枪正常。

（2）5min 后启动 CD 层轻油枪正常。就地检查油枪燃烧良好。

（3）确认 AB、CD 层轻油枪燃烧正常，10min 后投入 AB 层重油枪正常，重油压力控制在 0.8MPa，注意雾化汽压力正常。重油雾化蒸汽压力与重油压力 $\Delta p \geqslant 0.2$MPa。

（4）当汽水分离器压力、温度大于除氧器压力、温度后，开启隔绝阀（ANB 阀），并将分离器水位控制投自动。注意除氧器水位控制正常。

（5）二层轻油、一层重油持续 25min 后，适当提高重油压力至 0.9MPa，再继续运行 25min，然后启动 CD 层重油枪，调整重油压力 0.8MPa。

（6）当汽水分离器达到 0.5MPa 时，关闭包复环形集箱疏水（HAH31）和前屏进口联箱空气门（HAH59/HAH63）。

（7）功能组启动一次风机 A/B，检查一次风机运行正常，空气预热器进、出口挡板自动开启，密封风机 A 联动正常，一次风机导叶投自动。

（8）二层轻油、二层重油运行 15min 后，启动第一台磨煤机，暖磨 15min 后启动给煤机 B，维持最小煤量 14t/h 运行，然后以 1t/min 的频率将给煤量增加至 30t/h。检查高压旁路调节正常。根据锅炉出口汽温投用过热器一、二级减温水及再热器减温水。

（9）投用锅炉一、二次汽减温水时需及时调整给水量，防止给水流量过小。

由于锅炉过热器和再热器系统的氧化皮较多，为了防止启动时发生氧化皮的剥落，启动时应控制锅炉的升温速率，尤其是启动第一台磨煤机后，再热蒸汽温度在 200～400℃ 范围时的升温率尽量小一些，以尽量减少氧化皮的剥落。当锅炉水温达 260～290℃ 时，汽水分离器疏水已回收，这时应注意分离器疏水的含铁量，如果升至很高时，应将此疏水重新排放。

（10）升温升压过程中，应严密监视汽水分离器和对流过热器出口联箱的内外壁温差在允许范围内，如发现该两处的内外壁温差超过允许范围时应减缓升温速度。根据锅炉热应力余度，启动第二台磨煤机，暖磨 15min 后启动给煤机，维持最小煤量 14t/h 运行，并将第一台给煤机煤量减少至 20t/h 左右，然后以 1t/min 速度增加煤量。

（11）控制过热蒸汽温度为 400℃，再热汽温为 420℃。

（12）当 AN、AA 调门关闭后，或分离器水位接近于零时，将炉水回收泵出水总门（BD004）关闭。

（13）除氧器压力、温度达到饱和状态时，注意除氧器水位调节正常。

（14）增加燃煤量，使主蒸汽压力达 0.8MPa，主蒸汽温度达 400℃，高压旁路开度达 60% 左右，再热蒸汽达 1.8MPa、420℃，并保持给水流量为 640t/h 左右。

（15）为了减少氧化皮对汽轮机的影响，将汽轮机冲转之前系统中可能剥落的氧化皮通过旁路系统进入凝汽器，等大量氧化皮通过旁路系统冲洗干净后再进行冲转，为此要求汽轮机冲转前化学专业人员每 10min 取样分析凝结水的含铁量，记录铁浓度的变化趋势，控制凝结水铁浓度在 1000～2000μg/L 范围并且主蒸汽品质合格才允许冲转。根据以往经验，达到冲转参数后还需走大旁路冲洗约 1h 左右才能合格。

十一、汽轮机冲转前准备工作

（1）再热蒸汽压力达 1.8MPa 时，确认蒸汽参数品质符合冲转要求，将轴封汽源切至冷再热蒸汽，注意轴封汽压力、温度变化，使其保持为 105～108kPa、150℃。

（2）确认汽轮机、发电机各辅助系统运行良好。

（3）汽轮机启动前，下列任一情况发生则禁止启动：

1）DCS 系统死循环，DEH、MCS 操作失灵或 DAS（数据采集系统）故障。

2）汽轮机自动脱扣的保护装置任一失灵。

3）汽轮机重要调节、保护装置任一失灵。

4）汽轮机重要监示仪表任一失灵。

5）汽轮机所有转速表失灵。

6）汽轮机高、中压主汽门，高、中压调门，各抽汽逆止门，高排逆止门，低压旁路主汽门、调门任一卡涩或动作不灵活。

7）汽轮机设备和系统严重漏水、漏油、漏汽。

8）汽轮机盘车盘不动，盘车电动机电流超限。

9）汽轮机主要保护、控制参数超限或有超限的趋势。

10）汽轮机不能维持空转或甩负荷后危急保安器动作。

11）发现其他威胁机组安全或存在严重设备缺陷的情况。

（4）汽轮机有关保护、试验校验正常。

（5）锅炉升温升压到一定阶段，汽轮机应进行复置，对主蒸汽管道和高、中压阀室进行加热。汽轮机复置前必须满足下列条件：确认锅炉出口蒸汽温度至少大于汽轮机进口主蒸汽管道金属温度 20℃。

1）确认汽轮机抽汽管道所有低点疏水调门及高、中压缸阀室疏水调门正常打开。

2）确认低压旁路处于自动控制方式。

3）确认 DEH CONTROL、DEH（A）、DEH（D）、ETS、ETS（D）、TS 各画面上参数正常。

4）确认汽轮机在脱扣状态，各主汽门、调门均在关闭位置。

5）确认盘车转速 10r/min，运行正常。

6）确认凝汽器真空正常，背压<10kPa。

7）确认汽轮机各辅助系统运行正常。

（6）在 DEH CONTROL 画面上复置汽轮机。复置后，确认以下内容：

1）在 CRT 上及现场确认高、中压主汽门全开，BTG 盘报警窗"高、中压主汽门关闭"和"汽轮机脱扣"光字牌灯灭。

2）确认汽轮机转速保持 10r/min。若转速急剧上升，盘车脱开，必须立即手动脱扣汽轮机，查出原因并消除，否则不允许再次复置。汽轮机复置后，若发现汽轮机转速缓慢上升，能维持在 20r/min 以下，盘车脱开时，可以手动脱扣一次，重新投入盘车后，再次复置。

3）确认液压油压力正常。

4）确认汽轮机转速设定自动上升到 3000r/min。

5）确认主汽管疏水隔绝门（MS002）开足，确认主汽管温度控制阀（MS001）在自动方式且开度＞20％。

6）在 CRT 和记录表上确认汽轮机左/右侧高压主汽门和中压主汽门的阀室温度缓慢上升。若发现高、中压主汽门阀室温度不上升或上升过于缓慢，应立即到现场确认高、中压主汽门阀室疏水门和疏水管是否真正工作，若发现管子是冷的，应立即脱扣汽轮机，进行处理。汽轮机低点疏水门不能正常开启时，汽轮机不允许启动。

（7）汽轮机冲转前蒸汽品质控制标准为：

K＋H 电导率＜1.0μS/cm、SiO$_2$＜25μg/L、Fe＜50μg/L、Na$^+$＜20μg/L。

（8）确认发电机氢气纯度＞99％，氢压在 0.37～0.38MPa。氢温控制投自动，温度设定 45℃。

发电机充氢结束，应按操作卡投入氢气干燥系统，并检查干燥器内的干燥剂颜色为蓝色，氢气露点温度的控制范围为－25～0℃。每月至少一次或当发电机内 H$_2$ 露点温度＞0℃时，应进行干燥剂再生，再生操作应按再生操作卡进行，要求每次再生还原操作前后必须用 CO$_2$ 进行置换。

（9）确认汽轮机润滑油供油温度调节稳定在 40～45℃，轴向位移＜±0.4mm。

（10）确认凝汽器压力＜10kPa。

十二、汽轮机冲转

（1）汽轮机启动、冲转操作由值长发令。

（2）汽轮机启动、冲转前，现场必须有专人进行检查。

（3）汽轮机冲转前，应确认 DEH CONTROL、DEH（A）、DEH（D）、ETS、ETS（D）、TS 画面上参数正常。

（4）汽轮机冲转操作（DEH CONTROL 画面）

1）确认汽轮机复置条件已满足，在 1B 窗口复置汽轮机；确认高、中压主汽门开启；高、中压调门关闭；汽轮机保持盘车转速 10r/min。

2）汽轮机复置后，在 1A 窗口将汽轮机主控器投入自动。

3）确认 2A 窗口目标转速自动设定 3000r/min，在 3D 窗口上方确认升速率（自动设置）。

4）确认汽轮机冲转条件已满足，在 1C 窗口选择 GO 进行冲转，汽轮机将按 3D 窗口下方有效升速率进行升速。

5）汽轮机转速到 3000r/min 稳定后，用自动准同期方式并网。

（注：汽轮机控制在手动时也可冲转，除升速率不受汽轮机热应力限制外，其他同自动冲转相同。）

（5）汽轮机冲转后，现场人员确认盘车脱开，盘车功能组在"ON"，转速＞20r/min，确认盘车电动机自动停，否则，应手动停。

（6）汽轮机冲转后，现场运行人员仔细倾听检查各轴承和各轴封处的转动声音是否存在摩擦。检查高、中压调门动作正常。

（7）整个升速过程中，必须严密监视汽轮机重要参数变化，如各轴承金属温度、各轴振动、高排温度、低压缸排汽温度、高/中压转子温度探针温度、高/中压转子差胀、轴向位移等。

（8）汽轮机冲转后，应严密监视高、中压转子的热应力。热应力增加，要根据引起热应力的转子温差情况决定是继续升速还是稳定转速。原则上，出现转子正温差时应升速慢一些，出现负温差时应升速快一些。

（9）升速过程中，遇特殊情况需要停止升速，在 1C 窗口投入 HOLD 方式。

（10）临界转速范围内，转速不允许停留，HOLD 方式无效。（临界转速范围：550～850r/min；1100～2500r/min。）

（11）临界转速范围内，严密监视转子振动，当轴振迅速增加到 0.2mm 时应立即手动脱扣停机，分析原因，经主管生产厂长同意后，才允许再次启动。

（12）汽轮机冲转升速率由 DEH CONTROL 内部设定：

1）冷态：高压转子探针温度＜200℃，汽轮机转速＜150r/min，升速率 1％，即 30r/min；高压转子探针温度＜200℃，汽轮机转速＞150r/min，升速率 3％，即 90r/min。

2）温态：高压转子探针温度在 200～300℃，升速率 5％，即 150r/min。

3）过临界转速时，冷态、温态时升速率为 5％，即 150r/min。

4）做超速试验时，升速率为 7％，即 210r/min。

5）当转速＞2940r/min 时，升速率自动降为 1％，即 30r/min。

6）升速率也可人为设定，最大 10％（300r/ min），但实际值受上述情况限制。

（13）机组冷态启动时，当汽轮机转速升至 150r/min，确认自动控制暖机 15min，也可人为终止；转速升至 400r/min，若需要暖机可手动控制暖机时间（约 20min）；转速升至 1000r/min，根据高压转子探针温度，从 100～200℃，自动控制暖机 20～0min，可人为终止。

（14）若需手动暖机和检查，规定可在汽轮机转速为 400（±50）或 1000（±20）r/min 时（临界转速范围不能停留），进行 30～60min 左右的手动暖机。

（15）当高压缸排汽温度＞400℃，汽轮机控制系统"高排温度限制器"动作，开大高压调门、关小中压调门，若高压缸排汽温度仍上升，应适当降低主汽温。这时若需升速或加负荷时，高压缸排汽冷却限制器会限制高压缸排汽温度降低的速度，高压缸排汽温度＞360℃，允许冷却变化率为 1.3℃/min；高压缸排汽温度＜360℃时，允许冷却变化率为 5℃/min。

（16）汽轮机转速升到 1500r/min 时，确认低压缸喷水调整门自动开启。

（17）汽轮机转速升到 2700r/min 时，确认辅助油泵和顶轴油泵 A、B、C、D 自动停止，盘车功能组保持"ON"，润滑油压正常。

（18）汽轮机升速过程中，应严格监视各重要参数，如：

1）轴向位移＜±0.4mm。

2）高、中、低压差胀＜报警值。

15％＜高压差胀＜85％；

15％＜中压差胀＜85％；

15％＜低压Ⅰ差胀＜85％；

15％＜低压Ⅱ差胀＜85％。

3）凝汽器压力＜10kPa。

4）各轴承金属温度＜运行温度＋10℃。

5）各轴振＜0.2mm。

（19）汽轮机升速过程中如发现参数变化异常，应检查、分析、判断原因，并加以消除。若原因不明，到达报警值且接近脱扣值时，应手动脱扣。注意：当正差胀接近高限，不能立即脱扣，应加强暖机，一旦脱扣，由于转子（特别是低压转子）的泊叠效应，有产生动、静摩擦的危险。

(20) 若汽轮机转速 3000r/min 不能稳定或继续上升，则应立即脱扣停机，查原因。

(21) 汽轮机转速 3000r/min 稳定后，应全面检查机组运行情况和各工况参数，确认正常后，准备发电机并网带负荷。

十三、发电机并网

(1) 发电机并网前，值长必须先与总调、市调联系，得到许可后方可并网。

(2) 并网前，值班员必须确认锅炉、汽轮机、发电机及各辅助系统运行参数正常。注意将主蒸汽压力调整到 ≥8MPa（约 8.8MPa），并网带负荷正常后，再恢复至 8MPa。

(3) 网控值班员必须确认 500kV 系统已调整为机组并网前所需方式，发—变组已在热备用状态。确认发电机定子/转子绝缘正常，启动发电机定冷水泵并检查发电机定冷水系统运行正常。

(4) 并网操作必须严格按照电气操作卡执行。由网控值班员操作，值长监护。

(5) 发电机并列必须满足下列条件：

1) 待并发电机的电压与系统电压近似或相等。

2) 待并发电机的周率与系统周率相等。

3) 待并发电机的相位与系统相位相同。

4) 发电机大修或同期回路变动过后，必须经核对相序正确，方许可并列操作。

(6) 发电机并网操作卡（以 1 号机为例）：

1) 查 500kV 系统已调整为 1 号机并列前所需方式；

2) 查 1 号机转速已达额定转速 3000r/min，转速稳定；

3) 选择 1 号机 AVR 通道 I 工作；

4) 按下 1 号机励磁开关 "ON" 按钮升压；

5) 查 1 号机定子电流表指示为 0；

6) 查 1 号机负序电流 I_2 指示接近为 0；

7) 查 1 号机定子电压已达额定值（24 000V）；

8) 切换 1 号机三相静子电压平衡；

9) 核对 1 号机转子空载电压、电流值正常（156V/1786A）；

10) 将 1 号主变压器（5021）开关的同期开关投 "MAN" 位置；

11) 观察 1 号机同步表指针在 6 点位置时差压指示灯亮，在 12 点位置时差压指示灯暗；

12) 联系 1 号机组值班员调节发电机转速，使同步表旋转满足 "顺时针 2 圈/分" 的条件；

13) 调节 1 号机励磁电流使主变压器侧电压略高于系统运行电压；

14) 在 1 号机同步表指针接近同步位置时（12 点）合上 1 号主变压器（5021）开关；

15) 确认 1 号主变压器（5021）开关已经同期鉴定合上；

16) 将 1 号主变压器（5021）开关的同期开关切 OFF 位置；

17) 通知机组值班员将 DEH 投 "MW" 方式（即功率方式）；

18) 通知机组值班员确认升负荷方式 "GO" 指示灯亮；

19) 通知机组值班员确认机组初负荷（MW）和升负荷速率（MW/min）已设定正常；

20) 查发电机无功功率显示正常；

21) 将 500kV 控制盘上的 1 号主变压器（5021）开关合闸复归；

22) 同期合上 500kV 控制盘上 1 号主变压器/线路（5022）开关；

23) 将 BTG 盘上 1 号主变压器/线路（5022）开关合闸复归。

十四、机组升负荷

(1) 发电机并网后，机组值班员应操作和确认以下项目（DEH CONTROL 画面）：

1) 并网后，若汽轮机控制方式原在手动，会自动切至自动，汽轮机将自动带上 2% 的初负荷。确认负荷变化率已按机组状态设定。

2) 在 2B 窗口增加负荷设定值，设定目标负荷为 60MW。

3) 在 1D 窗口投入"功率控制"方式（发电机并网后延时 10s，也会自动将汽轮机投入"功率控制"方式）。

4) 在 1C 窗口投入 GO，机组按一定负荷变化速度升至目标负荷；当设定值已等于目标值时（两值相差很小），会自动从 GO 状态切换至 HOLD。

5) 确认机组负荷缓慢上升。

(2) 负荷达到 60MW 时，确认低压缸喷水调整门自动关闭。

(3) 负荷增加到 100MW 时，确认除 7、8 号高压加热器抽汽以外的所有抽汽管道逆止门前、后低点疏水门，高、中压进汽室疏水门等自动关闭。

(4) 在加负荷过程中应注意：

1) 检修后的机组第一次启动，应对每一个负荷稳定工况点进行全面检查。

2) 升负荷过程中，应严密监视转子热应力变化。

(5) 原则上应尽早启动第二台给水泵汽轮机，只要汽泵 A/B 进汽管蒸汽温度加热到相应压力下的饱和温度加 20℃ 过热度，并确认冲转蒸汽品质合格（同汽轮机）、温度大于给水泵汽轮机汽缸金属温度 20℃，即可复置、冲转给水泵汽轮机。

(6) 当机组负荷达 35%MCR，即 210MW 左右时，应逐只投入 7、8 号高压加热器；进行厂用电切换；当汽水分离器 AA、AN 阀调门关闭后，手动关闭 BD004 阀并闭锁，防止凝汽器跌真空。注意及时启动第三、第四台磨煤机，以满足机组加负荷需要。

(7) 随着负荷的上升，高压旁路阀将逐步关闭。机组负荷为 35%MCR 左右时，高压旁路阀全关后，机组控制会自动投入"初压控制"方式，在 BM 画面上设定主蒸汽压力控制汽轮机调门开度，也可以在 UC1 画面 5C 窗口投入滑压控制方式。

(8) 负荷达 40%MCR 左右，锅炉汽水分离器由湿态转入干态运行。即锅炉转入直流运行，此时应及时检查 ANB 阀关闭。确认四台磨煤机均正常运行后，逐渐退出所有油枪。

(9) 负荷达到 50%MCR 时，并列第二台汽动给水泵，同时关闭 ANB 阀隔绝阀并闭锁、拉电。将主蒸汽管疏水隔绝门（MS002）关闭。通知化学运行人员，将炉内水处理由 AVT（给水除氧）方式切换至 CWT（给水加氧）方式。

(10) 检查机组所有功能组设置在正确位置。投入机组协调控制，同时将汽轮机一次调频投入，使"FREQUENCY CONTROL"显示为 ON。

(11) 锅炉排烟温度达 110℃，确认所有重油枪已停用，通知灰控运行将电除尘投入运行。

(12) 按规定的增负荷速率逐渐增加锅炉燃料量直到机组正常带满负荷。

(13) 加负荷过程中，在 250～300MW 范围，负荷变化率设定 2MW/min；在 300～350MW 范围，负荷变化率设定 5MW/min，以避免热应力过大。

(14) 加负荷过程中，在 250～350MW 范围，主蒸汽温度升温率应控制在 1～2℃/min（不大于 2℃/min）；其余负荷范围，主蒸汽温度升温率控制在 3～5℃/min（不大于 5℃/min）。避免主蒸汽温度变化过快或周期波动，造成高压内缸交变应力。

(15) 机组负荷加至 260MW 时，给水泵 B 并泵运行，确认给水泵汽轮机 A/B 调门开度均 < 40%，给水泵汽轮机汽源已切换至本机五抽汽。现场手动缓慢关闭 1、2 号机组冷再连通门 1 及

其旁路门，确认给水泵汽轮机 A/B 调门开度无变化，给水流量稳定。关闭 1、2 号机冷再连通门两侧疏水隔绝门。

（16）手动缓慢开启给水泵汽轮机/除氧器冷再进汽总门（ES058）。

（17）通知热工人员恢复机组 MFT 跳给水泵汽轮机 A 保护。

（18）全面检查机组运行情况正常。机组运行正常稳定后（负荷≥300MW），调整公用系统运行方式（辅汽、仪用气、杂用气、循环水）。

十五、机组正常运行方式

1. 汽轮机跟踪方式（即汽轮机的"初压控制"方式）

（1）机组在该方式下运行时负荷响应速度较慢，汽压波动小。运行人员通过手动调整锅炉主控（BM）的输出指令，即调整燃料量来控制机组出力。汽轮机仅控制机组汽压，有滑压方式和定压方式，在"UC1"画面上通过 5C 键来选择。在滑压方式时，汽压设定值自动设定，机组稳定时能使汽轮机高压调门开度保持在 90％左右。在定压方式时，运行人员在锅炉主控（BM）上手动设定汽压设定值，要求经常改变主汽压力设定值，使汽轮机高压调门开度保持在 90％左右。

（2）投用条件。汽轮机控制在自动方式，汽轮机跟踪条件成立。

（3）投入方法。

方法一：在"UC1"画面上通过 1K 键来投入汽轮机跟踪方式。

方法二：当锅炉主控在"手动"方式时，在"DEH CONTROL"画面上按 1E 键投入"初压控制"。

方法三：当机组在协调控制方式时，将锅炉主控（BM）切换至手动方式，机组将自动切换至汽轮机跟踪方式。

（4）运行中注意事项。当燃煤热值偏低，锅炉主控输出达到 100％时，机组负荷若仍不能满足系统要求时，可通过调整 BTU（燃煤热值修正）输出值增加煤量主控的输出。

2. 锅炉跟踪方式

（1）锅炉跟踪由锅炉主控（BM）控制汽轮机压力，由汽轮机投功率控制方式调节负荷。该运行方式的特点是负荷响应快，但极易造成汽压波动大。投用时，在"DEH CONTROL"画面上投功率控制方式，并设定负荷和负荷变化率，在"BM"画面上设定压力。

注：该厂规定机组运行中禁止投用锅炉跟踪方式。

（2）投用条件。锅炉主控必须没有强制手动，它包括：

1）煤量主控手动。

2）给水控制手动。

3）两个节流压力变送器偏差。

4）两个第一级压力变送偏差。

5）高压旁路开启。

6）RUNBACK 动作。

7）汽轮机功率指令异常。

8）初压控制方式投入且协调条件不能满足。

（3）投用。在锅炉主控没有强制手动的条件下，有两种投用方式。

1）在"UC1"画面上选择 1L 键直接投"锅炉跟踪"ON。

2）在既没有协调方式，也没有初压方式时，将锅炉主控投自动。

在投"锅炉跟踪"后，还要在"DEH CONTROL"画面上投功率控制方式，并设定目标负荷和负荷变化率。

（4）退出。

在有汽轮机跟踪方式请求，或有协调方式请求，或锅炉主控手动时，锅炉跟踪方式自动退出。

3. 机组协调控制方式

（1）协调控制投入条件。

1）在"BM"画面上，锅炉主控投自动控制的以下允许条件具备。

a）汽轮机功率信号完好。

b）协调方式许可。

c）不在初压方式。

d）给水控制不在手动。

e）无 RUNBACK 信号。

f）两只主蒸汽压力变送器正常。

g）两只第一级压力变送器正常。

h）高压旁路关闭。

2）汽轮机控制在自动方式。

3）汽轮机高压调门开度稳定在 90% 左右。

4）机组负荷在 240～600MW 之间。

（2）协调控制投入前必须确认以下事项：

1）负荷变化率：通过"UC1"上的 4B 键"LOAD RAMP RATE"设定。

2）滑压比：通过"UC1"上的 1C 键"THOTTLE PRESSURE SLOPE"设定（设定值为 1.12）。

3）最大负荷：通过"UC1"上的 2B 键"MAX LOAD LIMIT"设定，设定值为 600MW。

4）最小负荷：通过"UC1"上的 3B 键"MIN LOAD LIMIT"设定，设定值为 300MW。根据需要，也可设定为 240MW。

5）最大压力：通过"UC1"上的 2C 键"MAX PRESSURE LIMIT"设定，设定值为 24.2MPa。

6）最小压力：通过"UC1"上的 3C 键"MIN PRESSURE LIMIT"设定，设定值为 8.0MPa。

（3）协调控制投入步骤。

1）在"UC1"画面上，通过 1J 键来投入协调方式；或者当机组控制在"汽轮机跟踪方式"时，在"BM"画面上，通过 1A 键投自动方式投入协调控制；或当锅炉主控（BM）在自动，在"DEH CONTROL"画面上，通过 1E 键投入"初压控制"投入协调控制。

2）在"UC1"画面上，通过 5C 键来选择滑压方式或定压方式。若选择定压方式，则需要在锅炉主控（BM）上手动设定汽压设定值。

3）在"UC1"画面上，通过 5B 键来选择变负荷方式或保持负荷方式。

（4）协调控制的退出步骤。

1）在"BM"画面上，把锅炉主控投手动，将自动切换至"汽轮机跟踪方式"。

2）在"UC1"画面上选择"1K"键，手动切至"汽轮机跟踪方式"。

（5）协调运行注意事项。

1）在投入锅炉主控自动时，必须保持汽轮机调门开度在 90% 左右。

2）机组负荷在＜330MW 或＞590MW 时，负荷变化速率会自动更改为 5MW/min，以防过调。

3）当燃煤热值偏低，锅炉主控输出值为最大，而实际负荷不能达到要求时，可通过调整 BTU 输出值增加煤量主控的输出，但注意磨煤机的各运行参数稳定且不超限。

4）当锅炉或汽轮机热应力裕度不够，或一级或二级减温水 A、B 都强制手动，或发生 Run Dowm/Run Up（限制降/限制升）时，出现机组负荷强制保持。

5）汽轮机并网后有四种运行方式，即"功率方式"、"初压方式"、"协调方式"和"流量方式"，原则上不允许汽轮机以"流量方式"运行。

4. AGC 运行方式

（1）AGC 运行方式的许可条件。

1）机组负荷在 300～600MW 之间（其中 480MW 为断点，正常运行时启、停第五台磨煤机），并且运行工况稳定；

2）机组控制在协调方式。

（2）AGC 运行方式的操作及注意事项。

1）由当班调度员发令：用上×号机组 AGC。机组值班员接值长令后应将 UC1 画面上的机组最高负荷限制设定在 600MW，机组最低负荷限制设定在 300MW，负荷变化率设定在 11MW/min，经确认无误后方可选择 1A 操作窗按"ON"键投入 AGC，则该机组出力控制即由电厂就地控制改为调度远方自动控制。此时，机组值班员必须加强对机组负荷变化情况的监察，适时调整无功功率和机组其他运行参数在正常范围。

2）由当班调度员发令：停用×号 AGC。机组值班员接值长令后可选择 UC1 画面上的 1A 操作窗按"OFF"键退出 AGC，则该机组出力控制即由调度远方自动控制改为电厂就地控制。之后，由值长按当班调度员命令执行机组的负荷加减，机组按协调方式运行。

3）机组正常运行时必须投用 AGC 方式，同时负荷上限（MAX LOAD LIMIT）和负荷下限（MIN LOAD LIMIT）设定值均按机组 AGC 作用范围的规定不得改动。若遇异常情况 AGC 需切除或改变负荷限值，值长应向市调报告，说明原因，并及时汇报上级主管领导，将切除或改变的时间和原因详细记录、交班。

4）AGC 方式的负荷变化率（LOAD RAMP RATE）应设定在 11MW/min。若遇异常情况（过调、超温严重等），机组值班员需改变此速率，必须经值长同意，同时值长应向市调报告，说明原因，并将调整的时间、速率、原因等详细记录和交班。

5）在机组 AGC 运行方式下 UC1 画面上必须选择负荷变化（RAMP LOAD）和滑压（SLIDING PRESS）项，不得选择负荷保持（HOLD LOAD）或定压（FIXED PRESS）。

6）UC1 画面上汽轮机滑压比（THROTTLE PRESSURE SLOPE）、最大压力定值（MAX PRESSURE LIMIT）和最小压力定值（MIN PRESSURE LIMIT）未经运行热机专工允许，运行值班人员不得更改。

7）机组的一次调频投用范围为 300～600MW，正常情况下在这一范围内必须投入一次调频。若遇异常情况需切除一次调频，必须经值长同意，由值长汇报市调当班调度员和上级主管领导，并详细记录交班，处理正常应及时恢复投入一次调频。

8）一次调频投切方法及注意事项。

a）一次调频投入后，一次调频转速死区为±2r/min，汽轮机转速>3002r/min 或<2998r/min，将自动增/减汽轮机出力。可调范围为±3.2924%，约合 19.75MW。在一次调频切除后，汽轮机一次调频转速死区为±30r/min，此时当汽轮机转速>3030r/min 或<2970r/min，一次调频才会起作用，范围同上。

b) 一次调频负荷范围为 300~600MW。

c) 在 DEH CONTROL 画面上 3G 窗口投切一次调频。

（3）AGC 运行方式下的异常情况处理原则。

1) AGC 装置或有关通道发生故障。

2) 机组负荷变化发生异常或机组设备发生故障。

3) 系统突波并危及机组安全运行。

当发生以上情况之一时，机组值班员应立即切除 AGC（并由值长汇报市调当班调度员），根据故障情况按"现场规程"处理，迅速调整保证机组安全运行和正常发电。

第二节　600MW 机组滑参数停机

一、概述

从汽轮机带负荷运行到减负荷解列发电机，切断汽轮机进汽到转子静止的过程称为停机。根据停机目的的不同可分为滑参数停机和定参数停机。这两种方法都是正常停机，另外还有故障停机和事故停机。这里着重讨论正常的滑参数停机。

大容量高参数机组滑参数停机主要是通过停机过程中开大高、中压调门（基本保持全开状态），逐步降低锅炉出口主蒸汽温度、再热蒸汽温度，从而达到逐渐降低汽轮机高、中压缸进汽温度，使高、中压汽缸及转子温度快速均匀降低到一个较低的数值，再解列发电机停机。用这种方式停机的主要目的是停机后，汽轮机汽缸及转子的金属部件得到均匀冷却，金属温度降低到较低的水平，以便可以提前停止盘车和油循环运行，能够提前进行检修工作，缩短检修时间。汽轮机脱扣时高、中压转子探针温度的最终值将直接影响日后汽轮机盘车运行的时间。在此过程中既要达到快速降温的目的，又要控制好降温速率符合规定（1℃/min），并注意主蒸汽、再热蒸汽有足够的过热度，避免汽轮机进冷水冷汽，同时又要控制汽轮机热应力不超限。若降温速度过大，会出现不允许的负胀差值。

滑参数停机的优点：

（1）可以充分利用锅炉的部分余热多发电，节约能源。

（2）可利用温度逐渐降低的蒸汽使汽轮机壁厚部件得到比较均匀和较快的冷却。

（3）对于待检修的汽轮机，采用滑参数停机可缩短停机到开缸检修的时间，使检修时间提前。

二、滑参数停机的要求及操作注意事项

滑参数停机操作必须使用"机组滑参数停机操作卡"，严格按照操作卡规定，根据不同负荷控制主、再热蒸汽温度，确保相对应的"高、中压转子探针温度"符合停机规定（滑停目标：中压转子探针温度在 380℃左右，高压转子探针温度在 300℃左右）。

（1）滑参数停机必须坚持两个基本原则：

1) 锅炉出口主蒸汽温度和再热蒸汽温度必须保证 50℃以上的过热度，一般以 80~100℃为宜，防止汽轮机进冷水、冷汽。

2) 严密监视汽轮机热应力值及其变化趋势，防止热应力超限。要求控制主蒸汽温度和再热蒸汽温度的温降率为 1℃/min，高、中压转子热应力不大于 60％。

（2）汽轮机汽缸和转子是厚壁部件，热容量大，低负荷时蒸汽流量小，冷却效果差，因此在较高负荷时就应逐渐降低蒸汽参数，可将机组协调切除后全开汽轮机高、中压调门，利用大流量先冷却汽轮机，为后面的滑参数停机目标打下基础。

（3）滑参数停机在降低一、二次汽温过程中，必须注意降温的速率，同时应根据高、中压缸探针温度的变化，保证蒸汽过热度及降温速率适当，高、中压转子的热应力在允许范围内。锅炉出口蒸汽参数调整时应防止汽温大幅度波动，重点监视汽轮机高、中压转子的内外温差、探针温度、热应力、振动、差胀、上下缸温差、轴向位移等参数，确保汽轮机安全停机。

（4）为便于控制汽温，滑参数停机过程中要按照从高位磨到低位磨的顺序停磨，锅炉总风量可适当放得低一些。

（5）滑参数停机前应对锅炉受热面进行全面吹灰。

（6）机组负荷为210MW及以下时，注意在停用高压加热器、给水泵的切换及煤仓走空等操作过程中的给水流量的变化，如有必要应及时手动调整。负荷减至210MW后，给水控制应采用一台汽泵与电泵并列的运行方式，既保证锅炉给水流量和减温水量，又能使电动给水泵处于正常运行范围之内。

（7）当高压旁路打开、锅炉保持8.0MPa定压运行后，可根据高、中压缸探针温度的实际冷却情况，合理使用高、低压旁路进一步降低主/再热蒸汽温度，保证高、中压缸进汽均匀，使主/再热蒸汽温度逐渐降低至目标值左右，并注意汽轮机高、中压转子的热应力在允许运行范围内。

（8）当高、中压转子探针温度安全到达目标值后，即可将发电机解列、汽轮机脱扣，然后执行锅炉停炉相关操作。

三、机组停用后的冷却

（一）锅炉冷却

（1）锅炉熄火后，应保持高、低压旁路开度在10％～20％，对锅炉主蒸汽及再热蒸汽进行降压，降压速率不大于0.3MPa/min。当压力降至0.5MPa时，可开启过热空气门（HAH59、HAH63）；当压力降至0.2MPa以下时，关闭高、低压旁路阀。

（2）保持给水流量在200t/h左右，汽水分离器水位控制投自动。

（3）保持送、引风机的运行，维持风量在30％。

（4）锅炉停炉及冷却过程中，应严密监视汽水分离器和对流过热器出口联箱的内外壁温差在允许范围内。若发现该两处的内外壁温差超过允许范围时，应减缓冷却速度。

（二）汽轮机冷却

汽轮机冷却分自然冷却和强迫冷却。

1. 自然冷却

（1）待锅炉泄压结束，确认高、低压旁路阀关。无热汽、热水排至凝汽器，可以停运真空泵，手动打开真空破坏门，破坏真空到零。

（2）真空到零后，可以关闭轴封汽进汽门，停轴加风机，停运轴封汽。

（3）保持汽轮机在盘车状态，转速保持10r/min。

（4）待高、中压转子控制温度＜150℃时，才可停止盘车。若停用后进行大修，停用盘车的温度可以提高到高、中压缸探针温度＜200℃。

（5）盘车运行时，不允许拆除保温。

（6）油系统的停运。

1）液压油系统在停机后，低压旁路全关，即可停止运行。

2）盘车停止运行后，润滑油系统（包括顶轴油泵）才可停止运行。若轴承金属温度＞100℃，不允许停润滑油系统。

3）若盘车故障停止，润滑油系统（包括顶轴油泵）应维持运行。

4）润滑油、液压油系统应采用功能组方式停运。

5）在无润滑油、无顶轴油的情况下，严禁手动盘转子。

（7）汽轮机故障情况下允许停盘车的时间规定，如表11-3所示。

表 11-3　　　　　　　　汽轮机故障情况下允许停盘车的时间规定表

序号	高压转子探针温度 （℃）	允许停盘车的时间 （min）	序号	高压转子探针温度 （℃）	允许停盘车的时间 （min）
1	＞375	10	4	200～250	120
2	300～375	20	5	150～200	360
3	250～300	30	6	＜150	无限

1）再次投入盘车，必须手动盘360°，确认转动正常。若手动盘动较困难，必须连续盘到轻松，才可再次投入连续盘车。

2）停盘车的同时，必须停轴封汽。热态情况下，必须破坏真空。

2. 汽轮机强迫冷却

汽轮机强迫冷却的目的：为缩短汽轮机盘车时间，尽快满足汽轮机开缸检修的要求，所采取的加快对汽轮机冷却速度的措施。

强迫冷却是采用逆流通入仪用压缩空气强迫冷却高、中压汽缸的方式。当高、中压转子探针温度接近300℃时，方可通入冷却仪用气。

汽轮机强迫冷却的操作要求如下：

（1）强迫冷却需用的仪用气必须干燥、清洁，仪用气温度应不小于5℃，冷却空气流量控制在0.4m³/s左右，仪用气压力维持在0.4～0.7MPa。

（2）强迫冷却时，汽轮机必须保持盘车连续运行。

（3）机组停用，锅炉完全泄压后，停真空、轴封。

（4）当机组停用，完全泄压后，应做好下列工作：

1）将五级抽汽逆止门前疏水调整门（ES010）手动关闭。

2）关闭高压缸排汽逆止门A/B前疏水隔绝门（CR007A/B）。

3）检查确认高排逆止门A/B及五抽逆止门关闭。

4）由检修人员负责将汽轮机高压缸进汽端窥视孔打开，并罩上临时滤网。

5）由检修人员配合将汽轮机脱扣模块解除，复置汽轮机，打开高、中压主汽门，在"DEH CONTROL"画面上，手动全开高、中压调门。

（5）当机组停用，汽轮机高、中压转子探针温度接近300℃时，可通入冷却空气进行强迫冷却。

（6）强迫冷却时，应注意汽轮机大轴晃动变化情况。

（7）强迫冷却时，要求高、中压缸上、下温差＜80℃。若温差＞80℃，暂时停止强迫冷却。当温差＜80℃后，再投入强迫冷却。

（8）强迫冷却过程中，要求高、中压缸差胀在允许范围内：差胀＜15%或差胀＞85%，则暂时停止强迫冷却。当差胀恢复到允许值后，方可重新进行强迫冷却。

（9）强迫冷却速度应控制在高、中压转子探针温度下降速度为10℃/h左右，冷却速度可参考强迫冷却曲线。

（10）机组强迫冷却要进行到高、中压转子探针温度＜150℃以后结束。

（11）强迫冷却结束后，才允许停汽轮机盘车及润滑油系统。

（12）运行人员应抄录有关数据，从汽轮机脱扣后开始到高、中压转子探针温度＜150℃结束，每小时一次。

四、机组停用后的保养

1. 锅炉停炉后保养的规定

（1）锅炉停用时间＜2 天，不采取任何保护方法。

（2）锅炉停用时间在 3～5 天，对省煤器、水冷壁及汽水分离器采取加药湿态保养，对过热器部分采取余热干燥保养。

（3）锅炉停用时间＞5 天，炉本体及过热器系统采取热炉放水后充气相缓蚀剂保养。（分离器压力为 1MPa、分离器入口温度为 200℃时执行热炉放水）。

2. 冬季停炉后的防冻

（1）检查投入有关设备的电加热或汽加热装置，由检修人员投入有关仪表加热装置。

（2）检查锅炉的人孔门、检查孔及有关风门、挡板应关闭严密，防止冷风侵入。

（3）锅炉各辅机设备和系统的所有管道均应保持管内介质流通。对无法流通的部分应将介质彻底放尽，以防冻结。

（4）停炉期间，应将锅炉所属管道内不流动的存水彻底放尽。

3. 高、低压加热器的保养

（1）正常运行中的个别高低压加热器停用消缺一般不采取任何保护。

（2）若机组停用后进行大、小修，则水侧进行放水自然干燥，汽侧进行热态放水后充氮气保护。

五、滑参数停机实例介绍

该电厂 2006 年 3 月 7 日 2 号机组 B 级检修滑参数停机。这次 2 号机组高、中压转子探针温度在汽轮机脱扣时，已经分别降低至 265℃和 375℃，与 2005 年 4 月 24 日 1 号机组滑参数停机相比，滑参数停机有关参数比较如表 11-4 所示。汽轮机高、中压转子探针最终温度较低，因此大大缩短了汽轮机停盘车的时间。

表 11-4   滑参数停机有关参数比较

检修机组	停机参数比较	
	2 号机组 B 修	1 号机组 C 修
检修时间	2006.03.07—4.11	2005.04.24—05.18
汽轮机脱扣时间	3 月 7 日 16：20	4 月 24 日 3：29
汽轮机脱扣时高压缸探针温度	265℃	324℃
汽轮机脱扣时中压缸探针温度	375℃	451℃
高压缸探针温度降至 200℃时间	3 月 9 日 17：17	4 月 27 日 5：10
中压缸探针温度降至 200℃时间	3 月 9 日 11：24	4 月 29 日 6：50
按规程规定可以停盘车所需时间	48h 57min	123h 21min

从表 11-4 中可以看出，1 号机组从汽轮机脱扣到可以停盘车所需时间为 123h 左右，而 2 号机组汽轮机停盘车只要 49h 左右，大大节省了时间。

（一）滑参数停机过程中的参数控制

滑参数停机过程中，主要是通过控制主、再热蒸汽温度来控制高、中压缸进汽温度，从而控制高、中压转子探针温度。因此我们将此次停机过程按照主要降温区域划分为四个不同阶段，如图 11-1 所示。第一阶段为高负荷时段降温过程；第二阶段为高负荷降至 350MW 降温过程；第三阶段为 350MW 减至 0 降温过程；第四阶段为发电机解列之后的降温过程。根据每一阶段的工况特点研究每个阶段温度控制特点。

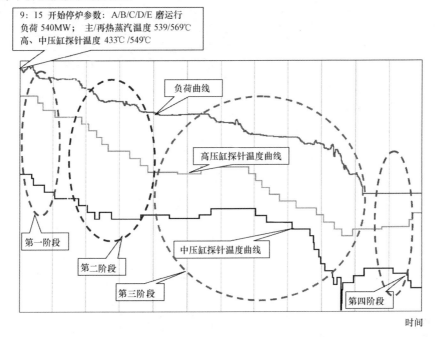

9：15 开始停炉参数：A/B/C/D/E 磨运行
负荷 540MW；主/再热蒸汽温度 539/569℃
高、中压缸探针温度 433℃ /549℃

负荷曲线

高压缸探针温度曲线

中压缸探针温度曲线

第一阶段

第二阶段

第三阶段

第四阶段

时间

图 11-1　高中压缸探针温度曲线图

1. 第一阶段参数控制（540~490MW）

第一阶段参数控制如表 11-5 所示。

这个阶段主要特点是无论锅炉主、再热蒸汽温度还是高、中压转子探针温度对运行工况的变化反应都比较灵敏。由于此阶段负荷较高，所以主要是通过降低负荷和增加过热汽、再热汽减温水流量达到降低主、再热蒸汽温度的目的。此阶段应该注意，由于机组负荷和主、再热蒸汽温度及高、中压转子探针温度都较高，因此在降温过程中，应控制减负荷速率和降温速率不宜过快，否则高、中压转子容易产生较大热应力。

表 11-5　　　　　　　　　　　第一阶段有关参数变化情况表

时　　间	9：15	9：55
机组负荷（MW）	540	490
磨煤机运行情况	A/B/C/D/E	A/B/C/D/E
主蒸汽温度 A/B（℃）	540/540	500/503
一级减温水流量（t/h）	11.4	68.2
二级减温水流量（t/h）	12.4	27.7
再热蒸汽温度 A/B（℃）	568/570	520/518
再热器减温水流量（t/h）	9.6	28.5
高压缸探针温度（℃）	433	397
中压缸探针温度（℃）	549	518
高压转子热应力（%）	6.6	25
中压转子热应力（%）	18.1	40

从表 11-5 中可以看到：随着机组主蒸汽温度和负荷（燃料量）的下降，高、中压转子探针温度也随之降低。在 40min 内，主蒸汽温度平均下降了 39℃，再热蒸汽温度平均下降了 50℃，

基本符合停机规程中所规定的"主、再热蒸汽温降1℃/min"的要求。

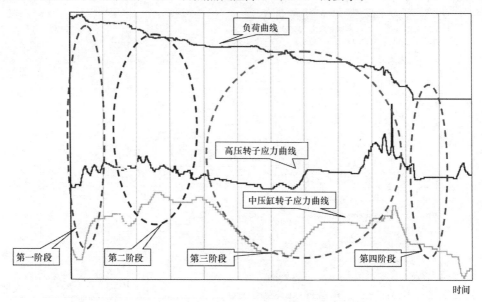

图 11-2　高中压转子应力曲线图

我们注意到高、中压转子热应力上升较快，分别上升至 25％ 和 40％，这也符合规程中规定的"高中压转子应力不超过 60％"的要求。图 11-2 为高中压转子应力曲线。

2. 第二阶段参数控制（490～350MW）

第二阶段参数控制如表 11-6 所示。这个阶段主要特点是属于蒸汽温度的相对稳定阶段。负荷由 500MW 左右降至 350MW，这个阶段主、再热蒸汽温度不容易降低，主要是依靠降低负荷（燃料量），增加过热器和再热器减温水流量来实现。特别是减温水流量的控制尤为重要。

表 11-6　　　　　　　　　　　　　　第二阶段有关参数变化情况

时　间	9：55	11：33
机组负荷（MW）	490	350
磨煤机运行情况	A/B/C/D/E	A/B/C/D
主蒸汽温度 A/B（℃）	500/503	452/440
一级减温水流量（t/h）	68.2	94
二级减温水流量（t/h）	27.7	65.7
再热蒸汽温度 A/B（℃）	520/518	431/432
再热器减温水流量（t/h）	28.5	69.2
高压缸探针温度（℃）	397	367
中压缸探针温度（℃）	518	467
高压转子应力（％）	25	17
中压转子应力（％）	40	48

从表 11-6 中可以看到：

（1）尽管锅炉磨煤机运行方式由五台磨煤机减少至四台磨煤机运行，过热器减温水和再热器减温水流量大幅增加，减温水调整门开度基本全开，并且经历了近 100min，但主再热蒸汽温度分别平均只降低了 55℃ 和 87℃，低于"主、再热蒸汽温降1℃/min"的要求。

（2）中压转子应力增大至 48％，增幅放缓；高压转子热应力甚至有所下降，为 17％。在此阶段，高中压转子热应力最大值只分别达到 34％和 52％（图 11-2），也符合停机要求。

（3）从实际情况来看，由于炉膛热负荷较高，主、再热蒸汽温度主要还是依靠增加减温水量来降低，因此在满足降温速率及热应力要求的情况下，应尽可能提早增加减温水量，否则到后阶段蒸汽温度就不易降低。

3. 第三阶段参数控制（350～0MW）

第三阶段参数控制如表 11-7 所示。这个阶段是关键的一个阶段，机组负荷从 350MW 到发电机解列。这个阶段操作主要是蒸汽温度和高、中压转子热应力的控制。一方面如果此阶段温度控制得较高，可能使高、中压转子探针温度维持较高的温度，最终达不到停机规定的目标要求；另一方面如果蒸汽温度控制得较低，任何细小的工况扰动都可能使主、再热蒸汽过热度得不到保障，汽轮机高、中压转子应力上升，给机组安全运行带来威胁。另外这个阶段操作项目较多，诸如停磨煤机、电泵与汽泵的切换、高压旁路的开启、停机前的试验、高压加热器停运，等等。因此如果操作控制不当，很容易引起机组运行参数的波动，使主、再热蒸汽温度过热度要求得不到保障。

表 11-7 第三阶段有关参数变化情况

时　间	11：33	15：23
机组负荷（MW）	350	0
磨煤机运行情况	A/B/C/D	A/B
主蒸汽温度 A/B（℃）	452/440	372/363
一级减温水流量（t/h）	94	97
二级减温水流量（t/h）	65.7	47.5
再热蒸汽温度 A/B（℃）	431/432	387/391
再热器减温水流量（t/h）	69.2	59
高压缸探针温度（℃）	367	282
中压缸探针温度（℃）	467	351
高压转子应力（％）	17	27
中压转子应力（％）	48	26

从表 11-7 中可以看到，机组负荷从 350MW 到发电机解列总共耗时近 4h 左右，这既是为了完成部分原煤仓要求走空的需要，也是为了使汽轮机高、中压缸探针温度进一步降低。

（1）为了使汽轮机高、中压转子应力在以后的降温过程中不至于增加过大，我们采取了适当延长机组低负荷运行的时间，使高中压转子应力事先就有所降低，为以后进一步降温创造了有利条件。机组负荷从 350MW 减至 300MW 共耗时 100min，在保持主、再热蒸汽温度 450℃/440℃基本不变的情况下，高压转子应力从 17％下降至 5％，中压转子应力从 48％下降至 20％，如图 11-2 所示。

（2）随着负荷的降低，磨煤机运行台数由四台减少到两台，使整个炉膛火焰燃烧中心下降，主、再热蒸汽温度进一步降低。由于先前高、中压转子应力已经降至了一个较低的水平，使得这个阶段汽轮机高、中压转子应力并没有上升很多，只分别上升至 27％和 26％。

（3）经过第三个阶段的近 4h 的低负荷运行，主、再热蒸汽温度分别平均下降了 78℃和 42℃，而汽轮机高、中压缸探针温度却分别下降了 85℃和 112℃，说明适当延长低负荷运行的时间，有利于汽轮机的冷却。

4. 第四阶段参数控制（汽轮机空载运行）

此阶段属于滑参数停机的收尾阶段，这个阶段通常是在发电机解列之后，由于还需进行某些试验，所以汽轮机仍保持运行。这一阶段由于汽轮机在空载运行，进汽量较小且运行时间较短，所以对高中压转子探针温度几乎没有影响。这个阶段操作相对较少，在操作过程中只要保持给水流量及主、再热蒸汽温度稳定即可。

（二）滑参数停机过程中给水流量的控制

这次滑参数停机在 220MW 和 200MW 曾发生过两次给水流量较大幅度的波动，如图 11-3 所示。

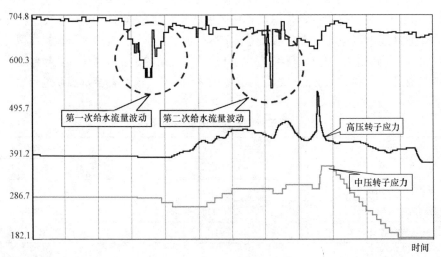

图 11-3 给水流量与转子应力的关系

（1）第一次给水流量波动发生在 220MW 时。

通过 TREND 曲线分析发现：造成此次给水流量波动的主要原因有两方面，一方面当时机组负荷正从 240MW 减至 220MW，使给水流量降低；另一方面当时电动给水泵启动之后，正在进行并泵操作，电泵转速从 1500r/min 升至 2800r/min，造成两台汽泵转速相应降低，而此时电泵出口压力为 9.2MPa，较两台汽泵出口压力低，电泵给水实际并没有送进锅炉，汽泵由于转速下降，给水流量也相应降低，就造成了锅炉给水流量瞬间下降。

解决方案：机组负荷为 220MW 时，锅炉给水流量较低，只有 680t/h 左右，如果在此时进行并泵操作，很容易造成三台给水泵之间流量分配不均，锅炉给水波动。因此建议考虑机组负荷在 350MW 时就进行并泵操作，此时给水流量较高（810t/h 左右），能较好地避免三台给水泵之间流量分配不均的现象发生。

（2）第二次给水流量波动发生在 200MW 时。

锅炉给水调整门控制是当给水泵转速对应的流量设定值与实际流量产生偏差时，就依靠给水调整门进行调节。当给水泵给水流量设定值大于实际流量时，给水调门应自动调节关小。由于该厂锅炉给水调整门调节性能不佳，在负荷较低时，往往会引起给水调整门关小时发生过调现象，造成给水流量瞬间突低。第二次给水流量波动就是锅炉给水调门在自动方式下，突然从 32% 关小至 13%，锅炉给水流量从 660t/h 降低至 535t/h。锅炉给水调门突然大幅度关小，不但引起锅炉给水流量突降，还使锅炉过热汽、再热汽减温水压力升高。由于锅炉给水流量突降，值班员必须及时增加给水泵转速，提高给水流量，但这也进一步使锅炉过热汽、再热汽减温水压力升高，锅炉过热器减温水压力从 9.9MPa 升至 13.4MPa。由于是滑参数停机，锅炉过热汽一、二级减温水调门、再热汽减温水调门都在手动状态，因此随着减温水压力的上升，锅炉过热器减温水流量突升，一级减温水流量从 82t/h 升至 139t/h，二级减温水流量从 47t/h 升至 116t/h，总共增加了减温水 126t/h。尽管随后值班员迅速手动减少了锅炉过热器减温水流量，但主蒸汽温度还是从 359℃下降至 317℃，如图 11-4 所示。

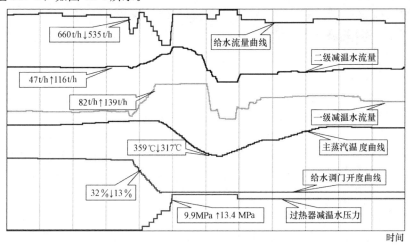

图 11-4　给水流量与减温水、主蒸汽温度关系

由于主蒸汽温度的大幅下降，造成高压转子热应力瞬间突升，由 45% 升至 87%；并且使高压转子探针温度瞬间突降，由 280℃降至 232℃ 。由于主蒸汽温度与高压转子应力和高压转子探针温度存在一定时间差（6min 左右的延时），因此在 TREND 上显示并不同步，如图 11-5 所示。

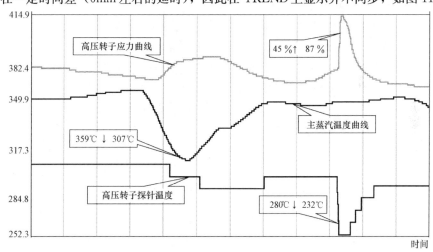

图 11-5　主蒸汽温度与转子应力、转子温度关系

解决方案：尽管这次机组检修之后增加了关于"2U 给水调整门控制逻辑中指令或反馈信号故障及给水流量低等情况下闭锁关信号逻辑"的修改，但此项修改中只是为了防止给水调门在自动方式下关至 10% 以下，仍不能有效防止锅炉给水调门开度在 10% 以上时发生过调现象，因此建议在机组负荷较高（≥250MW）时，就将给水调整门切手动控制，防止发生低负荷时锅炉给水调门过调现象的发生。

思 考 题

1. 机组启动时的水质控制标准？
2. 机组启动状态划分有哪几种？
3. 锅炉冷态启动和热态启动有什么差异？
4. 如何进行机组冷态启动？
5. 发电机并列必须满足哪些条件？
6. 如何进行发电机并网操作？
7. 汽轮机冲转许可条件？
8. 锅炉启动时，在升温升压过程中，若发现锅炉应力余度下降，应如何调整？
9. 机组冷态启动过程中热应力如何变化？如何控制热应力？有哪些注意事项？
10. 什么是超温？什么是过热？什么是蠕变？超温和过热对锅炉钢管的寿命有什么影响？
11. 机跟踪、炉跟踪、机组协调控制原理？各有何优缺点？
12. 机组机组正常运行时有哪几种运行方式？
13. 什么是一次调频？什么是二次调频？
14. 引起汽轮发电机组振动的主要原因有哪些？
15. 影响汽轮发电机组经济运行有哪些重要技术参数？如何提高机组运行的经济性？
16. 什么是滑参数停机？
17. 滑参数停机的优点有哪些？
18. 滑参数停机两个基本原则是什么？
19. 滑参数停机要点及注意事项有哪些？
20. 什么是汽轮机的强迫冷却？汽轮机的强迫冷却有何要求？
21. 汽轮机强迫冷却的目的是什么？进行强迫冷却有哪些操作要求？
22. 机组停运后的保养内容有哪些？
23. 机组停用后造成汽轮机进水、进冷汽（气）的原因可能来自哪些方面？